Jaroschek

Spritzgussteile konstruieren

Christoph Jaroschek

Spritzgussteile konstruieren

für Praktiker

2., aktualisierte Auflage

HANSER

MIX
Papier aus verantwortungsvollen Quellen
FSC® C016439

Bibliografische Information der Deutschen Nationalbibliothek:

Die Deutsche Nationalbibliothek verzeichnet diese Publikation in der Deutschen Nationalbibliografie; detaillierte bibliografische Daten sind im Internet über <*http://dnb.d-nb.de*> abrufbar.

Aufgrund der besseren Lesbarkeit haben wir auf eine gendergerechte Sprache verzichtet. Selbstverständlich sprechen wir in diesem Buch alle Personen an.

www.hanser-fachbuch.de
Lektorat: Mark Smith
Herstellung: Cornelia Speckmaier
Coverconcept: Marc Müller-Bremer, www.rebranding.de, München
Titelmotiv: © Christoph Jaroschek
Coverrealisierung: Max Kostopoulos
Satz: Eberl & Koesel Studio, Altusried-Krugzell, Germany
Druck und Bindung: Hubert & Co. (Esser bookSolutions GmbH i. G., Göttingen)
Printed in Germany

ISBN: 978-3-446-47023-1
E-Book-ISBN: 978-3-446-47024-8

Inhalt

Der Autor

Prof. Dr. Christoph Jaroschek arbeitete nach seinem Maschinenbaustudium elf Jahre als Leiter der Anwendungstechnik und Verfahrensentwicklung bei einem namhaften Maschinenhersteller, im Bereich Spritzgießverfahren. Seit 1998 ist er Professor für Kunststoffverarbeitung der FH Bielefeld, im Fachbereich Ingenieurwissenschaften und Mathematik.

Einleitung

Viele Konstrukteure sind unsicher, wenn die Materialanforderung für eine Entwicklungsaufgabe ein Kunststoff ist. Ein Grund liegt auch im Ausbildungssystem bzw. dem Wissensstand der Ausbilder und Professoren. Bis ungefähr 1990 war der Weltverbrauch an Kunststoffen noch kleiner als der Verbrauch an Stählen (Bild 1). Als Vergleichsgröße gilt hier das Volumen und nicht das Gewicht. Wenn man die beiden Werkstoffgruppen vergleicht, ist mit Blick auf eine Konstruktion das Volumen eine geeignete Größe, weil speziell bei Kunststoffbauteilen nicht das Gewicht, sondern vielmehr die Größe bzw. das Volumen eine Rolle spielt.

Der Kunststoffbedarf wächst schneller als der Wissenszuwachs bei Konstrukteuren

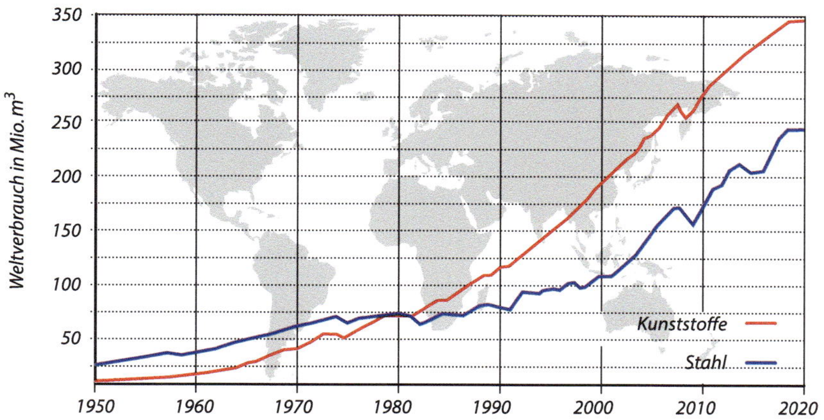

Bild 1 Zeitliche Entwicklung des Bedarfs an Stahl und Kunststoffen [Datenquellen: World Steel Assoc., Plastics Europe Deutschland e. V.]

Vor 1990 waren Konstruktionen überwiegend aus Metall und die Bedeutung der Kunststoffe auch im Bereich der Ausbildung noch eher gering. Heute hat sich das Bild wesentlich verändert, aber es braucht noch Zeit, bis die Ausbildung sich entsprechend anpasst.

Dimensionierung und Berechnung

Sehr viele Bücher zum Thema Kunststoffkonstruktionen sind von ausgewiesenen Experten auf dem Gebiet der Kunststoffe selbst verfasst. Vielfach liegt dabei der

Schwerpunkt auf der Berechnung bzw. der Dimensionierung von Bauteilen, weniger auf deren Gestaltung. Das vorliegende Buch setzt den Fokus auf die Gestaltung von Bauteilen.

Spritzgusstaugliche Gestaltung

Da die überwiegende Anzahl der Kunststoffbauteile nur geringe Belastungen aushalten müssen, geht es bei sehr vielen Anwendungen meist um die eigentliche Gestaltung. Hier ist wesentlich, dass die meisten Kunststoffbauteile im Spritzgießverfahren hergestellt werden. Ein Konstrukteur sollte daher in erster Linie wissen, was das für die Konstruktion bedeutet.

In diesem Buch liegt der Schwerpunkt auf dem Gebiet der Spritzgießwerkzeuge. Der Konstrukteur sollte sich bewusst sein, dass sich seine gestalterischen Vorgaben mit einem Spritzgießwerkzeug umsetzen lassen müssen.

Kunststoffe im Folgenden synonym für Thermoplaste

Wegen des Schwerpunkts auf das Gebiet der Spritzgussteile werden in diesem Buch überwiegend die thermoplastischen Kunststoffe behandelt. Das sind solche Kunststoffe, die bei höheren Temperaturen schmelzeflüssig sind. Im Folgenden wird daher, wenn nicht anders vermerkt, der Einfachheit halber der Begriff Kunststoff synonym für die Thermoplaste verwendet.

Literatur

An vielen Stellen ist der Inhalt dieses Buches vielleicht etwas knapp gehalten. Das Buch soll zunächst die wichtigsten Zusammenhänge aufzeigen, damit der Konstrukteur versteht, warum bei Spritzgussteilen anders konstruiert werden muss als bei Metallteilen. Konkrete Angaben sind an vielen Stellen bewusst nicht formuliert. Das betrifft z. B. Angaben zu Entformungsschrägen oder Radien. Kunststoffe selbst einer Sorte (z. B. PP) gibt es in einer nahezu unüberschaubaren Vielfalt hinsichtlich der mechanischen Eigenschaften. Die hier genannten Eigenschaften betreffen u. a. auch die mechanische Belastbarkeit. Hier sollte ein Konstrukteur nicht auf Empfehlungen aus Tabellen vertrauen, sondern vielmehr überlegen, welche Auswirkungen ein z. B. zu kleiner/großer Radius für ein Bauteil haben wird. In diesem Buch geht es daher besonders um das Verständnis, sodass die konkreten Angaben für den jeweiligen Anwendungsfall sinnvoll gewählt werden können.

Die Zusammenstellung des notwendigen Wissens für den Konstrukteur in diesem Buch greift auf bestehende Literatur zu.

- *Prozesswissen*
  - Jaroschek – Spritzgießen für Praktiker, Carl Hanser Verlag – Erklärung der physikalischen Vorgänge beim Spritzgießen, konkrete Handlungsempfehlung für das Einstellen einer Maschine, Strategie zur Sicherstellung der Qualität in der Produktion.
  - Johannaber – Handbuch Spritzgießen, Carl Hanser Verlag – Sehr umfangreiches Kompendium zum Spritzgießprozess inklusive auch selten verwendeter Spezialverfahren, der verwendeten Maschinen und Werkzeuge.

  - Stitz, Keller – Spritzgießtechnik, Carl Hanser Verlag – Spritzgießen von thermoplastischen und vernetzenden Materialien, Maschinen- und Werkzeugtechnik, Kostenrechnung.
  - Wübken – Thermisches Verhalten und thermische Auslegung von Spritzgießwerkzeugen, technisch wissenschaftlicher Bericht, IKV-Aachen, 1975 – Darstellung von zeitlichen Temperaturverläufen innerhalb von Spritzgießwerkzeugen.
- *Werkzeugtechnik*
  - Gastrow – Der Spritzgießwerkzeugbau, Carl Hanser Verlag – Beispielsammlung von Konstruktionszeichnungen von Spritzgießwerkzeugen mit kurzen Erklärungen zur Funktion, guter Fundus als Ideenspeicher für wiederkehrende konstruktive Fragestellungen.
  - Menges, Michaeli, Mohren – Spritzgießwerkzeuge, Carl Hanser Verlag – umfangreiches Kompendium zur Entwicklung und zum Bau von Spritzgießwerkzeugen.
  - Mennig – Werkzeugbau in der Kunststoffverarbeitung, Carl Hanser Verlag – Werkzeuge allgemein (nicht nur Spritzgießwerkzeuge).
  - Mörwald, Karl – Einblicke in die Konstruktion von Spritzgusswerkzeugen, Verlag Brunke Garrels, 1965 – guter Überblick über Spritzgießwerkzeuge, enthält sehr viele Bildvorlagen, die in der nachfolgenden Literatur erneut genutzt werden.
- *Konstruktion*
  - Ehrenstein – Mit Kunststoffen konstruieren, Carl Hanser Verlag – Materialwissen und Berechnung von Kunststoff-Bauteilen.
  - Erhard – Konstruieren mit Kunststoffen, Carl Hanser Verlag – Materialwissen und Berechnung von Kunststoff-Bauteilen.
  - Falke, Meyer – Maßhaltige Kunststoff-Formteile, Carl Hanser Verlag – Übersicht über Toleranzen und Erklärung der aktuellen DIN 16742.
- *Materialwissen*
  - Ehrenstein – Polymere Werkstoffe, Carl Hanser Verlag – gut verständliches Grundlagenwissen über Eigenschaften der Kunststoffe.
  - Weißbach, Dahms, Jaroschek – Werkstofftechnik, Springer Verlag – metallische und polymere Materialien, gemeinsame Darstellung der Prüfverfahren und Anwendung von Kennwerten.

Dank

Viele Helfer haben an diesem Buch mitgewirkt. Mein Dank gilt meinen Kolleginnen Angela Ries und Inge Wickenkamp von der FH Bielefeld und meinem Kollegen Steffen Ritter von der Hochschule Reutlingen; den Studierenden und wissenschaftlichen Mitarbeitern Christian Falkenstern, Vincent Hüttemann, Stefan Kartelmeyer und Simon Schneiders.

1 Bauteile aus Kunststoff

Dieses Kapitel zeigt die Besonderheiten von Kunststoffbauteilen im Vergleich mit Alternativen aus Metall oder anderen Werkstoffen. Es gibt Gestaltungsregeln, die unmittelbar durch den Herstellungsprozess begründet sind. Die hier zusammengestellten Angaben sollen dem Konstrukteur einen groben Überblick geben.

1.1 Allgemeines

Unterschied zwischen Metall- und Kunststoffteilen

Im Vergleich zu Bauteilen aus Metall zeigen Spritzgussbauteile interessante Unterschiede.

- Bei gleicher Funktion haben Kunststoffteile eine andere Gestalt.
- Häufig lässt sich in einem Kunststoffteil eine herkömmliche Baugruppe realisieren, d. h. viele Funktionen lassen sich direkt mit einem einzigen Bauteil umsetzen.

Beispielsweise gibt es Hefterklemmen aus Metall, Kunststoff und Materialkombinationen (Bild 1.1). Wichtig ist zunächst, dass die Anforderungen erfüllt werden. Die Frage nach besser oder schlechter ist bei der Materialwahl ohne eindeutige Bewertungskriterien nicht möglich.

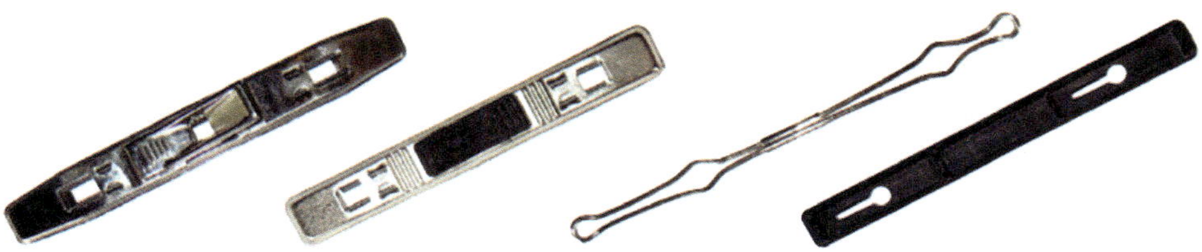

Bild 1.1 Hefterklemmen aus Metall und Kunststoff

Allgemeine Anforderungen

Die Anforderungen an die Klemme sind auf jeden Fall:

- Funktion: Klemmkraft
- Wirtschaftlichkeit (Herstellkosten)

Die Klemmkraft wird bei den Metallvarianten durch die Verformung eines Drahts im elastischen Bereich erzeugt, bei der Vollkunststoffvariante durch die Verformung des Kunststoffs. Wegen des erheblich geringeren E-Moduls eines Kunststoffs ist die Kunststoffvariante nur für kleine Kräfte geeignet und sollte nicht für sehr dicke Aktenordner verwendet werden.

Herstellkosten sind bei Spritzgussteilen nur bei großen Serien günstig

Die Herstellkosten setzen sich zusammen aus den Kosten für das Material, die Produktionsanlage (Maschine und Werkzeug) und den Lohnkosten. Überschlägig sind die Materialkosten die Hälfte der Herstellkosten. Der Materialpreis liegt in der Größenordnung von 2 bis 4 €/kg. Bei der Vollkunststoffversion sind die Kosten sehr gering, weil das Produkt in einem einzigen Prozessschritt entsteht. Zwar sind die Maschinen- und Werkzeugkosten sehr hoch, wenn aber die erwartete Stückzahl die Grenze von ca. 10.000 übersteigt, sind die Werkzeugkosten pro Teil gering. Und wenn pro Stunde viele Spritzgussteile mit einer Maschine hergestellt werden können, sind die Maschinenkosten pro Teil ebenfalls gering.

Funktionsintegration führt zu einfacherer Herstellung

Die Metallklemmen bestehen aus mehreren Elementen, die zusammengefügt werden müssen. Grundsätzlich gilt, je weniger Prozessschritte notwendig sind, desto geringer ist das Ausfallrisiko in der Produktion. Auch das sollte bei einer Zusammenstellung der Herstellkosten berücksichtigt werden.

1.1.1 Vergleich Konstruktionen (konventionell vs. Kunststoff)

Umdenken in der Konstruktion beim Einsatz von Kunststoff

Der Einsatz von Kunststoffen erfordert ein grundsätzliches Umdenken. Am Beispiel einer Wäscheklammer wird deutlich, dass das ältere Produkt aus Holz preiswerter ist als eine ähnliche Kunststoffklammer (Bild 1.2). Beide Versionen bestehen aus zwei Klammerelementen, die über eine Metallfeder zusammengedrückt werden. Die Holzklammer kann aus einem profilgefrästen Brett sehr schnell zugeschnitten werden. Die ähnliche Kunststoffklammer ist in der Herstellung teurer und hat zudem schlechtere Eigenschaften, denn sie kann durch Witterungseinfluss verspröden und brechen.

Eine gelungene Kunststoffklammer besteht aus nur einem einzigen Element, womit der Montageaufwand entfällt. Grundsätzlich können Kunststoffbauteile sehr viele Funktionen beinhalten. Man spricht hier von Funktionsintegration.

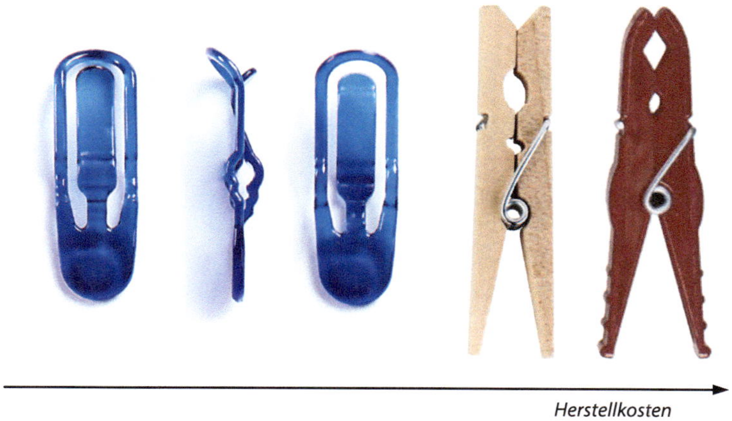

Bild 1.2 Herstellkosten von Wäscheklammern unterschiedlicher Ausführungen

Gusskonstruktionen können sehr frei geformte Oberflächen haben

Ein Kunststoffbauteil kann sehr komplex aufgebaut sein, wenn es im Spritzgießverfahren hergestellt wird. Aufgrund des Gießverfahrens für die Herstellung kann die Gestaltung eines Kunststoffbauteils aus beliebigen Freiformflächen bestehen. Bei konventionellen Bauelementen werden die Einzelteile überwiegend aus dem Vollen gefräst und gedreht, sodass hier überwiegend einfache Formen vorherrschen.

Im Vergleich zu konventionellen Produkten lässt sich verallgemeinert formulieren:

Konventionelle Bauteile bestehen oft aus verschiedenen Einzelteilen, die eine Baugruppe bilden. Gute Kunststoffbauteile bestehen im Vergleich oft aus einem einzigen Teil (Bild 1.3). Speziell durch den Einsatz der Spritzgießtechnik können Kunststoffbauteile sehr komplex gestaltet werden, weshalb ein einzelnes Bauteil gleich mehrere Funktionen erfüllen kann. Eine Wäscheklammer in Bild 1.2 muss sich öffnen und schließen lassen und sie muss eine gewisse Klemmkraft im geschlossenen Zustand haben. Konventionell lässt sich das mit einem Federgelenk machen, als gutes Kunststoffbauteil genügt ein einziges Element, wobei die Federkraft durch die Wahl der Stegbreite definiert werden kann.

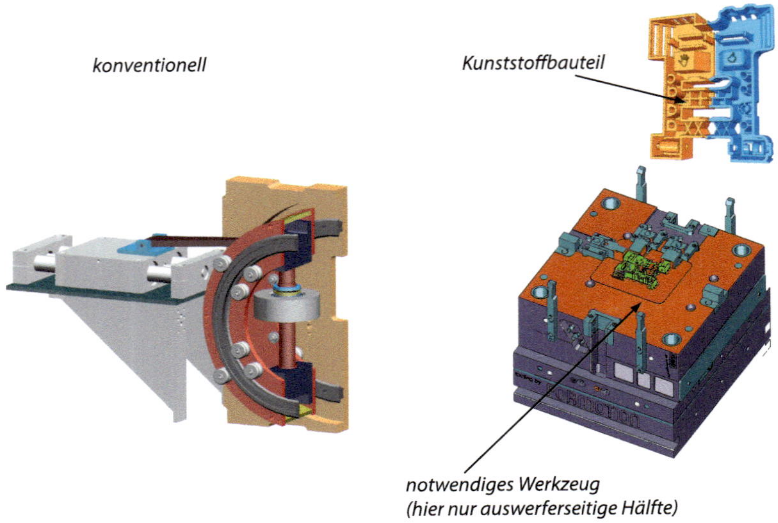

Bild 1.3 Vergleich einer konventionellen Baugruppe aus unterschiedlichen Einzelteilen und eines Kunststoffbauteils mit dem zur Herstellung notwendigen Werkzeug [Bildquelle: Ziebart/FH-Bielefeld, Ritter/HS Reutlingen]

Gute Konstruktionen mit Kunststoff berücksichtigen die Umsetzbarkeit mit Spritzgießwerkzeugen

Bei der Entwicklung eines Kunststoffbauteils muss bereits in der Konstruktionsphase ein Werkzeug mitüberlegt werden, diese schränken in gewisser Weise die konstruktive Freiheit ein. Auf jeden Fall sollte der Konstrukteur eines Spritzgussteils die Möglichkeiten der Werkzeugtechnik kennen, denn leichte Veränderungen der Gestalt eines Kunststoffbauteils können sehr große Wirkung auf die Kosten eines Werkzeugs haben. Diese Werkzeuge bestehen aus vielen Einzelteilen und sind wiederum eine sehr aufwendige Baugruppe. Die Werkzeuge müssen unterschiedliche Aufgaben erfüllen (Bild 1.4). Der eigentliche Formhohlraum, die Kavität, muss mit Schmelze gefüllt werden. Die Wärme der Schmelze muss abgeführt werden (Kühlung), damit das Kunststoffteil fest und stabil wird und über ein Auswerfersystem entformt werden kann.

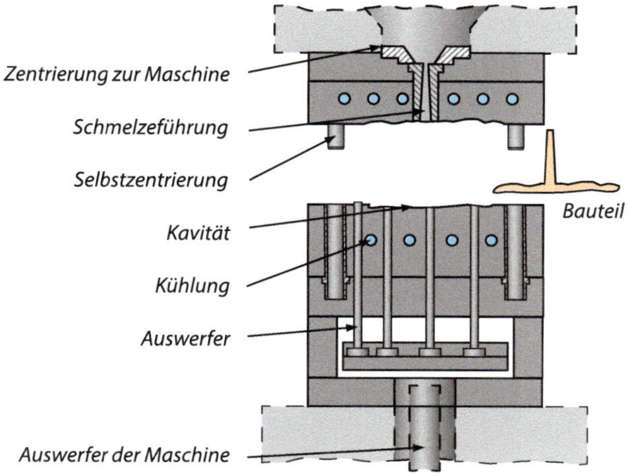

Bild 1.4 Aufbau und Funktionen eines einfachen Spritzgießwerkzeugs

Demonstrationswerkzeug zeigt Auswirkung guter Bauteilgestaltung auf das Werkzeug

Das Kunststoffbauteil „Polyman" in Bild 1.3 (rechts oben) ist zu Demonstrationszwecken auf der linken Seite gut und auf der rechten Seite ungünstig gestaltet. Die Beurteilung bezieht sich insbesondere auf die werkzeugtechnische Umsetzung. Für die verschiedenen seitlichen Öffnungen sind auf der schlechten Seite drei Schieber notwendig, die für die Entformung der Hinterschnitte erforderlich sind (Bild 1.5). Durch geringfügige Änderungen an der Gestalt kann die gut konstruierte Bauteilseite völlig ohne Schieber auskommen. Dadurch wird das Werkzeug preiswerter und im Produktionsbetrieb weniger störanfällig bzw. kommt mit geringerem Wartungsaufwand aus.

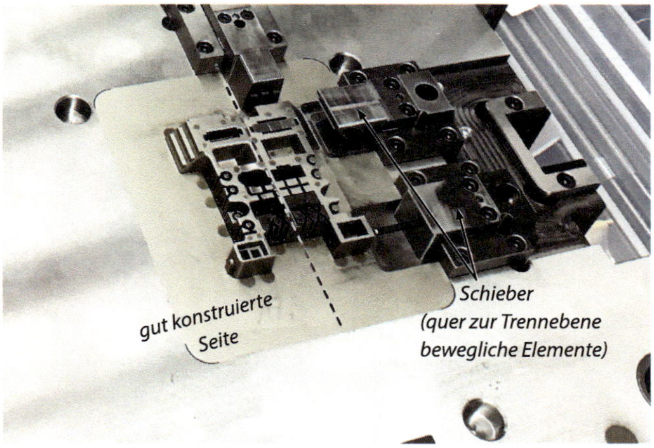

Bild 1.5 Auswerferseite für das Demonstrationsbauteil Polyman [Bildquelle: Ritter/HS Reutlingen]

1.1.2 Besonderheiten von Kunststoffen

Der größte Vorteil von Kunststoffen ist der niedrige Schmelzpunkt

Die wichtigste Eigenschaft ist die Schmelztemperatur von Kunststoffen, die nur ca. 1/10 im Vergleich zu Metall beträgt (Bild 1.6). Damit ist es möglich, Kunststoffe in Stahlformen mit sehr komplexer Formgebung zu gießen. Die Präzision der Stahlformen kann weitgehend ohne Nacharbeit auf das Kunststoffbauteil übertragen werden und fast beliebig oft wiederholt werden. Die Stahlformen sind jedoch sehr aufwendig und teuer, sodass sich dieses Produktionsverfahren kaum für geringe Stückzahlen eignet. Die Kunststoffteilefertigung ist somit fast immer eine Massenfertigung.

Temperatur der Kunststoffschmelze

Man sollte Schmelztemperatur und Schmelzetemperatur unterscheiden. Die Temperatur der Schmelze ist in der Verarbeitung immer viel höher als die Übergangstemperatur vom Feststoff zur Schmelze. Wenn man es genau nimmt, können nur teilkristalline Kunststoffe schmelzen, denn das Schmelzen bedeutet das Auflösen kristalliner Bereiche. Amorphe Kunststoffe können daher nur erweichen. Das wird möglicherweise erst in Kapitel 5 deutlich, hier werden die speziellen Materialeigenschaften und die charakteristischen Temperaturen behandelt.

1.1.2.1 Vergleich der Eigenschaften von Kunststoffen und Metallen

Mechanische Eigenschaften von Kunststoffen sind denen der Metalle unterlegen

Im weiteren Vergleich mit den Metallen sind die Eigenschaften sehr verschieden. Somit sind spezielle Anwendungsfälle nur mit einem der beiden Werkstoffe sinnvoll.

Tabelle 1.1 Vergleich von Metallen und Kunststoffen

Eigenschaft	Metall	Kunststoff
E-Modul	hoch	niedrig
Zugfestigkeit und Dehngrenze	hoch	mittel
Dichte/Gewicht	hoch	gering

- Der E-Modul der Metalle und speziell der Stähle ist ca. 100-mal höher als bei Kunststoffen. Anwendungen mit hohen Lastanforderungen sind daher weitgehend auf Metalle beschränkt. Kunststoffbauteile würden sich zu sehr verformen.
- Die Festigkeit der Metalle ist besser als die der Kunststoffe. Hierbei geht es um das Versagen eines Bauteils. Das kann sowohl ein Bruch sein als auch eine unzulässige bleibende Verformung.

E-Modul von Kunststoffen ist temperaturabhängig und somit nicht konstant

- E-Modul und Festigkeit der Kunststoffe sind stark von der Temperatur abhängig. Für Anwendungen bei höhere Temperaturen, das können auch schon 50 °C sein, muss bei längerfristigen Belastungen die Materialwahl besonders sorgfältig erfolgen.

- Die Dichte der Kunststoffe ist nur ca. 1/7 im Vergleich zu Stahl. Anwendungen, die ein bestimmtes Gewicht erfordern (z. B. Pendel für Uhren oder Vorhanggewichte) sind nicht ohne weiteres in Kunststoff ausführbar.
- Einige Kunststoffe sind transparent.

Ein genauer Vergleich unterschiedlicher Werkstoffe zeigt weitere Vor- und Nachteile. Bild 1.6 vergleicht unterschiedliche Werkstoffe jeweils mit Stahl, wobei die Eigenschaften von Stahl jeweils auf den Wert 1 normiert wurden.

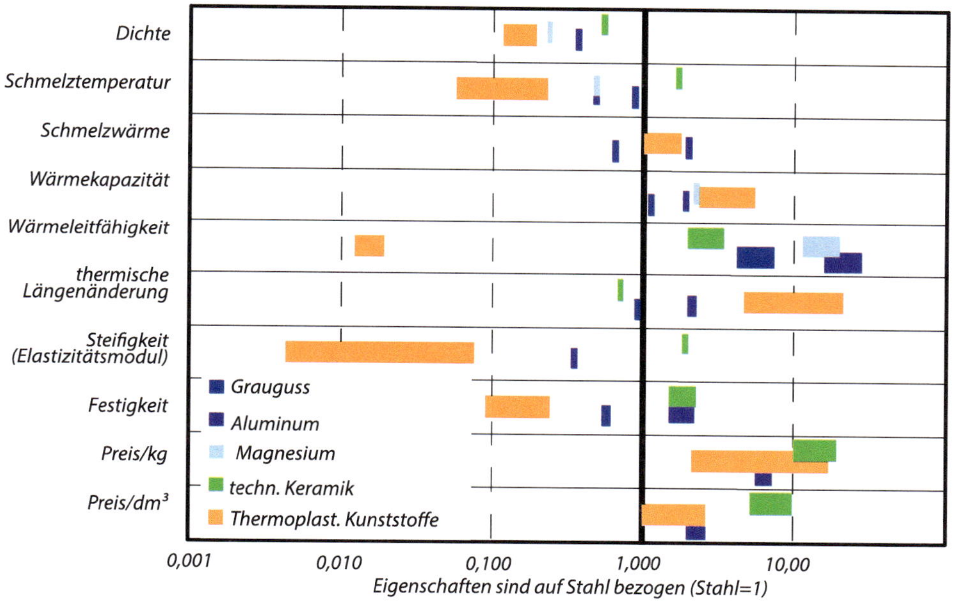

Bild 1.6 Vergleich thermoplastischer Kunststoffe mit Stahl [Bildquelle: WAK-Kunststofftechnik]

Die geringe Wärmeleitfähigkeit bedeutet für die Produktion, dass es zunächst schwierig ist, die Wärme der Schmelze aus dem Bauteilinneren in das Werkzeug abzuleiten. Je dickwandiger ein Bauteil ist, desto länger wird der Abkühlvorgang dauern. Deswegen sind Kunststoffteile nach Möglichkeit dünnwandig. Wanddickensprünge sind ungünstig.

Aufgrund der geringen Wärmeleitfähigkeit ist es aber auch möglich, lange und dünne Fließwege kontrolliert zu füllen. Kunststoffbauteile können somit erheblich filigraner sein als Metallgussbauteile.

Geringe Wärmeleitfähigkeit ermöglicht präzises Spritzgießen filigraner Strukturen

Vielfach wird angenommen, Kunststoffe seien preiswert, was aber nicht den Tatsachen entspricht. Speziell solche Kunststoffe, die für den Einsatz bei erhöhten Temperaturen vorgesehen sind, können pro Kilogramm mehr als 10 € kosten. In Verbindung mit dem Gewicht ergibt sich ein spezifischer Rohstoffpreis, der in €/kg angegeben wird. Dieser ist vergleichbar mit dem der Metalle.

Kunststoffe sind pro kg meistens teurer als Metalle

1.1.2.2 Spezielles mechanisches Verhalten

Metalle haben eine eindeutige Versagensgrenze (Dehn-, Streckgrenze)

Metalle sind atomar aufgebaut, d. h. es sind einzelne Atome, die beim Abkühlen in regelmäßiger Wiederholung Kristalle bilden. Bei einer Belastung können sich die Atome geringfügig voneinander entfernen, womit nach einer Entlastung der Ausgangszustand wieder erreicht wird. Dieses elastische Verhalten ist linear, d. h. die Verformung nimmt in gleichem Verhältnis wie die Belastung zu. Ab einer Lastgrenze R_p verschieben sich ganze Atomlagen, nach einer Entlastung bleibt eine Verformung (Bild 1.7).

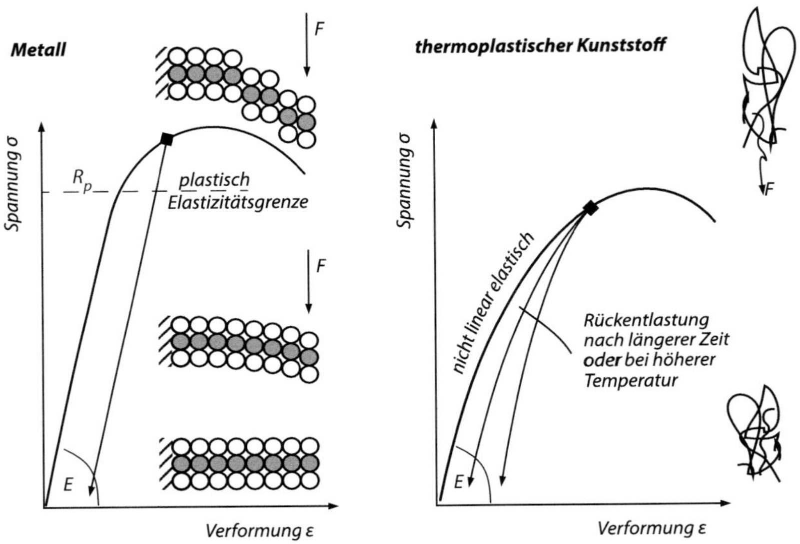

Bild 1.7 Elastische und plastische Verformung von Metallen und Kunststoffen bei unterschiedlicher Belastungshöhe

Mechanisches Versagen der Kunststoffe ist zeit- und temperaturabhängig (viskos)

Kunststoffe sind molekular aufgebaut, man kann sich das wie eine Ansammlung ineinander verschlungener Spaghetti vorstellen. Das gesamte Molekülknäuel ist bei Belastung zunächst elastisch. Bei niedrigen Temperaturen „kleben" die Molekülketten aneinander, bei höheren Temperaturen können sie aneinander abgleiten. Das Verformungsverhalten ist nicht linear elastisch, d. h. bei höheren Lasten wird die Verformung zunehmend größer. Wie weit eine Entlastung eine vollständige Rückverformung ermöglicht, hängt stark von der Belastungsdauer ab. Eine kurze Belastung ist oft elastisch, während eine zeitlich lang anliegende Last eine nicht reversible viskose Verformung hervorruft.

Unterschied zwischen plastischer und viskoser Verformung

Zur Genauigkeit sollte man die Verformung der Kunststoffe nicht plastisch, sondern viskos bezeichnen. Eine plastische Verformung beschreibt immer eine nicht umkehrbare Verformung, bei den Metallen geschieht das durch das Abgleiten von

Ebenen aus regelmäßig angeordneten Atomlagen. Die Kunststoffe bestehen aber aus wirr verknäuelten langen Molekülen, die sich unter Belastung als gesamtes Knäuel verformen und teilweise wieder zurückverformen können. Man spricht immer von einer viskosen Verformung, wenn die bleibende, nicht mehr zurückfindende Verformung zeitabhängig ist.

Die unterschiedlichen Kunststoffe haben jeweils einen spezifischen Molekülaufbau. Es gibt zwei Gruppen (Bild 1.8): vernetzte und nicht vernetzte. Die Duromere und die Elastomere zählen zu den vernetzten Kunststoffen. Während der Verarbeitung bilden sich chemische Verknüpfungen zwischen den Molekülketten, sodass sie auch bei hohen Temperaturen nicht mehr schmelzen können. Im Weiteren werden fast ausschließlich nicht vernetzte Thermoplaste behandelt. Bei diesen Kunststoffen unterscheidet man amorphe und teilkristalline Thermoplaste. Amorph bedeutet, dass die Molekülketten völlig unregelmäßig miteinander verknäuelt sind. Bei den teilkristallinen Kunststoffen besteht die Möglichkeit, dass ein Teil der Moleküle während des Abkühlvorgangs regelmäßige Anordnungen in Kristallform bildet.

Thermoplaste können bei höheren Temperaturen weich werden bzw. fließen

nicht vernetzte Kunststoffe		*vernetzte Kunststoffe*	
amorph	*teilkristallin*		

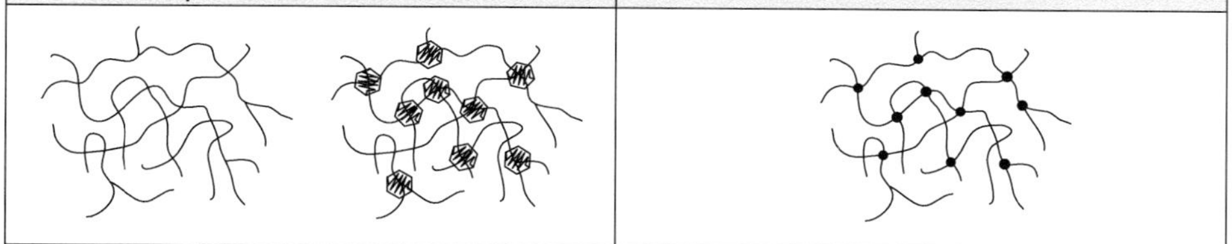

lose miteinander verschlaufte Moleküle	*verschlaufte und über Kristalle verbundene Moleküle*	*Moleküle mit Querverbindungen untereinander*	*Moleküle mit Querverbindungen und weiche Zwischensegmente,*
$T_{Einsatz} < T_{glas}$	$T_{Einsatz} < T_{schmelz}$	$T_{Einsatz} < T_{zersetzung}$	$T_{Einsatz} < T_{zersetzung}$
überwiegend spröde	*bei* $T < T_{glas}$ *spröde/elastisch*	*überwiegend spröde*	*bei* $T < T_{glas}$ *spröde/elastisch*
bei $T > T_{glas}$ *formbar*	*bei* $T > T_{glas}$ *zäh*		*bei* $T > T_{glas}$ *zäh*
	bei $T > T_{schmelz}$ *formbar*	*nicht schmelzbar*	*nicht schmelzbar*
Thermoplaste		*Duromere*	*Elastomere*

Bild 1.8 Struktur und Einsatzbereich der Kunststoffe

Alle Kunststoffe haben jeweils eine charakteristische Glastemperatur. Unterhalb dieser Temperatur ist das Verhalten weitgehend glasartig, also spröde. Die einzelnen Moleküle des Kunststoffs sind quasi eingefroren und können nicht gegeneinander verschoben werden. Eine bleibende Verformung ist nicht möglich, der Kunststoffe verhält sich elastisch. Oberhalb der Glastemperatur erweicht der Kunststoff zunehmend, er wird zäh bis weich. Bei Belastung kann es je nach Temperatur und Belastungsdauer zu bleibenden Verformungen kommen.

Unterhalb der Glastemperatur sind Kunststoffe meistens spröde und hart

Oberhalb der Schmelztemperatur schmelzen Kristalle teilkristalliner Kunststoffe

Die teilkristallisierenden Kunststoffe haben eine weitere charakteristische Schmelztemperatur, ab der die Kristalle schmelzen. Während die amorphen Kunststoffe nur unterhalb der Glastemperatur eingesetzt werden können, weil sie sich oberhalb unter Last merklich plastisch verformen, können die teilkristallinen Kunststoffe bis in den Bereich der Schmelztemperatur eingesetzt werden. Die Kristalle halten die Moleküle zusammen. Die Kristalle sind im Vergleich zu den vernetzten Kunststoffen quasi physikalische Vernetzungspunkte.

Belastbarkeit der Kunststoffe ist temperaturabhängig

Das mechanische Verhalten ist besonders bei den Thermoplasten stark von der Temperatur abhängig (Bild 1.9). Bei sehr niedrigen Temperaturen sind alle Kunststoffe überwiegend spröde und brechen ohne Vorwarnung ähnlich wie gehärtete Stähle (Verhalten 1, auch charakteristisch für Duromere). Im Bereich der Glastemperatur ist eine geringe Einschnürung kurz vor dem Bruch zu erkennen (Verhalten 2), das Maximum wird hier anders als bei Metallen Streckspannung genannt. Die teilkristallinen Kunststoffe können sich im Bereich zwischen der Glastemperatur und der Schmelztemperatur stark verformen. Sehr charakteristisch ist hier die Schulter-Hals-Verformung (Verhalten 3). Für die konkrete Anwendung ist dieses Verhalten aber ohne weitere Bedeutung, weil die Kunststoffe nur bis zu ihrer Streckspannung belastet werden sollten.

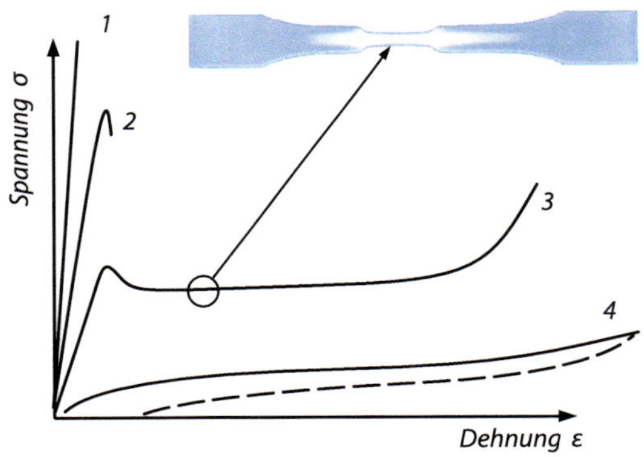

Bild 1.9
Verformungsverhalten von Kunststoffen unter Last
1: Duromer oder amorpher Thermoplast
2: Thermoplast im Bereich der Glastemperatur
3: teilkristalliner Thermoplast oberhalb der Glastemperatur
4: Elastomer

Interessant ist, dass speziell die teilkristallinen Kunststoffe je nach Einsatztemperatur das Verhalten 1 bis 3 zeigen. Man beachte, dass hier die Steigung der Spannungs-Dehnungs-Kurve mit zunehmender Temperatur immer flacher wird, d.h. der E-Modul wird mit zunehmender Temperatur kleiner.

Kunststoffe für einen höheren Temperatureinsatz sind teurer

Der Molekülaufbau beeinflusst die Glastemperatur und bei den teilkristallinen Kunststoffen die Schmelztemperatur. Die Wärmeformbeständigkeit kennzeichnet die Temperatur, bis zu der ein Kunststoffbauteil unter Last noch weitgehend seine Form behält. Diese Eigenschaft steht in einem engen Verhältnis zum Rohstoffpreis (Bild 1.10).

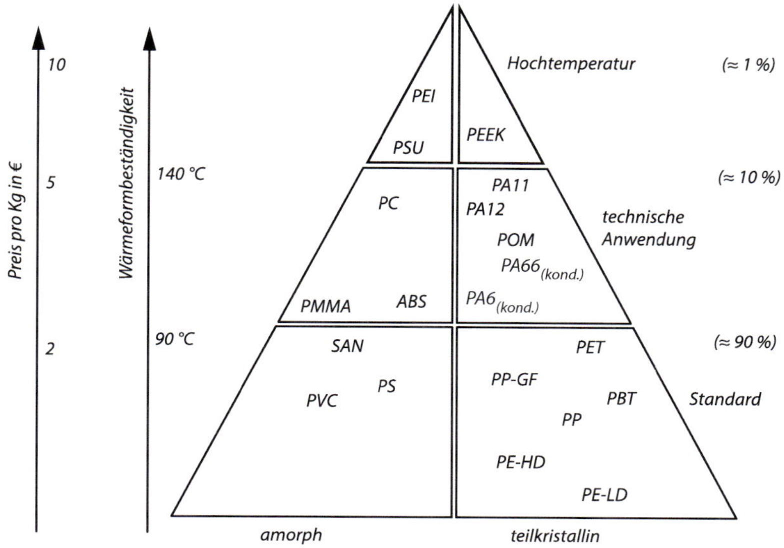

Bild 1.10 Wichtige amorphe und teilkristalline Thermoplaste

Auch wenn es sehr viele unterschiedliche Kunststoffe gibt, werden nur sehr wenige Sorten tatsächlich verwendet (Bild 1.11), wobei PP und PE eine sehr wichtige Rolle einnehmen. Die Eigenschaften der Kunststoffe können nämlich über Füllstoffe in weiten Grenzen verändert werden. Das betrifft weitgehend die Steifigkeit (den E-Modul), die z. B. über Glasfasern vergrößert werden kann.

Die wichtigsten Kunststoffe sind PP, PE, PVC

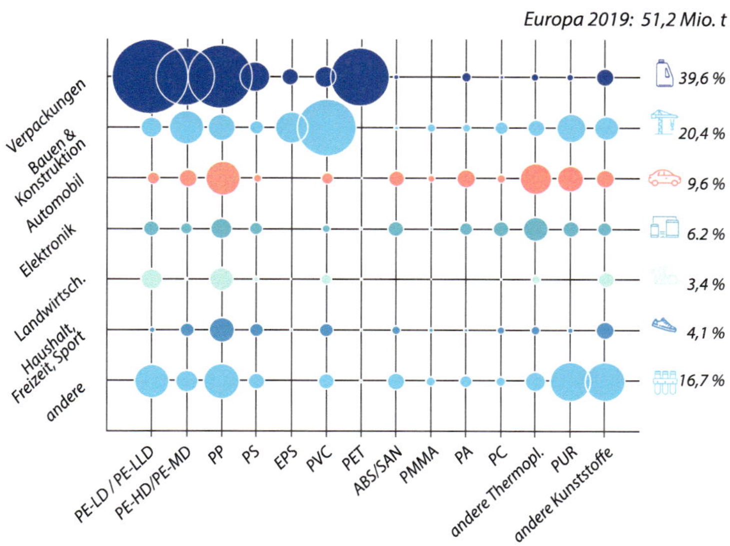

Bild 1.11 Überwiegend eingesetzte Kunststoffe entsprechend ihren Anwendungsgebieten [Bildquelle: Plastics Europe]

Die technischen Kunststoffe mit einer höheren Wärmeformbeständigkeit finden überwiegend im Automobilbereich Anwendung.

1.1.3 Gründe für den Einsatz von Kunststoffen

Kunststoff wird aus unterschiedlichen Gründen für eine Konstruktion gewählt:

- Kostengünstige Reproduktion
- Funktionsintegration
- Materialsubstitution
- Spezielle Eigenschaften
- Design
- Gewichtsersparnis

Massenfertigung erfordert eine kostengünstig wiederholbare Produktion

Kostengünstige Reproduktion heißt Massenfertigung. Der Aufwand für ein einziges Spritzgussbauteil ist sehr hoch, weil die Herstellung ohne ein entsprechendes Werkzeug nicht möglich ist. Ein Spritzgießwerkzeug kann sehr teuer sein, das hängt auch von der Komplexität des zu erzeugenden Bauteils ab. Daher sind komplizierte Bauteile aus Kunststoff immer Massenartikel, weil die Werkzeugkosten auf viele Bauteile verteilt werden. Richtig interessant wird Spritzgießen ab einer Stückzahl von 10.000. Losgrößen unterhalb dieser Grenze sind, wenn überhaupt, eher für geometrisch einfache Bauteile.

Mit einem Herstellvorgang lassen sich gleich mehrere Funktionen realisieren

Funktionsintegration bedeutet, dass ein Bauteil unmittelbar mehrere Funktionen erfüllt. Weil Kunststoffbauteile überwiegend gegossen werden, ist die Kombination verschiedener Funktionen meistens einfach machbar. Ein Beispiel hierfür ist z. B. eine Spülbürste (Bild 1.12). Ein Wechsel des Materials von ursprünglich Holz, Draht und Borsten hin zu Kunststoff und Borsten ermöglicht ohne wesentlichen Aufwand die zusätzliche Funktion eines Schabers zur Entfernung hartnäckiger Schmutzreste. Durch eine Prozesserweiterung und eine zusätzliche weiche Komponente kann ein Saugfuß angebracht werden. Durch die zusätzlichen Funktionen werden die Produkte konkurrenzfähig und teilweise günstiger als die Produkte aus konventionellen Materialien. Ein Konstrukteur sollte sich grundsätzlich im Klaren sein, dass die Gestaltung einer Gusskonstruktion viele Freiheitsgrade mit sich bringt. Es lohnt sich sehr häufig, über zusätzliche Funktionen nachzudenken.

Bild 1.12 Beispiele für Funktionsintegration, bei der die ursprünglichen Bauteilfunktionen mit einfachen Mitteln erweitert werden

Kunststoffe statt Metalle zur Gewichts- und Kosteneinsparung

Materialsubstitution heißt Materialersatz. Anders als beim Beispiel der Funktionsintegration sollen die Funktion und die Bauteilgestalt hier weitgehend erhalten bleiben. Die Gründe für einen Materialwechsel hin zu Kunststoff können sein:

- Gewichtsreduktion
- Herstellkostenreduktion

Materialwechsel von Metall zu Kunststoff erfordert eine Umkonstruktion

Durch den Wechsel hin zu Kunststoff ergeben sich aber zwangsläufig geometrische Veränderungen. Masseanhäufungen müssen beseitigt werden, ggf. sind zusätzliche Versteifungen notwendig (Bild 1.13). Kunststoffbauteile haben häufig eine bessere Oberflächenqualität für Sichtteile und sind korrosionsbeständig ohne Nachbehandlungen wie Eloxieren, Beschichten und Lackieren.

Bild 1.13 Beispiel für Materialsubstitution, hier der Wechsel von Aluminium zu Polyamid [Bildquelle: Fa. Hecht + Dieper Präzisionsspritzguss GmbH, Lindlar]

Sehr spezielle Eigenschaften für sehr spezielle Anwendungen

Es gibt diverse **spezielle Eigenschaften** der Kunststoffe, die den Einsatz sinnvoll machen. Vielfach kann durch diese Eigenschaften die ursprüngliche Funktion erheblich verbessert werden. Am Beispiel einer Zitronenpresse wird deutlich, dass ein elastisches Silikon neben der ursprünglichen Pressfunktion zusätzliche Funktionen wie z. B. die Aufbewahrung ermöglicht (Bild 1.14).

Bild 1.14 Erweiterte Funktion und Gestaltungsmöglichkeit durch sehr große Flexibilität von Silikon am Beispiel einer Zitronenpresse [Bildquelle: Fa. Jähn, Hachenburg]

Die speziellen Eigenschaften von Kunststoffen sind für einige ausgewählte Kunststoffe z. B. elektrische Nichtleitfähigkeit, chemische Widerstandsfähigkeit gegen Säuren, Korrosionsfestigkeit. In diesem Fall sind jeweils spezielle Kunststoffe mit dem entsprechenden Eigenschaftsprofil zu wählen.

Kunststoffbauteile können sehr interessante Formen haben

Das **Design** betrifft die eigentliche Gestaltung. Am Beispiel eines Türkeils werden die Möglichkeiten klar, die ein Materialwechsel mit sich bringt. Neben dem reinen Designaspekt kommen zusätzlich die Eigenschaften zur Geltung (siehe Kapitel 5, Materialauswahl). Die eingesetzten Kunststoffe unterscheiden sich von Holz auch in Ihrem Reibungskoeffizienten und der Härte, sodass die ursprüngliche Funktion „Tür feststellen“ verbessert wird.

Bild 1.15 Erweiterte Gestaltungsmöglichkeiten mit Kunststoff durch Gießherstellverfahren im Vergleich zu konventionellem Werkstoff Holz und Herstellung über Sägen und abtragende Prozesse

■ 1.2 Gestaltungsregeln

Gestaltung von Kunststoffbauteilen mit Blick auf die notwendige Werkzeugtechnik zur Herstellung

Ein Konstrukteur sollte möglichst immer die Herstellbarkeit seiner Konstruktion im Blick haben. Spritzgussteile sind Massen-Gussteile, womit sich drei besondere Merkmale ergeben, die unmittelbar eine Auswirkung auf die optische Qualität haben:

- Für das Verfahren sind für die Entformbarkeit mindestens zwei Werkzeughälften notwendig. Die Trennkante zwischen den Werkzeughälften ist fast immer sichtbar und fühlbar. Zur Entformung sind häufig Schieber notwendig, die zur Entformung von Hinterschnitten quer zur Öffnungsbewegung verfahren werden. Diese Schieber bilden ebenfalls Trennlinien, die sichtbar und fühlbar sind.
- Eine der Werkzeughälften enthält das Auswerfersystem. Diese im einfachsten Fall zylindrischen Stifte zeichnen sich auf der Bauteiloberfläche ab (Bild 1.16).
- Die Anspritzstelle hinterlässt meistens einen gut sichtbaren Abrisspunkt.

Spritzgießen erzeugt zwangsläufig Oberflächenfehler

Mit einem Bewusstsein für diese Selbstverständlichkeiten kann man vielfach Qualitätseinbußen geringhalten, indem man die Anspritzstelle in unkritische Bereiche verlegt, die Trennung möglichst natürlichen Bauteilkanten folgen lässt und Schiebertrennungen ggf. auf die nicht sichtbare Seite verlegt. Eine weitere Möglichkeit ist eine geeignete Oberflächenstruktur, die die genannten Markierungen überdeckt.

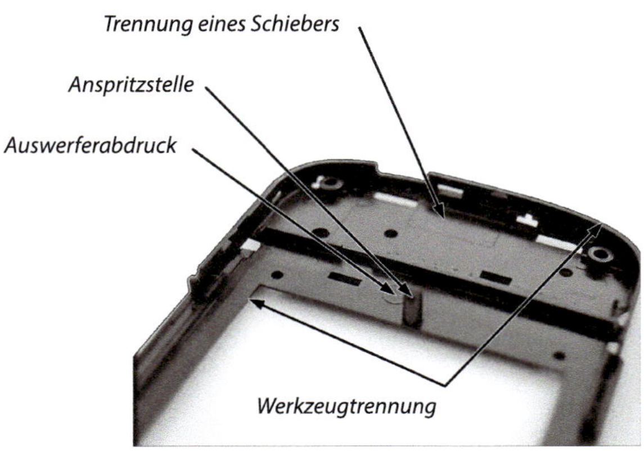

Bild 1.16
Zwangsläufige Markierungen bzw. optische Einbußen an Spritzgussteilen

Trennung der Werkzeughälften ist auf dem Bauteil sichtbar

Bei sehr vielen Spritzgussbauteilen ist diese Trennung gleichzeitig die Trennung zwischen der Sichtseite und der nicht sichtbaren Unterseite. Häufig genug liegt die Trennung aber auch direkt auf einer Bauteiloberfläche.

Es ist auf jeden Fall zweckmäßig, den Verlauf der Trennung direkt mitzukonstruieren. Für die Entwicklung des Spritzgießwerkzeugs wird die Oberfläche des CAD-Bauteils in zwei Flächen für die beiden Werkzeughälften (Düsen- und die Auswerferseite) geteilt und jeweils eine Trennfläche angefügt (Bild 1.17). In CAD-Programmen gibt es „boolesche Operationen“, dabei wird ein Volumenkörper aus der Vereinigung oder Schnittmenge zweier Volumenkörper gebildet. Wenn das CAD-Bauteil mit der Trennfläche in einen quaderförmigen Volumenkörper platziert wird und man dann eine Subtraktion durchführt, erhält man direkt den Negativabdruck des Bauteils, wie er später in der Kavität zu sehen sein wird (Bild 1.18).

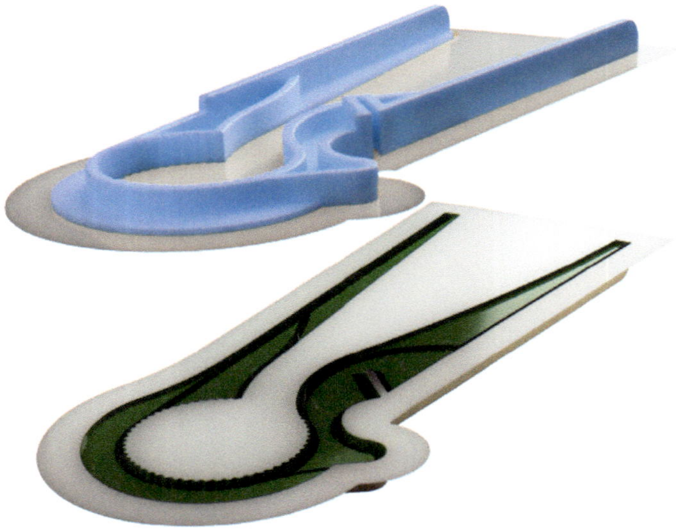

Bild 1.17 Geteilte Oberfläche eines Bauteils für die Kern- und Düsenseite mit angefügter Trennebene [Bildquelle: S. Schneiders]

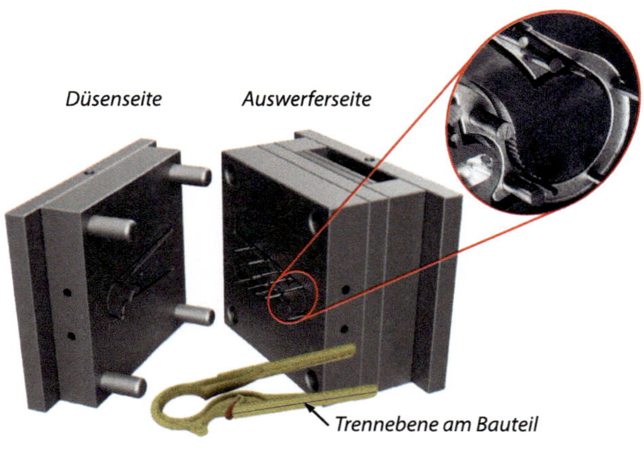

Bild 1.18 Werkzeug für einen Flaschenöffner mit der Negativkontur der Bauteiloberfläche [Bildquelle: S. Schneiders]

Konstruktive Besonderheiten von Spritzgussteilen

Das Herstellverfahren Spritzgießen führt bei der Gestaltung eines Bauteils zu den folgenden Besonderheiten:

- Das Bauteil muss sich entformen lassen.
- Die möglichen Fließweglängen sind begrenzt.
- Die Angussposition ist immer eine Fehlstelle und manchmal auch eine Schwachstelle.
- Masseanhäufungen sollten vermieden werden.
- Die Bauteile sollten möglichst gleichmäßig dünn sein.
- Rippen, Sicken und Bombierungen machen die Bauteile steifer.
- Die Maße von Kunststoffbauteilen ändern sich je nach Einsatztemperatur wesentlich, das ist besonders bei Baugruppen aus Kunststoff- und Metallteilen zu berücksichtigen.

1.2.1 Entformbarkeit

Am besten denkt der Konstrukteur in Werkzeughälften (Bild 1.19). Damit sind nicht die Werkzeugdetails im Einzelnen, sondern der grundlegende Aufbau und das Verständnis der formgebenden Werkzeughälften gemeint.

Konstrukteur muss Werkzeughälften im Sinn haben

Die Konstruktion eines Werkzeugs sollte die Lage des Bauteils im Werkzeug und die Trennung der Formhälften im Blick haben. Dann lassen sich Hinterschneidungen und Querbohrungen, die eine Entformung erschweren, vielfach vermeiden. Andernfalls werden Schieber oder Kernzüge notwendig, dadurch wird das Werkzeug aber teurer und wegen der zusätzlichen beweglichen Elemente störanfälliger (Bild 1.5).

Die Bauteilgestalt entscheidet wesentlich über die Komplexität eines Spritzgießwerkzeugs

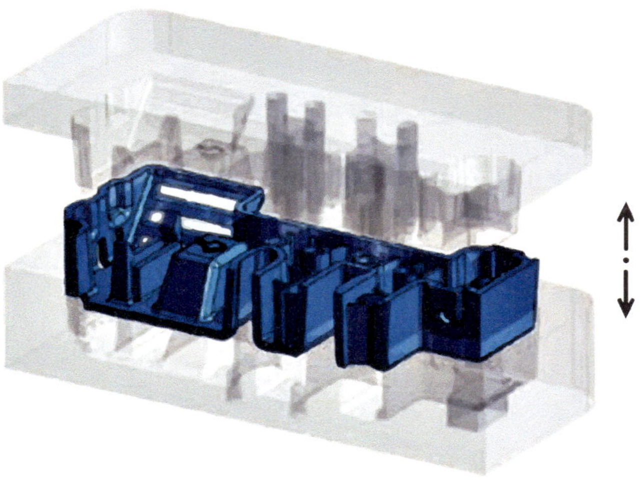

Bild 1.19
Zur Bauteilgestaltung gehört immer das Mitbedenken der notwendigen Werkzeughälften [Bildquelle: Ritter]

Entformungsschrägen erleichtern bzw. ermöglichen die Entformung

Beim Erstarren schwindet der Kunststoff und wenn das Bauteil hoch genug ist, schwindet es auf den Kern (Bild 1.20), der die Innenkontur des Werkzeughohlraums bildet. Entformungsschrägen sind daher für die Entformbarkeit sehr wichtig, weil damit nur noch für den ersten kurzen Weg der Entformung hohe Kräfte (Losbrechkräfte) auf das Bauteil wirken müssen.

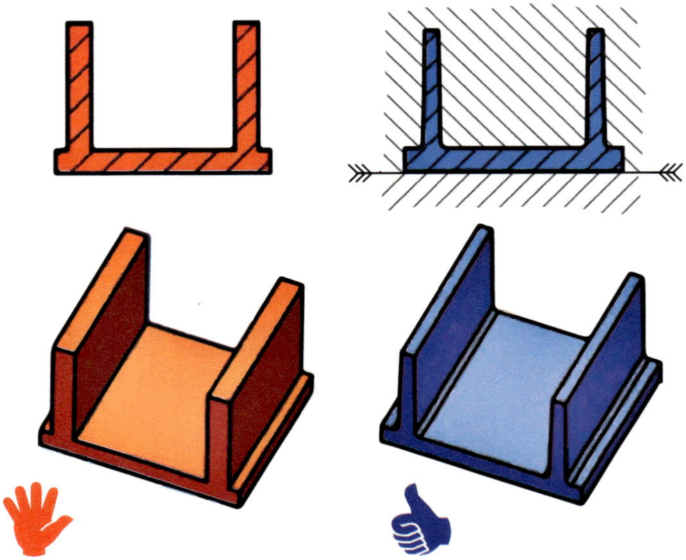

Bild 1.20 Entformungsschrägen reduzieren die Entformungskräfte [Bildquelle: Ritter]

Einflussgrößen auf den Winkel der Entformungsschräge

Der Winkel der Entformungsschräge hängt ab von:

- Schwindungspotential des Materials: Teilkristalline Kunststoffe schwinden mehr als amorphe Kunststoffe, und Füllstoffe reduzieren das Schwindungspotential.
- Besonders hohe Schwindungswerte haben PP und PE.
- Entformungshöhe: Problematisch sind hohe und schlanke Kerne.
- Rautiefe: Damit ist die Oberflächenbeschaffenheit des Werkzeugs gemeint. Ganz allgemein kann man 1° pro 0,025 mm Rautiefe annehmen. Bei genarbten Oberflächen sind Oberflächenvertiefungen von 0,1 mm durchaus möglich.

Tabelle 1.2 Neigungswinkel verschiedener Kunststoffe

Kurzzeichen	Neigungswinkel
PE	0,5° bis 1°
PP	1° bis 3°
POM	0,25° bis 0,5°
PC	0,5° bis 1,5°
PPO	0,5° bis 1,5°
PBT	0,5° bis 1,5°
PA 66	0,125° bis 0,5°
GF-PA 66	0,25° bis 1°
ABS	>0,5° bis 0,5°

Werte aus Tabellen sind immer mit Vorsicht zu betrachten. Es ist wichtig, den Gesamtzusammenhang im Blick zu haben. Bei Kernen gilt z. B., dass Entformungsschrägen für teilkristalline Materialien größer sind als für amorphe Kunststoffe, weil teilkristalline Kunststoffe beim Abkühlen mehr schwinden und daher stärker auf Kerne aufschwinden können (Bild 1.21). Dadurch wird die notwendige Kraft für das Entformen größer. Bei Rippen kann der Zusammenhang völlig anders sein. Amorphe Kunststoffe schwinden wenig und daher ist die Entformung des Kunststoffs aus einem engen Werkzeugspalt für eine Rippe schwieriger. In dem Fall muss ebenfalls eine größere Entformungsschräge gewählt werden.

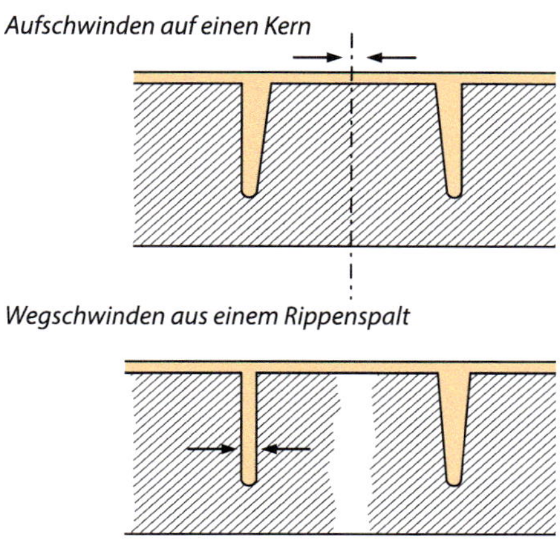

Bild 1.21
Schwindung auf Kerne und in engen Werkzeugspalten

Es ist nicht immer klar, in welche Richtung ein Bauteil schwindet, vielfach liegen auch mehrere Kerne auf einer Bauteilseite nebeneinander. Daher haben steile Wände jeweils eine Schräge auf beiden Seiten.

Entformungsschrägen an hohen und schlanken Kernen führen je nach Werkzeugbauart zu unterschiedlichen Wanddicken

Bei hohen und schlanken Kernen können bei ungünstiger Wahl der Formtrennung sehr unterschiedliche Wanddicken entstehen, bzw. das Bauteil in Teilbereichen zu dünn oder zu dick werden (Bild 1.22, linke Darstellung). Wenn die Formtrennung auf die halbe Höhe gelegt wird, verjüngt sich das Bauteil zu zwei Seiten hin. In der Darstellung links müsste die Kontur des Bauteils komplett in die obere Werkzeughälfte eingearbeitet werden, ggf. ginge das nur mittels Erodierverfahren.

Noch gleichmäßiger wird die Wanddicke, wenn die Trennung über die Methode Formkern-Hohlraum-Trennung erfolgt, wobei der gesamte Innenbereich des Bauteils von einer Werkzeughälfte und der Außenbereich von der zweiten Werkzeughälfte gebildet wird (rechts im Bild). Das hat die zusätzlichen Vorteile der leichteren Herstellbarkeit und der leichteren Entlüftbarkeit. Die Option im rechten Bilddrittel ließe sich gut über konventionelle spanende Bearbeitung erzeugen; Kern und Gesenk liegen in jeweils in einer eigenen Werkzeughälfte. Bei dieser Variante würde eine gleichmäßige Wanddicke über der Bauteilhöhe entstehen, die Entformungsschräge verläuft parallel auf der Außen- und Innenseite. Man beachte aber, dass bei dieser Ausführung wegen der notwendigen Entformungsschräge in diesem dargestellten Fall der Hülse der Durchmesser oben kleiner ist als am unteren Bauteilrand.

Hinsichtlich der Entlüftung ist zu bedenken, dass die durch die einströmende Schmelze verdrängte Luft nur jeweils über die Formtrennung aus dem Werkzeughohlraum entweichen kann, es sei denn, sie wird mit einem zusätzlichen Entlüftungsstift, wie in der rechten Bildhälfte, in der oberen Werkzeughälfte abgeleitet.

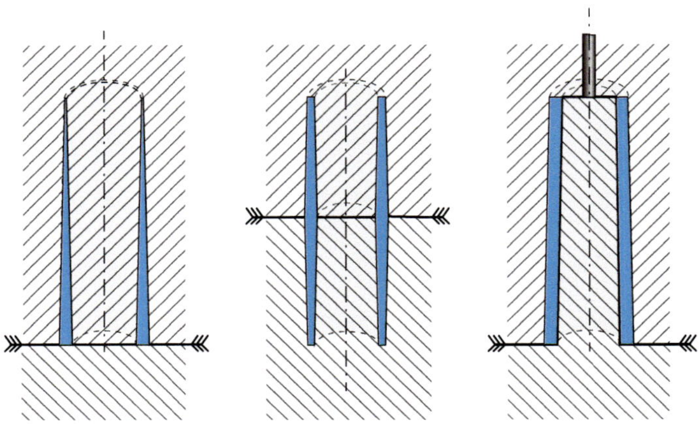

Bild 1.22 Entformungsschrägen an hohen, schlanken Kernen

Gestaltung von Durchbrüchen ohne Hinterschnitte

Bauteile haben oft seitliche Durchbrüche, z. B. für Lüftungsschlitze oder Sichtfenster. Bei wenig sorgfältiger Konstruktion entsteht zwangsläufig ein Hinterschnitt, der sich nur mit einer zusätzlichen Querbewegung eines Schiebers entformen lässt. Konstruktiv gibt es verschiedene Möglichkeiten, den Hinterschnitt zu umgehen. In Bild 1.23 ist zu jeder Ausführung ein Schnitt durch das Bauteil dargestellt und die Werkzeughälften schraffiert angedeutet. Alle Ausführungen auf der rechten Seite ermöglichen eine Bewegung der Werkzeughälften senkrecht zur Trennebene ohne Kollision mit dem Bauteil.

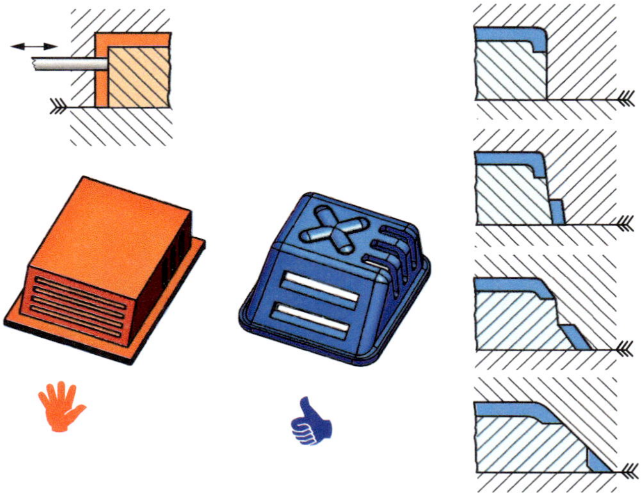

Bild 1.23
Gestaltung von Durchbrüchen für z. B. Lüftungsschlitze

In gleicher Weise lassen sich Hinterschnitte schieberlos gestalten, wenn ein Durchbruch parallel zur Trennung zugelassen werden kann. Auf diese Weise kann im Bild 1.24 die untere Formhälfte die Unterseite des Schnapphakens bilden.

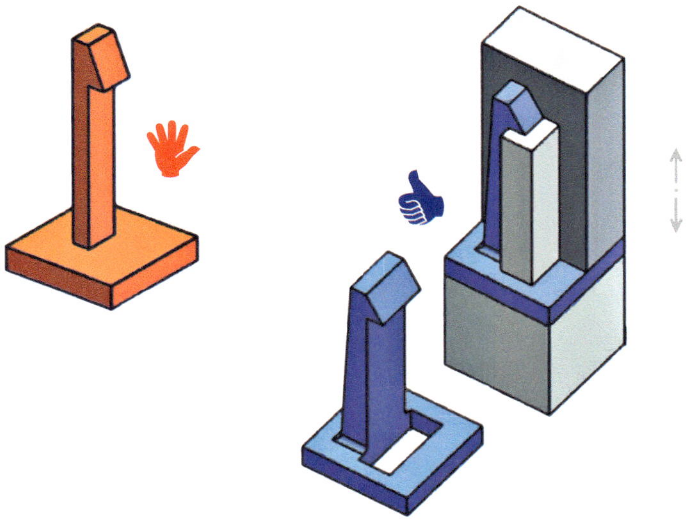

Bild 1.24
Gestaltung eines Schnapphakens ohne notwendigen Schieber [Bildquelle: Ritter/HS Reutlingen]

Gestaltung von Achsdurchgängen

Eine Kombination der Ausführung für Schnapphaken mit gegenüberliegender Ausrichtung eignet sich für Achsdurchführungen, wenn nicht eine passgenaue, völlig runde Bohrung entstehen muss (Bild 1.25).

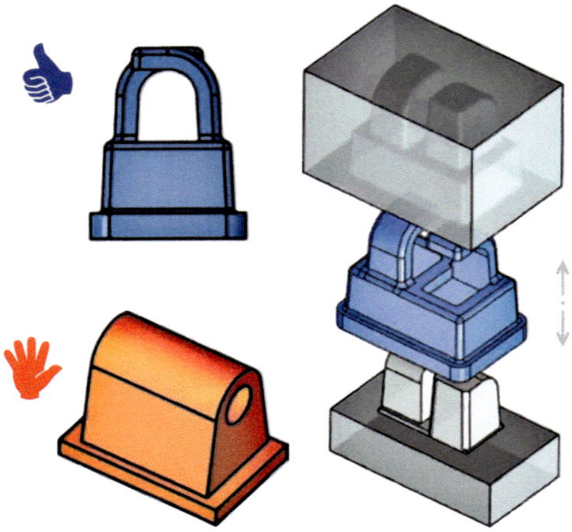

Bild 1.25
Gestaltung einer Achsdurchführung ohne Kernzug bzw. Schieber
[Bildquelle: Ritter/HS Reutlingen]

Konstruktiv erforderliche Einsätze

Kantige Erhebungen für z.B. Anschraubbohrungen können das Werkzeug unnötig teuer machen. Der Konstrukteur sollte sich immer klarmachen, dass eine schlanke und hohe Kontur des Bauteils immer eine enge und tiefe Gegenkontur im Werkzeug erfordert. Im Werkzeug lassen sich diese Bereiche oft nur mehrteilig herstellen, indem ein entsprechender Kontureinsatz, der sich gut von außen bearbeiten lässt, in eine entsprechende Aussparung des Werkzeugs eingesetzt wird (Bild 1.26). Eine gleiche Funktion lässt sich häufig auch mit einer geänderten Kontur erreichen, wobei die im Bild dargestellte runde Form im Werkzeug einen geringeren Aufwand erfordert.

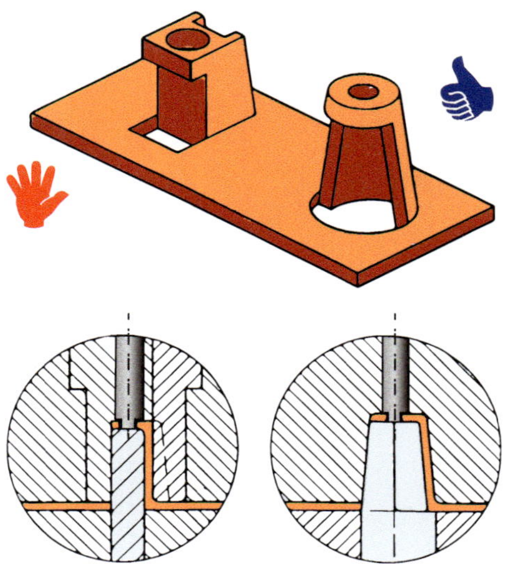

Bild 1.26
Ausführung „kantiger" Aufsätze und Vorsprünge [Bildquelle: nach Menges]

Werkzeugeinsätze sind nicht grundsätzlich schlecht, sie erhöhen aber den Aufwand und somit die Kosten. Die Funktion einer Anschraubbohrung ist bei einer geänderten Form gleich, aber werkzeugtechnisch erheblich einfacher umzusetzen. In Bild 1.26 ist jeweils in der oberen Werkzeughälfte ein Stift eingesetzt, der in diesem Fall auch zur Entlüftung genutzt werden kann. Selbst bei sehr engen Toleranzen der Werkzeugelemente zueinander entstehen Spalte, durch die die Luft aus dem Kavitätbereich während des Einspritzens entweichen kann.

1.2.2 Fließweg-Wanddicken-Verhältnis

Die Fließweglängen sind je nach Fließfähigkeit des Kunststoffs begrenzt. Für normale technische Bauteile mit üblichen Materialien ergibt sich ein Fließweg-Wanddicken-Verhältnis von ca. 150:1 (Bild 1.27). Wenn Füllstoffe eingesetzt werden, verschlechtert sich die Fließfähigkeit und somit die mögliche Fließweglänge.

Spritzgussbauteile haben ein begrenztes Fließweg-Wanddicken-Verhältnis

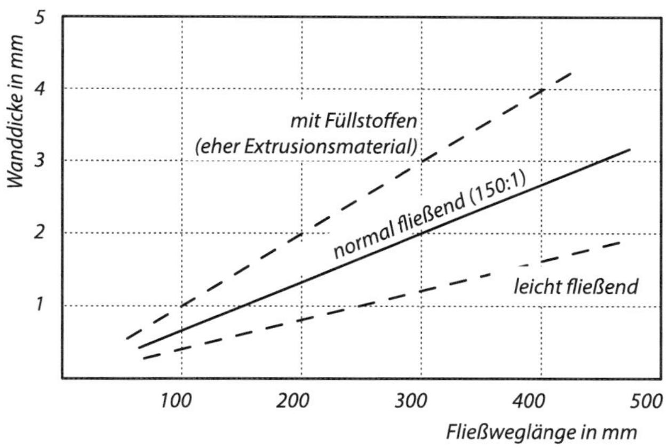

Bild 1.27 Mögliche Fließweglängen in Abhängigkeit von der Wanddicke

Die Fließweglänge wird von vielen Konstrukteuren nicht berücksichtigt. Längere Fließwege sind nur mit mehreren Anspritzstellen möglich, hierfür sind dann Heißkanäle im Werkzeug notwendig, die die Schmelze zwischen der zentralen Schmelzezuführung zum Werkzeug und den Anspritzstellen auf Schmelzetemperatur halten. Das führt aber zwangsläufig zu einem höheren Aufwand seitens der Werkzeugtechnik und ggf. auch möglichen Oberflächenfehlern, wenn die Schmelzen aus den diversen Einspritzdüsen zusammenfließen.

Große Bauteile müssen häufig an mehreren Stellen angespritzt werden.

1.2.3 Angussposition

Einfluss der Angussposition auf die Bauteilqualität

Die Wahl der Anspritzstelle beeinflusst die Qualität des hergestellten Bauteils wesentlich, durch:

- das Entstehen von Bindenähten
- die mögliche Bildung von Lufteinschlüssen
- die Ausrichtung von Fasern

Bindenähte entstehen an Zusammenflussstellen, auch ohne Durchbrüche

Bindenähte entstehen, wenn zwei Schmelzefronten zusammentreffen. Das passiert immer hinter Durchbrüchen, also wenn die Schmelze um Werkzeugkerne herumfließen muss. Aber auch ohne Durchbrüche können Schmelzen zusammentreffen, wenn z. B. unterschiedliche Wanddicken die Strömung der Schmelze beeinflussen. Der Schmelzestrom fließt in dickeren Bauteilbereichen wegen des dort geringeren Druckbedarfs schneller. Bei vorhandenen Wanddickenunterschieden kann sie in den dickeren Bereichen voreilen. So entstehen zwei Fließfronten, weil die Schmelze aus dem dickeren Bereich in den dünneren angrenzenden Bereich hinüberströmt und sich dort mit der Fließfront der langsamer strömenden Schmelze vereinen kann.

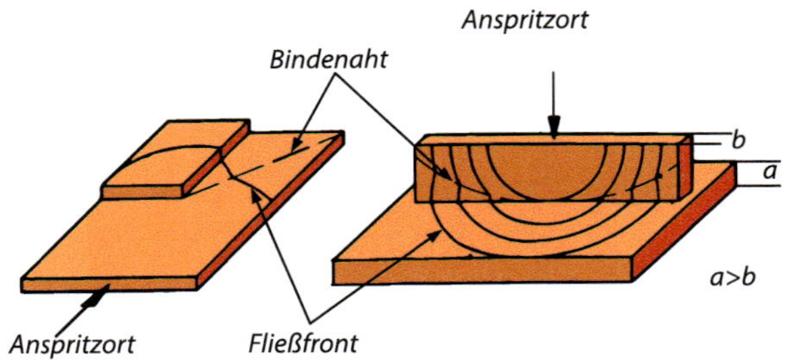

Bild 1.28 Mögliche Bindenähte an Bauteilen in Abhängigkeit von Bauteilgestaltung und Anspritzort

Vorhersage von Bindenähten ist mit Simulationsprogrammen möglich

Wo Bindenähte entstehen, ist bei komplizierter Bauteilgestaltung nicht einfach vorhersagbar. Sehr zuverlässig sind hier Simulationsberechnungen der Strömungen. Mit geringem Aufwand können die Auswirkungen unterschiedlicher Anspritzorte sichtbar gemacht werden. Wanddickenänderungen erfordern einen etwas höheren Aufwand, weil die Geometrieänderung häufig im CAD-System erfolgt und dann ein neues Simulationsmodell (FEM-Netz) erzeugt werden muss.

Die gängigen Programme zur Strömungssimulation lassen auch mehrere Anspritzorte für ein Bauteil zu bzw. auch eine zeitliche Steuerung der Öffnung bei mehreren Anspritzorten (siehe Kapitel 4). Das hat den Vorteil, dass auch lange Fließwege ohne Bindenähte möglich werden.

Der Anspritzort selbst beeinflusst bei faserverstärkten Thermoplasten auch wesentlich die Ausrichtung von Fasern und damit die mechanischen, richtungsabhängigen Eigenschaften sowie die richtungsabhängige Schwindung. Die Eigenschaften sind bei faserverstärkten Materialien abhängig von der Strömungsrichtung. Eine Abschätzung der Ausrichtung der Fasern und der Auswirkung auf die mechanischen Eigenschaften ist ohne eine Simulationsrechnung nahezu unmöglich.

Anspritzort beeinflusst bei mit Fasern gefüllten Kunststoffen die Eigenschaften

1.2.4 Masseanhäufungen vermeiden, Dünnwandigkeit

Kunststoffbauteile sind üblicherweise dünnwandig und sollten eine gleichmäßige Wanddicke haben. Wegen der schlechten Wärmeleitfähigkeit des Kunststoffs wird die Abkühlzeit mit zunehmender Wanddicke länger. Die Kühlzeit lässt sich abschätzen mit

Die Bauteildicke bestimmt wesentlich die notwendige Abkühlzeit

$$t_{kühl} \sim 2s^2 \qquad (1.1)$$

wobei s die Wanddicke ist.

Dickere Bauteilbereiche sollten grundsätzlich vermieden werden. Ggf. ist zu überlegen, ob solche Bereiche ausgekernt werden können. Dabei füllt ein Werkzeugkern die Dickstelle aus, was immer möglich ist, wenn nicht beide Oberflächen eines schalenförmigen Bauteils eine definierte Form haben müssen.

Wanddickenverringerung durch Auskernen

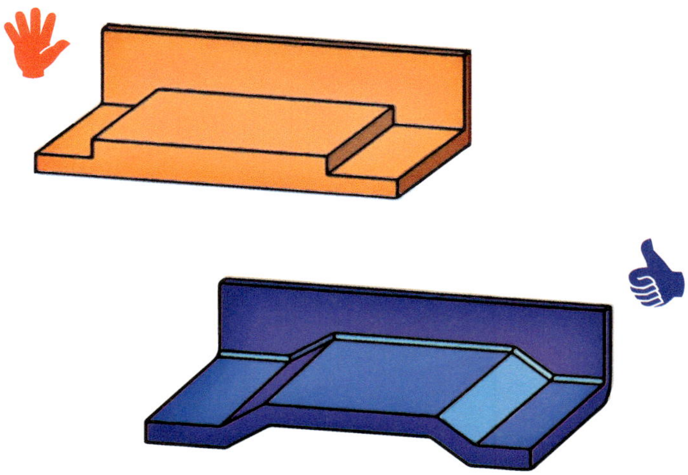

Bild 1.29 Dickere Bereiche lassen sich durch Auskernen in der Wanddicke angleichen

Das Prinzip des Auskernens lässt sich auch auf zylindrische Geometriebereiche anwenden (Bild 1.30). Beim Konstruieren sollte man immer überlegen, ob die konventionelle Geometrie wirklich notwendig ist, oder eine für das Verfahren günstigere Form möglich ist.

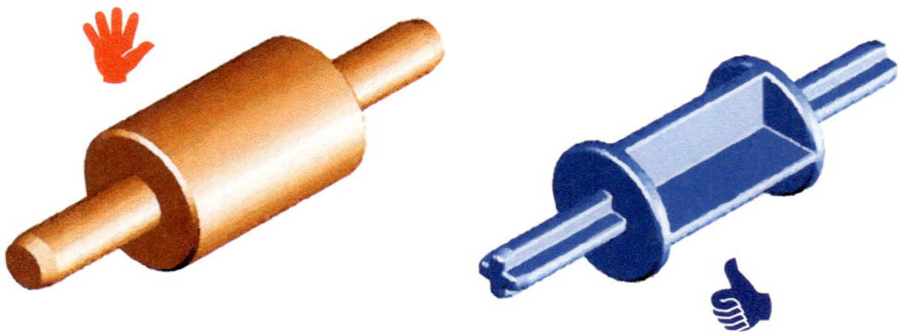

Bild 1.30 Entkernen führt zu gleichmäßigen Wanddicken [Bildquelle: Protolabs]

Stabilisierung von Schraubdomen

Anschraubdome werden häufig aus Gründen der Stabilität an die Seitenwände angebunden. Damit nicht ungleichmäßige Wanddicken entstehen, kann die Anbindung über eine Verrippung erfolgen (Bild 1.34). Man sollte aber berücksichtigen, dass die Vertiefungen neben den Rippen sich nicht gut kühlen lassen und dass diese Bereiche ggf. eine längere Kühlzeit benötigen.

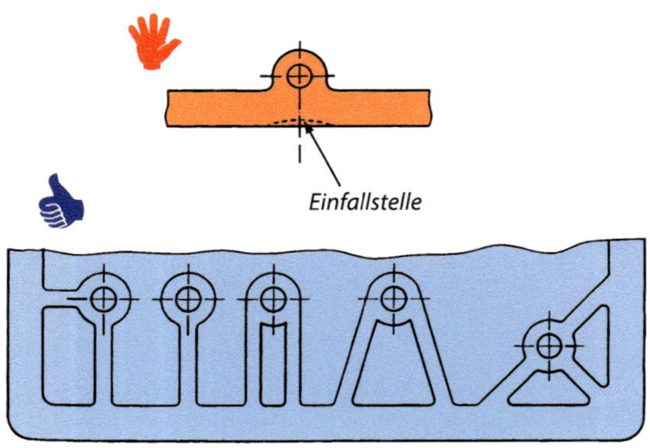

Bild 1.31 Anbinden von Schraubdomen an Seitenwände [Bildquelle: Ritter/HS Reutlingen]

1.2.5 Versteifungen

Verzug eines Bauteils bedeutet Verformung nach dem Auswerfen

Kunststoffbauteile können sich nach dem Entformen verziehen oder verwerfen (Bild 1.32). Der Grund ist der geringe E-Modul des Kunststoffs, womit die Steifigkeit des Bauteils klein ist und mögliche prozessbedingte Eigenspannungen das Bauteil verziehen können. Besonders problematisch ist das bei ebenen Bauteilen.

Bombierte Bauteile mit leicht nach außen gewölbten Flächen (Bombierung) sind automatisch steifer und widersetzen sich den durch den Prozess der Herstellung entstandenen verbliebenen Spannungen.

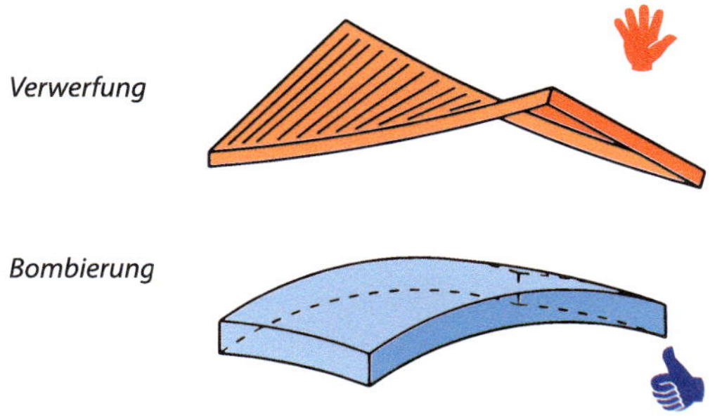

Bild 1.32
Ebene Bauteile können sich verwerfen, bombierte Bauteile haben eine „Grundsteifigkeit"

Sicken erhöhen die Steifigkeit von Bauteilen

Sicken sind Kontursprünge, die Flächen ebenfalls versteifen. In der Metallverarbeitung kennt man aus Gründen der Herstellbarkeit überwiegend Längsrillen oder Nuten, z. B. bei einer Konservendose aus Weißblech, wobei die Versteifung in der Richtung der Sicken entsteht. Bei Kunststoffteilen bestehen sehr viel mehr Möglichkeiten, Sicken zu gestalten. Sie können auch als Muster oder als Schriftzüge ausgebildet werden, wobei die Sicke quasi aufgeprägt ist, also auf beiden Seiten des Bauteils zu sehen ist (Bild 1.33).

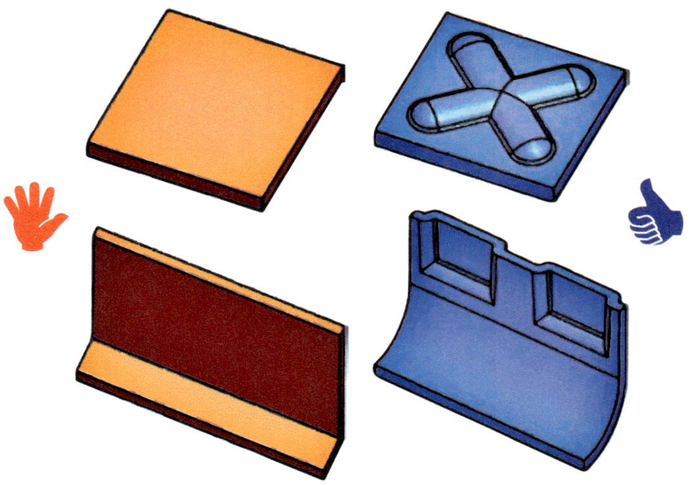

Bild 1.33 Versteifung flächiger Geometrie über Versickungen [Bildquelle: Ritter/HS Reutlingen]

1.2.6 Verrippungen

Schließlich gibt es die Verrippung (Bild 1.34). Die Steifigkeit wird analog zur Sicke in Richtung der Rippe erhöht. An dieser Stelle muss geklärt sein:

- Soll die Rippe lediglich die Steifigkeit des Bauteils erhöhen, um einem Verzug entgegenwirken? In diesem Fall ist die Rippe eher dünn, damit sich auf der gegenüberliegenden Seite keine Einfallstellen bilden.
- Soll die Rippe die Festigkeit eines Bauteils steigern, z. B. bei der Anwendung des Fußkreuzes eines Drehstuhls? Diese Rippen müssen eher dick sein.

Dicke Verrippungen versteifen ein Bauteil, können aber auch Ursache für Einfallstellen sein

Für das Ziel einer Steigerung der Festigkeit müssen die Rippen dicker ausgeformt sein und sollten dem Kraftverlauf des Belastungsfalls angepasst werden. In dem Fall sind Einfallstellen auf der gegenüberliegenden Bauteilfläche zu erwarten, weil an der Anschlussstelle zur Bauteilfläche eine Masseanhäufung mit einem höheren Schwindungspotential entsteht. Gegenmaßnahme hierfür könnte dann eine Versteifung der Oberfläche durch eine starke konvexe Verwölbung oder eine geeignete Oberflächenstruktur zur Kaschierung der möglichen Einfallstellen sein.

Allgemeine Gestaltungsregeln für Rippen

Wenn die Rippen lediglich die Eigensteifigkeit des Bauteils erhöhen sollen, ist eine einfache Verrippung (Bild 1.34, unten) kostengünstiger im Werkzeugbau und günstiger für die Produktion. Die gezeigte Diagonalverrippung führt zu sehr dünnen Kernen an den Kreuzungspunkten, die mit Blick auf die Kühlung ungünstig sind. Die Rippengestaltung mit dem Ziel einer Bauteilversteifung sollte berücksichtigen:

- Rippenhöhe mindestens 2,5 mal die Dicke der zu versteifenden Fläche
- Entformungsschräge beidseitig
- Rippendicke am Fuß möglichst kleiner als 75 % der Dicke der zu versteifenden Fläche

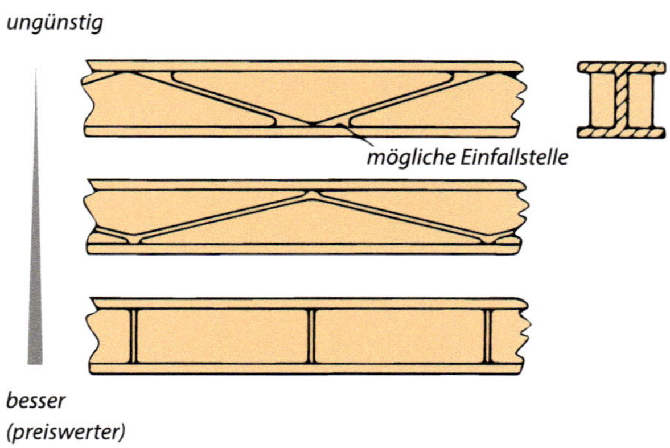

Bild 1.34 Gestaltung einer Verrippung

1.2.7 Radien

Man sollte bedenken, dass unnötige Radien ein Werkzeug durchaus bis zu 10 oder 20% teuer machen. Ein Bauteil mit der Kontur eines zylindrischen Aufsatzes mit einem abgerundeten Rand könnte werkzeugtechnisch auf verschiedene Weisen hergestellt werden. In Bild 1.35 ist links die Möglichkeit dargestellt, die Zylinderwand komplett in die Kavitätplatte einzuerodieren. Je nach Form der Elektrode könnte der Rand einen gewünschten Radius erhalten. Wenn der Innenteil des Zylinders jedoch über einen Werkzeugeinsatz hergestellt würde, bestünden diverse Varianten für die Gestaltung des Randes. Werkzeugtechnisch einfach und daher auch kostengünstig ist die oberste Version, bei der die Innenseite des Zylinders keinen Radius hat. Hier würde die Werkzeugtrennung zwischen Kavität und Einsatz direkt auf der Ecke liegen und damit kaum sichtbar sein. Alle anderen Varianten haben eine am späteren Bauteil deutlich sichtbare Trennlinie und die Herstellung des Radius über eine entsprechende Ausfräsung am Einsatz bzw. der Kavitätplatte werden zusätzliche Kosten nach sich ziehen.

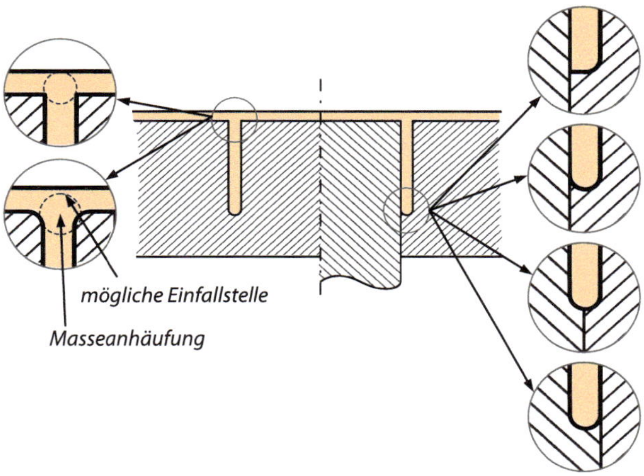

Bild 1.35 Radien an Spritzgussbauteilen und die Umsetzung im Werkzeug, links: beidseitige Zylinderwände in der Kavitätenplatte eingelassen, rechts: innenliegende Zylinderwand durch Werkzeugeinsatz abgebildet

Größere Radien an Rippenfüssen oder aufgesetzten Wandelementen führen zwangsläufig zu Masseanhäufungen, wodurch das Risiko von Einfallstellen auf der gegenüberliegenden Oberfläche steigt.

Radien sollten vom Konstrukteur nur nach tatsächlicher Notwendigkeit definiert und nach Möglichkeit mit dem Werkzeugbauer besprochen werden. Das häufig genannte Argument, Radien reduzieren Spannungen bzw. scharfkantige Eckenbereiche sind bei Bauteilbelastungen für hohe Spannungen und nachfolgend Bauteilversagen durch Reißen ist nur richtig, wenn die Anwendung für einen spröden und amorphen Werkstoff vorgesehen ist. Zähe Werkstoffe und hier speziell teilkristalline Materialien, die oberhalb der Glastemperatur eingesetzt werden, können diese Spannungen durch Relaxation abbauen, weshalb hier Radien zur Kerbspannungsreduzierung nahezu wirkungslos blieben.

1.2.8 Maßänderung infolge von Temperaturschwankungen

Der Längenausdehnungskoeffizient von Kunststoffen ist ungefähr 10-mal größer als der von Metallen. Dieser Wert gibt die Längenänderung pro °C an. Bei Kunststoffen kann man grob geschätzt davon ausgehen, dass ein Bauteil mit einer Länge von 1 m bei einer Temperaturdifferenz von 100 °C eine Längenänderung von 1 cm erfährt.

Viele Kunststoffbauteile sind Bestandteil von Baugruppen unterschiedlicher Materialien. Wenn nun diese Baugruppen für Außenanwendungen vorgesehen sind, können die genannten Temperaturen durchaus realistisch sein. Im Winter können die Temperaturen je nach Land unter –30 °C liegen, während im Sommer hinter einer sonnenbeschienenen Glasscheibe Temperaturen von 70 °C möglich sind.

Daher sollte der Konstrukteur die unterschiedlichen Längenausdehnungen berücksichtigen. Ein Bauteil kann z. B. nur einseitig fixiert sein und am anderen Ende verschieblich gelagert werden. Man könnte auch die Befestigungspunkte an der einen Seite als Langloch ausbilden.

1.3 Maßabweichungen zwischen CAD und Spritzgussbauteil

Spritzgussteile unterscheiden sich maßlich grundsätzlich von ihrer CAD-Geometrie, das hängt mit der Schwindung des Kunststoffs und dem möglichen Verzug des Bauteils zusammen.

Schwindung und Verzug führen zu Maßabweichungen

Schwindung bezieht sich auf die Volumenveränderung von Kunststoffen während der Abkühlung. Verzug entsteht, wenn Spannungen im Bauteil größer sind als dessen Eigensteifigkeit und zur ungewünschten Verformung führen.

Eine exakte Vorhersage der Auswirkung von Schwindung und Verzug ist ohne Simulation kaum möglich. Optimierungsschleifen zwischen Werkzeugbau und Abmusterung in der Spritzgießfertigung sind daher üblich. Sie verursachen Kosten und können den Produktionsstart ggf. verzögern.

1.3.1 Schwindung

Wenn ein Bauteil unterschiedliche Wanddicken hat, sind Einfallstellen sehr wahrscheinlich (Bild 1.36). Der Kunststoff wird beim Abkühlen schwinden und bei einem größeren Volumen ist das absolute Schwindungsvolumen größer. Weil der erkaltende Kunststoff immer zäher wird, kann besonders an vom Anspritzort entfernten Bereichen der Nachdruck nicht ausreichend Material nachfördern, weshalb hier Masse fehlt. Grundsätzlich tritt Schwindung auf, wenn der Nachdruck nicht ausreicht. Aus Gründen der begrenzten Schließkraft einer Spritzgießmaschine ist das bei fast allen Bauteilen der Fall. Lediglich bei sehr kleinen Bauteilen (Mini-Spritzgussteil) ist die Schließkraft der Maschine fast immer mehr als ausreichend, sodass solche Kleinstanwendungen weitgehend schwindungsfrei hergestellt werden können. Es besteht sogar die Möglichkeit der Formüberladung, wobei der Kunststoff bei der Formöffnung expandieren kann und das Bauteil dann größer als die Kavität ist. Diese Überladungen sind an normal großen Spritzgussteilen auch bekannt, dann aber nur lokal in der Nähe des Anspritzpunkts. Wenn hier Rippen mit zu geringen Entformungsschrägen vorliegen, kann es zu Entformungsschwierigkeiten kommen, weil ein hoher Nachdruck hier die Rippengeometrie überladen hat.

Schwindung tritt auf, wenn der Nachdruck nicht ausreicht.

Anstelle von Einfallstellen kann die Schwindung auch zu Lunkern im Inneren führen. Das ist immer dann der Fall, wenn die Bauteiloberfläche durch eine Außenwölbung versteift ist. Sofern die Bauteile nicht transparent sind, fallen die Lunker zunächst nicht auf. Sie können aber bei einer Belastung zu einem Bauteilversagen führen.

Lunker sind quasi „Innen-Einfallstellen“

Wenn Wanddickenunterschiede nicht vermeidbar sind, sollte auf jeden Fall der dickere Bereich angussnah liegen.

Dickere Bauteilbereiche sollten möglichst angussnah positioniert werden.

Dickere Bereiche lassen sich vielfach auskernen, d. h. ein Teil des Volumens wird im Werkzeug durch einen Kern gebildet, sodass das Bauteil an diesen Stellen hohl wird.

Wanddicken werden durch Auskernen gleichmäßiger

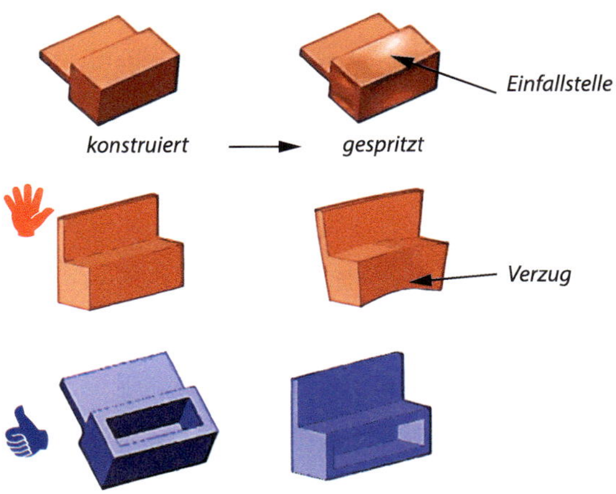

Bild 1.36
Ungleichmäßige Wanddicken führen ggf. zu Einfallstellen und/oder Verzug [Bildquelle: Protolabs]

Schwindung kann mit Prozesseinstellungen beeinflusst werden.

Der Bauteilhersteller kann die Schwindung beeinflussen, wobei natürliche, physikalische Grenzen vorliegen:

- Ein insgesamt hoher Nachdruck führt zu einer geringeren Schwindung. Üblicherweise begrenzt aber die zur Verfügung stehende Schließkraft die Nachdruckhöhe.
- Besonders bei teilkristallinen Kunststoffen ist die Schwindung mit höheren Werkzeugtemperaturen größer, weil sich durch die Kristallisation das Material verdichtet und das Bauteilvolumen abnimmt. Es wäre aber falsch, niedrige Werkzeugtemperaturen zu fordern, denn der Kunststoff kann in der Anwendung bei höheren Temperaturen noch nachkristallisieren, sodass sich die Bauteilgeometrie nachträglich verändert.

Schwindung muss beim Werkzeugbau bereits berücksichtigt werden.

Die Schwindung ist überwiegend für den Werkzeugbauer ein Problem, denn er muss die Kavität für das Bauteil um den Schwindungswert größer machen. Wenn die Schwindung nicht vorher exakt bekannt ist, muss das Werkzeug maßlich so gestaltet sein, dass durch mechanisches Nacharbeiten nach einer Bemusterung das geforderte Sollmaß iterativ erreicht werden kann.

Das Bauteil wird während der Abkühlung auf Werkzeugkerne aufschwinden, mit dem Entformungsvorgang ist je nach Entformungsschräge auf jeden Fall für den Beginn des Auswerfens eine hohe Kraft notwendig. Das Aufschwinden bezieht sich nicht nur auf einzelne Werkzeugkerne. Auch wenn mehrere Kerne nebeneinanderliegen, kann das Kunststoffbauteil zwischen den Kernen nicht mehr frei schwinden (siehe Bild 1.37). Das sollte der Konstrukteur auf jeden Fall im Blick haben und entweder größere Entformungsschrägen einplanen oder zusätzliche Auswerfer für diese Bereiche vorsehen.

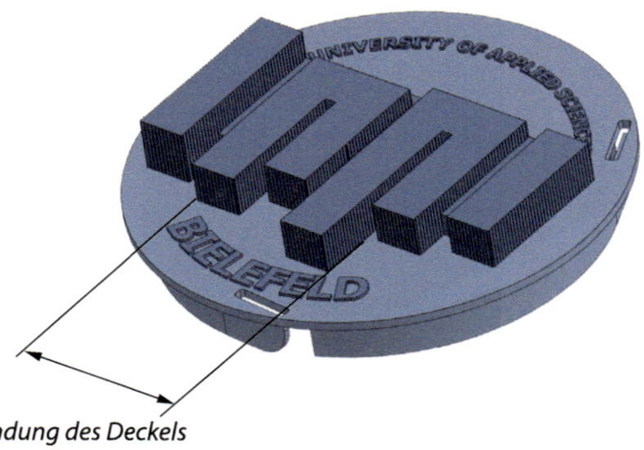

Bild 1.37 Der Bereich zwischen Erhebungen kann nicht frei schwinden [Bildquelle: H. Peitzmeier]

Die Rohstoffhersteller geben Schwindungswerte für die Kunststoffe an, diese Werte sind aber mit Vorsicht zu verwenden, denn die Schwindung hängt nicht nur vom Material, sondern auch vom Herstellprozess ab. Je höher der Nachdruck ist, desto mehr Kunststoff kann noch während des Abkühlens in die Kavität gedrückt werden und somit die Schwindung verringern. Diese Nachdruckwirkung ist anisotrop, d. h. nicht in alle Raumrichtungen gleichmäßig. Angussferne Bereiche werden vom Nachdruck nicht vollständig erreicht. Die Werkzeuggeometrie kann den Kunststoff festhalten und damit das Schwinden behindern. So gesehen müsste für die unterschiedlichen Werkzeugbereiche jeweils ein lokaler Schwindungswert festgelegt werden, was in der Praxis kaum machbar ist.

Schwindungswerte sind keine Materialkonstanten, sie hängen auch von der Prozessführung ab.

Die Schwindung führt zu zwei häufig vorkommenden Effekten:

- **Kanteneinfall** – Die Schwindung wird behindert, wenn das Bauteil auf einen Kern aufschwindet und wenn Teilbereiche der Schmelze besonders zügig erstarren. Letzteres ist bei etwas dickeren Bauteilen an scharfkantigen Ecken der Fall. Die noch heiße Schmelze im Bauteilinneren wird beim Abkühlen noch schwinden, während der Rand bereits fest ist und sich der Schwindung widersetzt. In dem Fall können die Kanten leicht emporstehen (Bild 1.37).

Scharfkantige Bauteilbereiche haben häufig einen der Kante parallel folgenden Einfall

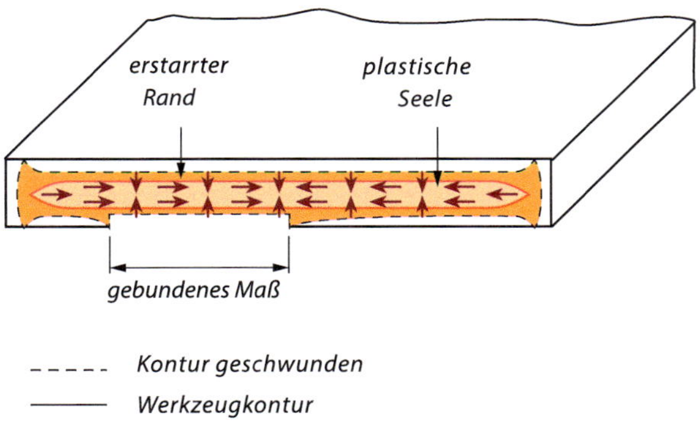

Bild 1.38 Schwindung frei und gebunden [Bildquelle: nach Stitz]

- **Eckeneinfall** – Kastenförmige Bauteile zeigen häufig eine Verformung der Seitenflächen nach innen. Man spricht zwar von Eckeneinfall, meint aber den Verzug der angrenzenden Flächen. Dieses Phänomen hängt mit einer unzureichenden Kühlung des Innenkerns zusammen. Die Außenseite hat eine größere Fläche und wird von einem größeren Volumen Werkzeugstahl umgeben, daher ist der Kern häufig wärmer (Bild 1.38). In den Eckbereichen bildet sich eine Wärmeinsel, die näher am Kern anliegt. Hier kann der Kunststoff noch weiter schwinden, weshalb eine Zugspannung entsteht, die die Seitenwand verformt.

An Bauteilecken entsteht oft ein Verzug der anschließenden Flächen

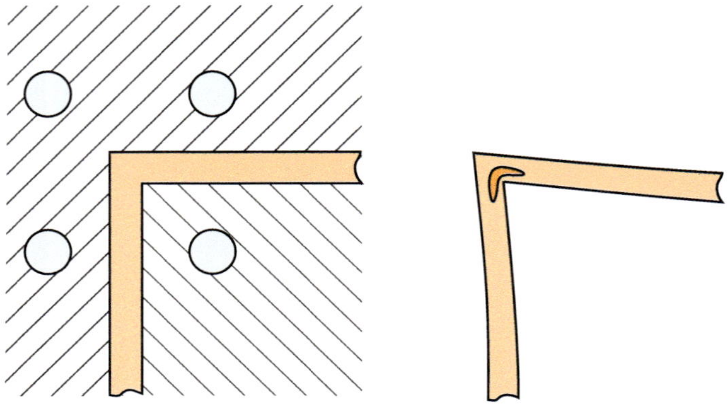

Bild 1.39 Eckenverzug bei unzureichender Kühlung der Innenecke

1.3.2 Verzug

Verzug tritt auf, wenn die Bauteilsteifigkeit kleiner ist als die inneren Spannungen.

Verzug tritt immer auf, wenn die inneren Spannungen größer als die Bauteilsteifigkeit sind. Demnach ist die Verzugsneigung des spritzfrischen Bauteils mit Prozessrestwärme hoch. Mit längeren Abkühlzeiten im Werkzeug und somit unter Formzwang wird der Verzug geringer, aber das ist keine wirkliche Lösung, weil die Spannungen sich in einem kalten Bauteil nicht abbauen und somit konserviert sind. Wenn das Bauteil später der Wärme ausgesetzt wird, verzieht es sich eben erst dann.

Verzug muss bereits bei der Konstruktion beachtet werden.

Anders als bei der Schwindung hat der Bauteilhersteller nur wenige Möglichkeiten, den Verzug durch eine geänderte Prozessführung in den Griff zu bekommen. Auf jeden Fall ist es nicht sinnvoll, als Gegenmaßnahme bei verzogenen Bauteilen auf eine besondere Prozessführung zu vertrauen, denn dadurch wird das Prozessfenster verkleinert. Als Prozessfenster wird die Bandbreite verstanden, innerhalb der Maschineneinstellwerte variieren dürfen, ohne die Qualität der Bauteile zu beeinflussen. Je geringer die Bandbreite wird, desto höher wird die Wahrscheinlichkeit von Schlechtteilen, die der geforderten Qualität nicht genügen. Wenn nun aufgrund einer Simulationsrechnung eine bestimmte Werkzeugtemperatur gefordert wird, damit die Bauteile sich nicht verziehen, müsste in der Produktion exakt diese Temperatur im Werkzeug herrschen, und das ist sehr unwahrscheinlich. Erstens lassen sich die Werkzeugtemperaturen nicht einfach so einstellen und halten, weil sich eine gleichbleibende Ist-Temperatur der Kavität im Kontaktbereich zum Kunststoff erst nach einem Anfahrvorgang von ca. 20 Zyklen einstellt und somit von der Zykluszeit, der eingebrachten Schmelzemenge und dem Wärmetransportvermögen des Werkzeugs abhängt. Zweitens wird in der Produktion ggf. eine andere Temperatur notwendig, um einen definierten Oberflächenglanz zu erreichen.

Der Verzug eines Bauteils wird hauptsächlich durch die Konstruktion vorherbestimmt.

Ursachen für Verzug

- Wanddickenunterschiede bewirken unterschiedliche Schwindung.
- Rippen und Sicken steigern die Bauteilsteifigkeit
- Orientierungen speziell beim Einsatz von Fasern sorgen für eine sehr starke Schwindungs-Anisotropie, d. h. die Schwindung ist in Richtung der Fasern geringer als quer zu ihr.

Die Schwindung kann zum Verzug des Bauteils nach dem Entformen führen. Die Schwindung wird als prozentualer Wert angegeben. Damit ergibt sich für unterschiedliche Wanddicken ein unterschiedliches absolutes Schwindungsvolumen. Außerdem ist die Schwindung wegen des lokal unterschiedlich hohen Nachdrucks nicht an allen Stellen des Bauteils gleich hoch. Dadurch entstehen Spannungen im Bauteil. Grundsätzlich werden dünnere Bereiche schneller kälter und damit steifer sein und sich der Schwindung der angrenzenden noch dickeren und zum Zeitpunkt der Entformung wärmen Bereiche widersetzen.

Nicht gleichmäßig verteilte Schwindung bewirkt innere Spannungen

Wenn nicht ausreichend Steifigkeit über eine Verrippung, Sicken oder Bombierung vorliegt, kann die Restwärme des entformten Bauteils zu einem weiteren Zusammenziehen der dickeren Bereiche und somit zu Verzug führen (Bild 1.40). Der Verzug wird meist in der Richtung des dickeren Bereichs erfolgen, wenn nicht andere Bauteilbereiche mit noch höherer Steifigkeit „dagegenhalten“.

Je nach Gestaltung können Rippen auch Verzug befördern.

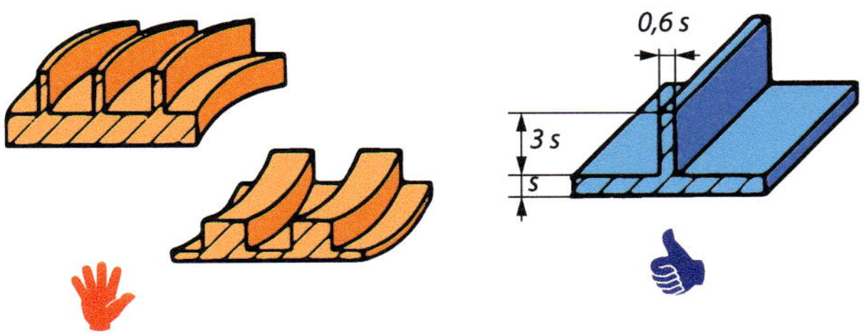

Bild 1.40 Verzug infolge unterschiedlicher Schwindung bei Wanddickenunterschieden [Bildquelle: Meyer bzw. Haak]

Der strömende Kunststoff wird in Strömungsrichtung ausgerichtet (siehe Kapitel 2, Herstellverfahren). Die Ausrichtung der Moleküle führt beim Abkühlen zu Eigenspannungen, die bei wenig steifen Konturen zu Bauteilverzug führen können. Das betrifft speziell flache und und unverrippte Bauteile. In vielen Fällen sorgt aber die Bauteilgestaltung für eine ausreichende Steifigkeit, sodass die Eigenspannungen nicht ausreichen, das Bauteil zu verziehen.

Sehr bedeutend ist aber die Ausrichtung von Fasern, die der Strömung folgen. Die Fasern gefüllter Kunststoffe schmelzen natürlich nicht und somit ist ihre Längen-

Faserausrichtung ist eine sehr starke Verzugsursache.

änderung durch Temperaturänderung in der Verarbeitung auch unwesentlich. Die umliegende Schmelze wird aber wie beschrieben schwinden und in der Richtung der Fasern ist die Schwindung erheblich behindert. Damit kommt es hinsichtlich der Schwindung zu einer sehr starken Anisotropie. Sehr häufig ist der Einfluss der Faserorientierung auf den Verzug viel stärker als alle anderen konstruktiven Maßnahmen, also Verrippungen, Versickungen und Bombierungen. Es ist sehr wichtig, die Bauteilsteifigkeit infolge von Faserausrichtungen in die unterschiedlichen Raumrichtungen zu beachten und im Falle einer mittels Simulation berechneten Verzugswahrscheinlichkeit die Bauteilsteifigkeit lokal zu erhöhen bzw. zu schwächen.

1.3.3 Korrekturmaßnahmen bei Maßabweichungen

Problematik der Vorhersage des Prozesseinflusses in der Konstruktionsphase

Bei der Konstruktion eines Spritzgussteils sollte der Einfluss des Prozesses und seiner Einstellwerte nicht überbewertet werden. Auch bei einer engen Abstimmung zwischen Konstrukteur, Formenbauer und Spritzgießer ist eine eindeutige Festlegung der Prozessparameter bereits in der Konstruktionsphase nicht möglich, auch weil noch keine gültigen Berechnungsmodelle für Oberflächeneffekte wie z.B. Glanz existieren. So gesehen sind alle Simulationsberechnungen immer mit Vorsicht zu betrachten, denn für eine Simulationsberechnung müssen Prozesseinstellungen gewählt werden, die letztendlich mit hoher Wahrscheinlichkeit nicht mit den Einstelllungen des noch zu bauenden Werkzeugs übereinstimmen werden.

Einfluss der Konstruktion auf die Maßhaltigkeit von Bauteilen

Günstige Bedingungen für exakte Maße kann der Konstrukteur vorgeben mit:

- der Wahl des Materials und
- der Festlegung der Geometrie

Füllstoffe behindern die Schwindung und sorgen für bessere Maßhaltigkeit

Die Materialwahl beeinflusst die Schwindung. Füllstoffe mit einer weitgehend runden Form reduzieren die Schwindung erheblich. Gemeint sind hier speziell kleine Glaskugeln, die dem Material als Füllstoff beigemengt werden. Es gibt auch Materialien mit einem Mix aus Glasfasern und Glaskugeln, wobei die Fasern die Steifigkeit erhöhen und die Kugeln die auftretende Anisotropie mindern. Anisotropie bedeutet Richtungsabhängigkeit, die Fasern richten sich in der Schmelzeströmung aus (Bild 1.41). Die Schwindung wird längs der Fasern stark behindert, sodass eine runde Kavität zwangläufig ein eher ovales Bauteil hervorbringt.

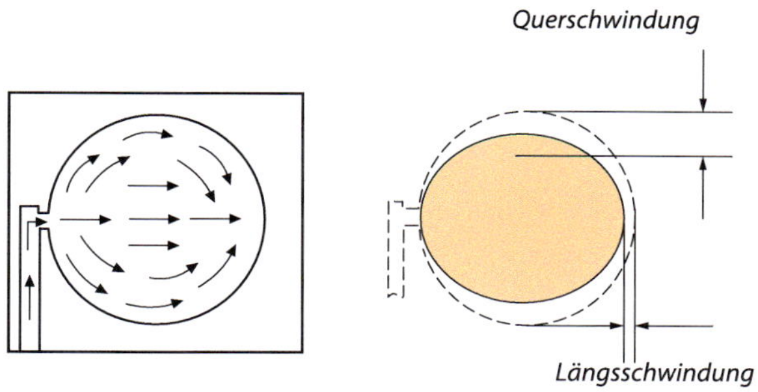

Bild 1.41 Anisotropie bei faserverstärkten Kunststoffen, die Längsschwindung ist kleiner als die Querschwindung

Die Fasern liegen an senkrecht aufeinandertreffenden Schmelzeströmungen und am Strömungsende überwiegend quer zur Strömungsrichtung (siehe Kapitel 2.3, Herstellverfahren/Faserorientierungen). Das hängt mit dem Strömungsverhalten in einem Spaltquerschnitt zusammen. Im Bereich zwischen der Anspritzstelle und der Fließfront fließt die Schmelze laminar mit unterschiedlichen Geschwindigkeiten. In der Querschnittmitte ist die Schmelze heiß und kann hier schneller fließen als am Rand. An der Fließfront quillt die Schmelze quasi zwischen den erstarrten Randbereichen in die Kavität; dabei werden die längs ausgerichteten Fasern automatisch gedreht. In der Konsequenz entsteht hier eine Ursache für Verzug. Am Beispiel einer ebenen Platte wird deutlich, dass am Fließwegende die Fasern eher parallel zur Abschlusskante liegen und somit die Querschwindung des Bauteils behindern. Das Bauteil kann hier nun beulen bzw. sich verwerfen (Bild 1.42).

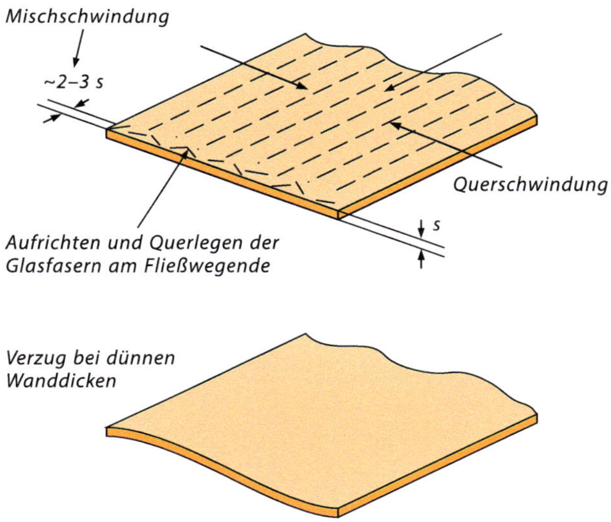

Bild 1.42 Verzug einer ebenen Platte infolge ungleichmäßiger Ausrichtung von Verstärkungsfasern [Bildquelle: Zöllner, Covestro/Leverkusen]

Konstruktive Gegenmaßnahmen bei Verzugsneigung

Der Konstrukteur hat vier Möglichkeiten, den Verzug zu verringern:

- Erhöhung der Bauteilsteifigkeit durch Rippen oder Sicken
- Verlegen des Angusses und damit Änderung der Faserausrichtung
- Beeinflussung der Faserausrichtung durch gezielte Strömungshindernisse
- Vorwegnahme des Verzugs durch Negativkorrektur

Die Angusslage bestimmt die Ausrichtung von Fasern.

Bild 1.43 zeigt schematisch die Wirkung einer Angussverlegung. Die Anströmung des Bauteils durch einen Tunnelanschnitt führt zu einer strahlenförmig auseinanderlaufen Schmelzeströmung. Die Schwindung wird am hinteren Bauteilende größer sein, sodass sich das Bauteil wölbt. Wenn der Anguss als Bandanschnitt ausgeführt wird, kann die Schmelze weitgehend parallel durch die Kavität fließen. Die Anisotropie wird zwar nicht aufgehoben, aber das Bauteil kommt gerade aus dem Werkzeug.

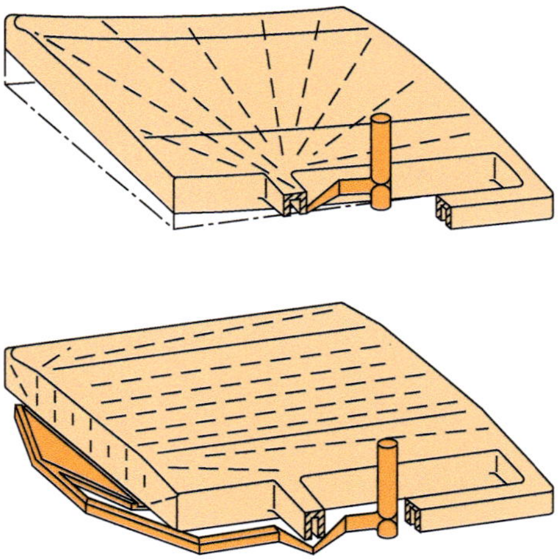

Bild 1.43
Verzug durch Faserausrichtung und Abhilfe durch Verlegung des Angusses
[Bildquelle: Zöllner, Covestro/Leverkusen]

Lokale Beeinflussung der Faserlage und Bauteilsteifigkeit durch Fließbremsen

Mit Strömungshindernissen lassen sich die Faserlagen verändern. Geeignet ist z. B. eine geringfügige Verjüngung der Wanddicken, an der die Schmelze insgesamt langsamer strömt, denn die Schmelze hat in dickeren Bereichen einen geringeren Strömungswiderstand und kann schneller strömen. Durch diese Strömungshindernisse hat man also die Möglichkeit, die Faserausrichtung zu ändern und damit die Steifigkeit in Strömungsrichtung lokal herabzusetzen.

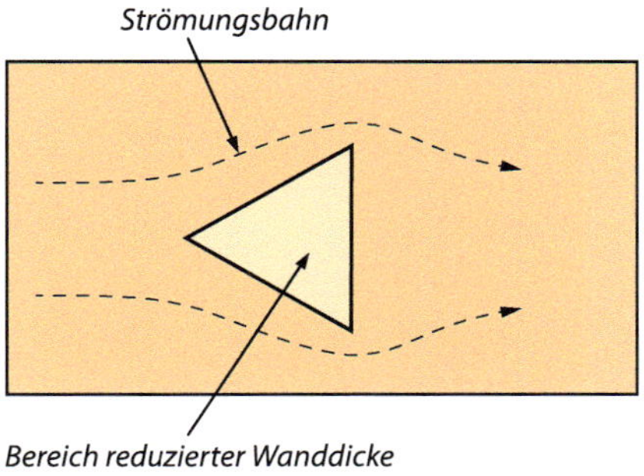

Bild 1.44
Änderung der Faserausrichtung durch Strömungshindernisse

Die Wirkung der genannten Maßnahmen ist ohne Simulation kaum vorhersagbar. Der Konstrukteur sollte beim Einsatz faserverstärkter Kunststoffe mit großer Vorsicht handeln und den möglichen Verzug zunächst simulieren. Auf der Grundlage der Berechnungsergebnisse kann er konstruktive Änderungen vornehmen und mit erneuten Simulationen überprüfen.

Negativkorrektur bzw. Maßvorhaltung

Konstrukteure mit sehr guten Kenntnissen und Erfahrungen mit der Simulation können auch den berechneten Verzug für eine Negativkorrektur der Geometrie nutzen. In Bild 1.45 ist der Verzug zur Verdeutlichung hochskaliert, die berechneten Abweichungen sind mit einem Faktor multipliziert und somit in der Bilddarstellung sehr überzeichnet. Auf Basis dieser Berechnung wird das Bauteil in die Gegenrichtung um den berechneten Wert verbogen. In Bild 1.46 wird deutlich, dass die rechte untere Bauteilecke um 0,7 mm nach unten verschoben wurde. Diese Geometrie bildet die Kavität des Werkzeugs. Durch den Prozess wird sich das Bauteil anschließend um die berechneten 0,7 mm nach oben verziehen und dann die ursprünglich vorgesehene Form haben.

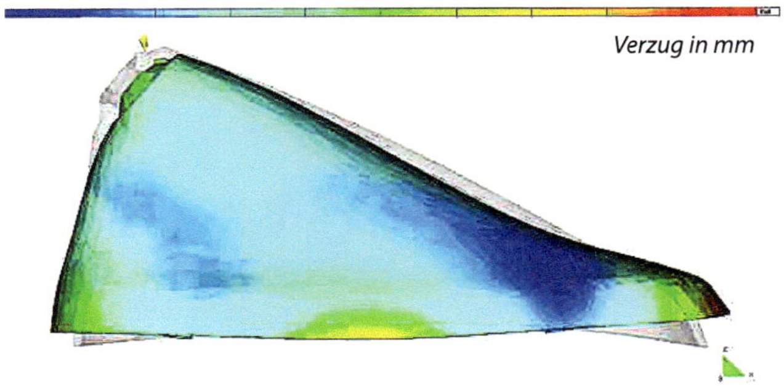

Bild 1.45 Berechnung des Verzugs und Vergleich zur CAD-Kontur [Bildquelle: Konstruktionsbüro Hein GmbH]

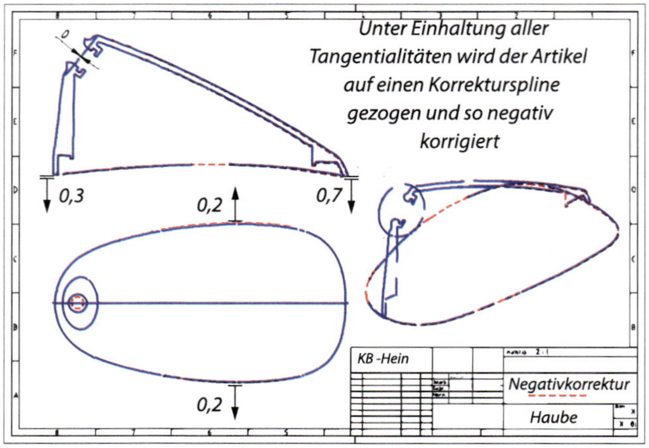

Bild 1.46 Negativkorrektur eines Bauteils (rot gestrichelt)
[Bildquelle: Konstruktionsbüro Hein GmbH]

Negativkorrektur kann Hinterschnitte erzeugen

Die Negativkorrektur der Geometrie anhand eines berechneten Verzugs ist nicht unproblematisch. Die Berechnungsprogramme können zwar automatisch eine negativ korrigierte Geometrie exportieren, sie können aber nicht wissen, ob durch die Verformung des Bauteils Hinterschnitte entstehen. Der Konstrukteur muss daher selbst entscheiden, an welchen Stellen er die Korrektur vornimmt. Wenn z. B. in Bild 1.46 für die rechte Bauteilkante ein Verzug um 0,7 mm nach oben errechnet wurde, kann er diese Kante des Bauteils um 0,7 mm nach unten verlegen und alle benachbarten Bereiche mit Splines oder Tangenten anbinden. Wenn sich in der Realität später tatsächlich der Verzug wie berechnet um 0,7 mm nach oben ergibt, wird das Maß exakt auf 0 korrigiert sein.

Alle genannten Maßnahmen führen im Idealfall zu einer steifen Kontur, die auch bei veränderten Prozesseinstellungen nicht verzogene Bauteile ergibt.

■ 1.4 Gestaltung von Verbindungen

Die Verbindung von Einzelteilen einer Baugruppe kann erfolgen über:

- Verschrauben
- Verclipsen
- Verkleben
- Verschweißen

Jede dieser Varianten bringt konstruktive Besonderheiten mit sich. Weil Spritzgussteile meistens in hohen Stückzahlen hergestellt werden, sind Änderungen nach dem Bau des Spritzgießwerkzeugs vielfach schwierig in der Umsetzung und damit ggf. auch teuer.

1.4.1 Schraubverbindung

Schrauben für gelegentlich zu lösende Verbindungen

Eine Schraubverbindung ist immer dann sinnvoll, wenn die Verbindung wieder gelöst werden soll. Das ist z. B. bei Gehäusen der Fall, die für Wartungszwecke gelegentlich geöffnet werden sollen. Grundsätzlich hat man die beiden Möglichkeiten

- Durchsteckschrauben und Gegenmuttern verwenden
- eine gewindeschneidende Schraube durch eines der zu verschraubenden Teile stecken und in einen Schraubdom des zweiten Bauteils einschrauben

Im Unterschied zu Konstruktionen aus Metall ist die Schraubdomvariante bei Kunststoffbauteilen sehr gebräuchlich, weil Metallschrauben in Kunststoffe unproblematisch ein Gewinde schneiden können und weil die Verschraubung so nur auf einer Seite der Baugruppe zu sehen ist. In diesem Kapitel werden nur Schrauben aus Metall behandelt und hierzu die spezielle Konstruktion der Schraubdome (Bild 1.47).

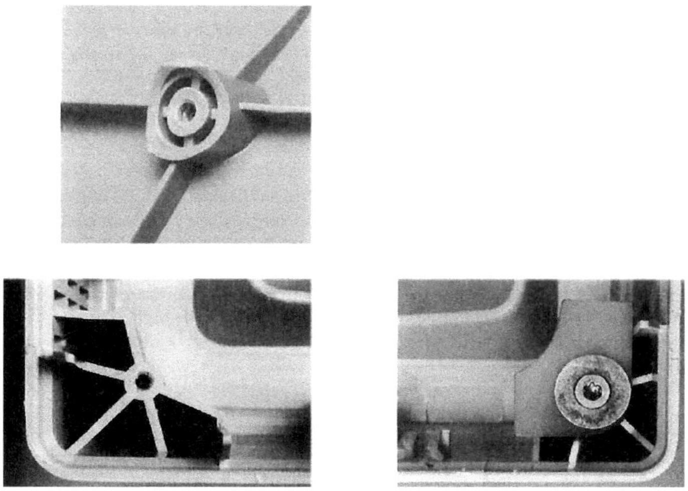

Bild 1.47 Gestaltung von Schraubdomen
[Bildquelle: Ehrenstein, Mit Kunststoffen konstruieren, 3. Aufl., S. 153]

Allgemeine Gestaltung von Schraubdomen

Wichtig ist für die Gestaltung von Schraubdomen:

- Bei einer seitlichen Stabilisierung kann der Schraubdom an Seitenwände mittels dünner Stege angebunden werden.
- Trotz der notwendigen Entformungsschräge sollte der Fuß des Schraubdoms möglichst nicht zu dick ausfallen, weil sonst Masseanhäufungen entstehen und auf der gegenüberliegenden Fläche mit Einfallstellen zu rechnen ist.

Schraubdome möglichst mit geringen Axialkräften planen

Bei Verschraubungen können je nach Anzugskraft hohe Axialkräfte entstehen, das bedeutet für den Kunststoff eine höhere statische Langzeitbelastung. Kunststoffe können bei solchen Bedingungen kriechen, wobei sich die Schraubkraft mit der Zeit verringern würde. Man kann diesen Effekt verringern, wenn man die Auflagefläche vergrößert und somit die Spannung im Kunststoffteil verkleinert. In Bild 1.47 sind verschiedene Ausführungsformen zu sehen. Oben links ist um den Schraubdom konzentrisch ein weiterer Dom konstruiert worden. Die Schraubkraft wird so auf die beiden zylindrischen Dome übertragen und damit die Belastung bei einem sehr festen Anziehen der Schraube verringert. Unten links dient die Verrippung zu den Bauteilseitenwänden dazu, die Schraubenkraft über eine zusätzliche Druckplatte aufzunehmen.

Schrauben für Kunststoffverbindungen haben spitze Flankenwinkel

Damit die Schraubdome dünn gestaltet werden können, sollten möglichst spezielle Schrauben gewählt werden. Diese Schrauben haben sehr spitze Flanken mit Winkeln möglichst kleiner als 30°, wodurch das Einschneiden in den Kunststoff erleichtert wird. Weiterhin wird durch den spitzen Winkel die Radialkraft auf den Dom klein, was mit der Zerlegung der Kraft, die die Flanke auf den Kunststoff ausübt, sichtbar wird (Bild 1.48).

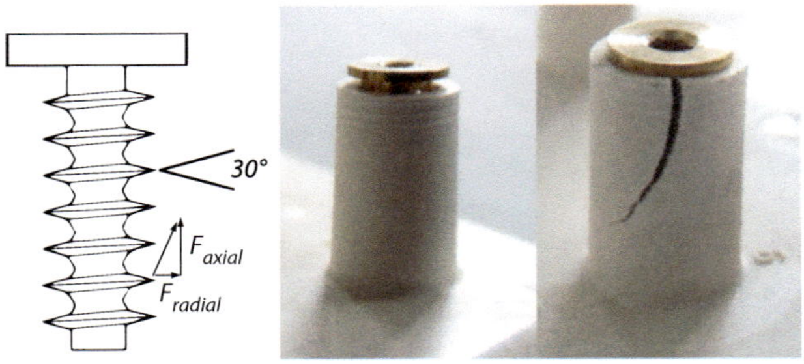

Bild 1.48 Schraube und Dom

Schraubdomgeometrie entsprechend den Empfehlungen der Schraubenlieferanten

Die Innenbohrung und die Wanddicke des Doms hängen von der Wahl der Schraube ab, hier gelten die Empfehlungen des Schraubenlieferanten. Hinsichtlich des Innendurchmessers gilt, dass das Volumen zwischen dem Schraubenkern und dem Dom groß genug ist, um das beim ersten Einschrauben entstehende überschüssige Material, das beim Einschneiden entsteht, aufnehmen zu können. Der Dominnendurchmesser darf auch nicht zu groß werden, damit die Gewindeflanken ausreichend Axialkraft übertragen können.

Schrauben mit stumpfem Abschluss

Die Schrauben sind am vorderen Ende möglichst nicht spitz, denn die Schraubdome haben bereits ein Loch und müssen anders als Holz- oder Blechschrauben nicht als erstes ein Loch erzeugen. Durch den geraden Abschluss am unteren Ende soll auch erreicht werden, dass die Schraubenflanke bei einem wiederholten Schraubvorgang das beim ersten Schraubvorgang geschnittene Gewinde möglichst wiederfindet und nicht ein weiteres Gewinde einschneidet. Das würde bei jedem weiteren Einschrauben zu einer Zerstörung der Innenkontur führen und die Schraube würde schließlich keinen Halt mehr finden.

Schraubeinsätze für häufig zu betätigende Verbindungen

Wenn eine Schraubverbindung immer wieder gelöst werden soll, können auch Schraubeinsätze eingebracht werden. Hierbei handelt es ich um Metallhülsen mit z. B. metrischen Innengewinden. Es gibt verschiedene Ausführungen, die entweder in das Werkzeug eingesetzt und mit dem anschließenden Einspritzvorgang fest mit dem Kunststoff verbunden werden (Bild 1.49). Oder die Einsätze werden nachträglich eingepresst, wobei je nach Ausführung das Kunststoffteil lokal angeschmolzen werden kann.

Wenn Schraubeinsätze vorgesehen werden, fällt automatisch ein höherer Aufwand mit zusätzlichen Kosten an. Bei der Umspritzvariante kommt es zu einer sehr festen Verbindung. Für die Produktion sind dafür Handhabungsroboter notwendig, die die Einsätze greifen und positionieren müssen.

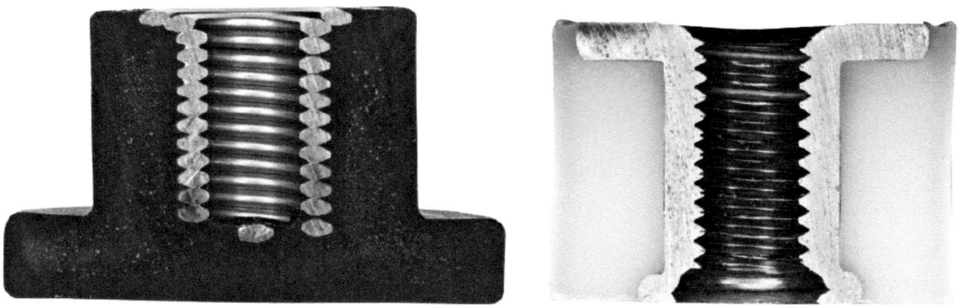

Bild 1.49 Schraubeinsätze für metrische Verschraubungen [Bildquelle: Böllhoff]

1.4.2 Schnappverbindungen

Schnappverbindungen brauchen mindestens einen elastisch verformbaren Fügepartner.

Schnappverbindungen sind sehr kostengünstig, weil keine Zusatzelemente notwendig sind. Die für die Funktion notwendigen Elemente sind Bestandteil der Bauteilkonstruktion. Es handelt sich hierbei um eine formschlüssige Verbindung, bei der mindestens einer der Fügepartner elastisch verformt werden muss (Bild 1.50).

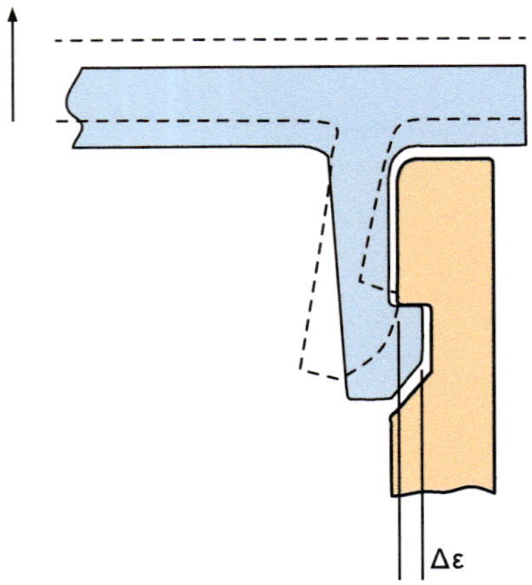

Bild 1.50
Schnappverbindung

Die Gestaltung ist völlig frei, die Verbindung kann frei zugänglich sein, sodass sie leicht wieder lösbar ist. Sie kann aber auch so gestaltet sein, dass die Schnapphaken und Rastnuten im Inneren eines Gehäuses verborgen sind und sich nur schwer lösen lassen.

Im Vergleich zu einer Verschraubung ist die Schnappverbindung nicht so zuverlässig, weil Kunststoffe mit ihrem geringen E-Modul sich leicht verformen lassen und sich somit die Verbindung bei einer Belastung ungewollt lösen könnte.

Wichtig für die Konstruktion ist hier die Materialauswahl. Je nach Gestalt entsteht eine große Verformung $\Delta\varepsilon$ beim Fügen. Amorphe Kunststoffe sind eher spröde und könnten brechen. Teilkristalline Kunststoffe sind oberhalb ihrer Glastemperatur zähelastisch und können kurzfristig große Verformungen aushalten. Nach dem Fügen sollte die Verformung vollständig aufgelöst werden und die Fügepartner entspannt sein, denn Kunststoffe können kriechen. Dabei würde eine Restspannung mit der Zeit immer verschwinden, gleichzeitig würde aber der Schnapphaken bzw. der Fügepartner bleibend verformt.

Berechnungen von Schnappverbindungen erfordern „die richtigen" Kennwerte

Eine Abschätzung der maximalen Spannungen mit den Berechnungsformeln der Technischen Mechanik [kostenlose Berechnungsprogramme: Snap-Fit-Design-Calculator (BASF); FEMSnap Tool (Covestro)] zeigt, ob die Gestalt mit dem gewählten Material möglich ist. Für die Abschätzung der entstehenden Spannungen ist die Wahl der richtigen Kennwerte wichtig. Weil das mechanische Verhalten der Kunststoffe stark temperaturabhängig ist, muss der kritische Versagenszustand klar sein:

- Wenn Schnappverbindungen überwiegend kraftlos vorliegen, kann das Versagen bei der Montage stattfinden. Es gibt die folgenden Szenarien:

Mögliches Versagen während der Montage

  - Eine Montage im Produktionsbetrieb findet bei Raumtemperatur (ca. 20 °C) und zügiger Belastung (schneller Stoßbelastung) statt. Für die Berechnung ist die max. ertragbare Spannung (Streckspannung bzw. Bruchspannung) bei Raumtemperatur notwendig. Wegen der zügigen Belastung muss ein Material mit einer möglichst großen Kerbschlagarbeit gewählt werden.

- Die Betätigung findet bei nicht definierten Bedingungen statt, das wäre z. B. der Fall bei einer Schnappschnalle eines Gürtels. Die kritische Bedingung wäre hier eine sinnvolle tiefste Temperatur eines Wintertags. Zu wählen wäre die ertragbare Spannung bei −20 °C. Bei höheren Temperaturen wird das Material eher zäher und somit weniger wahrscheinlich versagen.

Mögliches Versagen während des Betriebs

- Wenn die Verbindung in der Anwendung zeitweise belastet wird, z. B. bei einem Karabinerhaken, versagt sie eher bei höheren Temperaturen. Besonders bei teilkristallinen Kunststoffen sinkt der E-Modul wesentlich mit der Temperatur. Bei Kunststoffen, die Feuchtigkeit aufnehmen können (besonders Polyamid), sinkt der E-Modul zusätzlich mit dem Wassergehalt. In dem Fall ist der E-Modul bei der realistisch höchsten Temperatur und ggf. dem größten Feuchtegehalt zu wählen.

Mögliches Versagen bei unzulässiger Verformung unter Last

1.4.3 Verklebungen und Schweißnähte

Wenn eine Verbindung unlösbar sein soll, können die Bauelemente verschweißt oder verklebt werden. Grundsätzlich gilt, je unterschiedlicher die Materialien sind, desto problematischer wird ein Verschweißen sein, denn unterschiedliche Kunststoffe lassen sich meistens nicht miteinander verschweißen. Im Vergleich mit Verschraubungen sind Kleb- und Schweißverbindungen mit Blick auf eine Massenfertigung und den Automatisierungsaufwand eher günstig.

1.4.3.1 Klebeverbindungen

Die meisten Kunststoffe lassen sich verkleben, problematisch sind POM und die Polyolefine (PE und PP). Vielfach ist eine Vorbehandlung der Fügepartner notwendig, damit sind Oberflächenveränderungen gemeint, die durch ein Plasma (ionisiertes Gas) oder eine lokal begrenzte thermische Belastung (offene Flamme, elektrischer Funkenüberschlag (Corona-Behandlung)) entstehen.

Fast alle Kunststoffe lassen sich nach Vorbehandlung verkleben

Ob eine Vorbehandlung notwendig ist, hängt von den Kunststoffen selbst und den Klebstoffen ab. Die Wahl des Klebstoffs selbst richtet sich ebenfalls nach den Kunststoffen, man unterscheidet grob:

Klebstoffkonzepte

- Lösemittelhaltige Klebstoffe, das Lösemittel soll die Fließfähigkeit des Klebstoffs erleichtern, damit er sich möglichst gut im Bereich der Fügezone verteilen lässt. Das Lösemittel kann zudem den Kunststoff geringfügig anlösen, sodass er etwas aufquillt und Klebstoff in die oberste Schicht eindringen kann.

- Schmelzklebstoffe, die durch Temperatureintrag fließfähig werden und ihre Klebwirkung entfalten.
- Chemisch härtende Klebstoffe, die vernetzen können. Diese Klebstoffe sind vor der chemischen Reaktion gut fließfähig. Zu dieser Gruppe gehören die Zwei-Komponenten-Klebstoffe, deren beide Komponenten chemisch reagieren, und auch die sehr wirksamen Cyanacrylatklebstoffe, die jedoch wenig feuchtigkeits- und temperaturstabil sind.

Die Vielfalt der Klebstoffe und deren Anwendungsbereiche ist sehr umfangreich und an dieser Stelle nur unvollständig dargestellt.

Klebe-Fügefläche möglichst großflächig belasten

Grundsätzlich ist die Festigkeit des Klebstoffs geringer als die der Fügepartner. Daher sind die zu verklebenden Flächen möglichst groß. Wegen der begrenzten Festigkeit sollte eine Klebeverbindung möglichst immer vollflächig belastet werden. Bild 1.51 verdeutlicht die Wirkung einer Flächenlast im Vergleich zu einer Linienbelastung. Ein Haftkleberetikett wird man aus Erfahrung ähnlich von einer Oberfläche ablösen, indem man wie im Bild 1.51 unten eine Linienbelastung erzeugt.

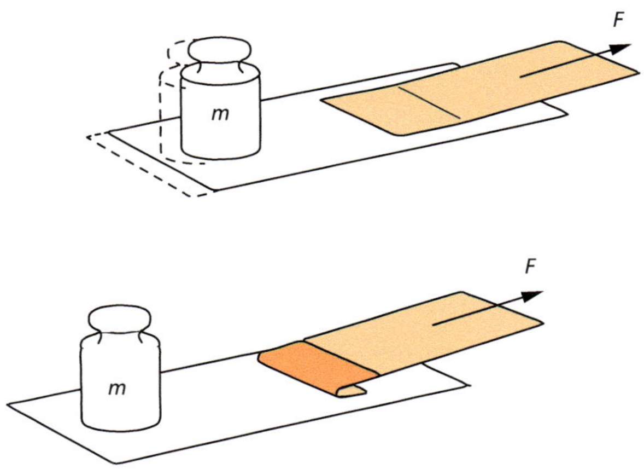

Bild 1.51 Flächige und linienförmige Belastungen einer Klebverbindung [Bildquelle: Habenicht]

Unterschiedliche E-Moduln führen ggf. zu Lastspitzen

Wenn unterschiedliche Materialien verklebt werden, können die Fügepartner unterschiedliche Steifigkeiten haben, entweder, weil sich die E-Moduln unterscheiden oder deren Gestalt. Bei einer Scherbelastung (Bild 1.52) wird sich an der Stelle mit der geringsten Steifigkeit die größte Bauteilverformung und somit auch die größte Belastung des Klebstoffs ergeben, sodass hier die Verbindung möglicherweise versagen wird.

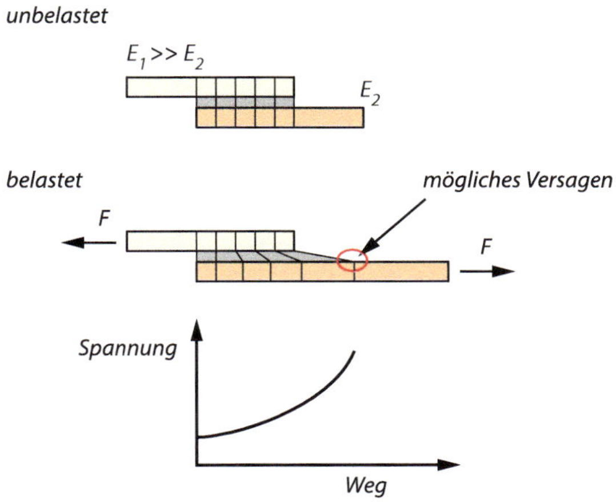

Bild 1.52 Spannungsverteilung in einer Klebstoffverbindung

Für eine Klebstoffverbindung sollte in der Konstruktion berücksichtigt werden:

Konstruktive Besonderheiten von Klebeflächen

- Die Verbindungszone sollte möglichst großflächig sein.
- Die Fügezone sollte möglichst gleichmäßig belastet werden, Linienbelastungen sollten vermieden werden.
- Die Bauteilsteifigkeit muss ggf. im Bereich der Verbindung erhöht werden, z. B. durch eine Verrippung oder durch eine Aufdickung über mehrere übereinander geklebte Lagen.

1.4.3.2 Schweißverbindungen

Zwei Kunststoffschmelzen können ineinanderfließen, d. h. die Moleküle können sich ähnlich wie bei einem Klettverschluss ineinander verhaken. Unterschiedliche Kunststoffe sind meistens nicht miteinander mischbar, weshalb sie auch nicht untereinander verschweißbar sind. Damit ist die Materialauswahl für eine Schweißverbindung sehr eingeschränkt. Tabelle 1.3 zeigt eine grobe Übersicht.

Tabelle 1.3 Übersicht möglicher Schweißpartner

	PE	PP	ABS	PS	PBT	PET	PA	PA6.6	PC	PC/ABS	PMMA	POM	SAN	TPE-U	TPE-S
PE	3						1								
PP		3					1					1			
ABS			3		3				3	3	3		3	3	
PS				3											2
PBT					3				2				3		
PET						3									
PA							3	3						2	
PA6.6								3							
PC									3		2				

Schweißbarkeit:
3 = gut
2 = mäßig
1 = für Spezialcompounds mit entsprechenden Additiven zur Steigerung der Verträglichkeit

Für Kunststoffe gibt es diverse Schweißverfahren mit jeweils unterschiedlicher Art der Aufschmelzung. Jedes dieser Verfahren erfordert besondere konstruktive Bauteilmerkmale. Für Spritzgussteile sind die gebräuchlichen Verfahren:

- Heizelementschweißen
- Infrarotschweißen
- Reibschweißen
- Ultraschallschweißen
- Vibrationsschweißen
- Laserstrahlschweißen

Heizelementschweißen bzw. Heizelement-Stumpfschweißen

Beim Heizelementschweißen werden die Fügebauteile im Kontakt mit einer Heizplatte an der Fügezone aufgeschmolzen und anschließend gefügt. Dafür sind Maschinen notwendig, die die Fügepartner gegen die Heizplatte drücken, anschließend die Heizplatte zur Seite verfahren und die Bauteile zusammenfahren. Die Fügezonen der Bauteile müssen spiegelsymmetrisch zueinander und eben sein (Bild 1.52).

Infrarotschweißen

Das Infrarotschweißen ist dem Heizelementschweißen sehr ähnlich, als Wärmequelle dient hier aber ein Infrarotstrahler. Zum Einsatz kommen hier gebogene Glasrohre mit innenliegenden Glühdrähten. Diese Strahler können speziell für einen Anwendungsfall hergestellt werden und müssen nicht zwingend eben sein. Daher müssen die Fügezonen lediglich spiegelsymmetrisch zueinander sein.

Die beiden Verfahren Heizelement- und Infrarotschweißen erfordern jeweils gewisse Fahrwege der Bauteile, weil die Heizplatte bzw. der Infrarotstrahler vor dem eigentlichen Fügen wieder aus dem Weg gefahren werden muss. In der Zeit der Verfahrbewegung kommt es zu einem Temperaturausgleich, und damit die Temperatur für das Verschweißen noch hoch genug ist, muss relativ viel Kunststoff aufgeschmolzen werden. Die weiteren Verfahren kommen ohne diese Umsetzbewegungen aus, sodass weniger Kunststoff erwärmt werden muss.

Reibschweißen

Das Reibschweißen nutzt als Wärmequelle mechanische Energie, die beim Gegeneinanderreiben zweier Bauteile entsteht. Im einfachsten Fall sind dies zwei rotationssymmetrische Körper. Sehr geeignet ist hier eine Verbindungszone in Form einer V-Nut, da auf diese Weise die Bauteile eigenständig zentrieren. Ein Fügepartner rotiert um seine Symmetrieachse, während das Gegenstück mit leichtem Druck stehend dagegen gedrückt wird (Bild 1.53).

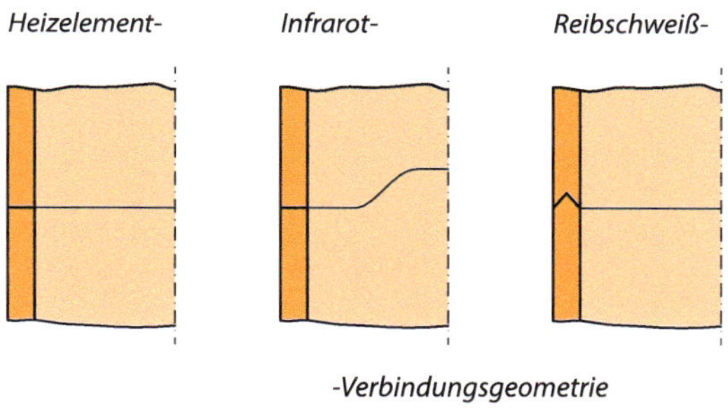

Bild 1.53
Mögliche Verbindungsgeometrie beim Schweißen

Ultraschallschweißen

Beim Ultraschallschweißen wird mittels einer Sonotrode eine hochfrequente Schwingung auf das Bauteil gegeben. Die Schwingung ist klein und energiearm und wird über den Kunststoff auf Energierichtungsgeber (ERG) übertragen und quasi gebündelt. Diese ERG sind:

- kleine kegelförmige Erhebungen (Bild 1.54) oder
- V-förmige Erhebungen

Hinsichtlich der Materialauswahl ist wichtig, dass sehr weiche Materialien sich schlecht mittels Ultraschall verschweißen lasen, weil die Schwingung vom Kunststoff zu sehr absorbiert wird und nur ein geringer Teil der Schwingung am EGR ankommt.

Vibrationsschweißen

Das Vibrationsschweißen ist dem Reibschweißen sehr ähnlich. Hier kommen Maschinen zum Einsatz, die eine geringe Vibration in zwei Achsen ausführen. Ein Fügepartner steht wieder still, während das Gegenstück mit gewissem Druck auf der Oberfläche reibt und Wärme erzeugt. Die Verbindungszone kann hier eine umlaufende Nut sein, deren Breite größer als der Vibrationsweg ist.

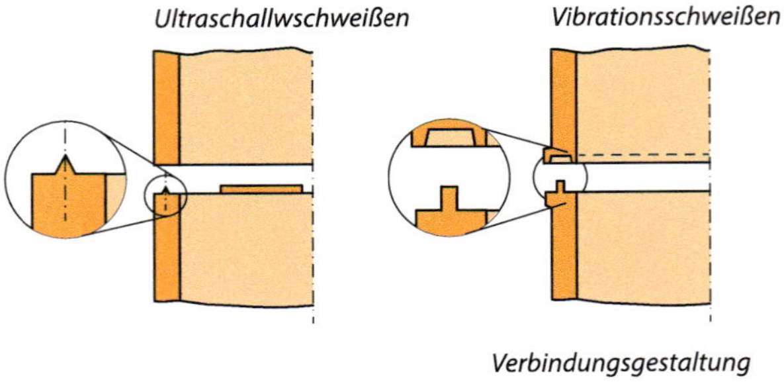

Bild 1.54 Verbindungsgeometrie für das Ultraschall- und das Vibrationsschweißen

Laserstrahlschweißen

Für das Laserstrahlschweißen wird die Energie zum Aufschmelzen mittels Laser erzeugt. Die zu verschweißenden Bauteile werden zunächst zueinander positioniert, anschließend durchstrahlt ein Laserstrahl eines der Bauteile und schmilzt an der Kontaktstelle das zweite Bauteil (Bild 1.55). Hierfür muss das eine Bauteil den Laserstrahl hindurchlassen und das zweite Bauteil den Laserstrahl vollständig absorbieren. Das gelingt mit Füllstoffen, die dem zweiten Material zugegeben werden, also absorbieren im Wesentlichen die Füllstoffe die Energie des Laserstrahls.

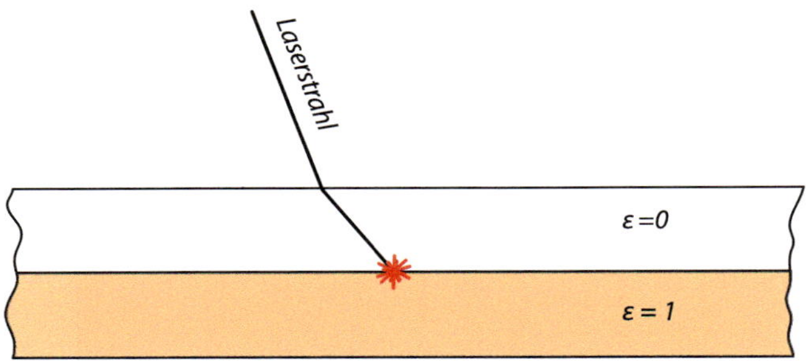

Bild 1.55 Prinzip des Laserstrahlschweißens

Die Fügezone kann für das Laserstrahlschweißen daher ohne besondere Maßnahmen konstruiert werden. Allenfalls ist zu bedenken, dass die Bauteile vollflächig aufeinanderliegen müssen und dass bei gewölbten Flächen der Laserstrahl die Kontaktstelle erreicht. Es dürfen also für den Laserstrahl keine Schattenbereiche vorliegen, damit sind tiefe, zerklüftete Geometrien eher ungünstig.

1.4.3.3 Filmscharniere

Filmscharniere verbinden zwei Bauteile während des Einspritzvorgangs

Filmscharniere sind bewegliche Verbindungen zweier Bauteile, die mit dem Einspritzvorgang entstehen. Im Prinzip bildet eine starke Wanddickenverringerung ein solches Scharnier. Bei der Konstruktion eines Filmscharniers ist die Angusslage besonders wichtig. Wenn die Angussposition dicht am Scharnier liegt, wird die Schmelze mit Erreichen der Engstelle wegen der sehr geringen Wanddicke im Scharnierbereich stark verlangsamt, dass sie zu sehr auskühlt. Wenn die Schmelze den gesamten ersten Bereich ausgefüllt hat, ist der Teil der Schmelze, der den Scharnierbereich als letztes erreichte, noch heiß genug und wird die Engstelle gut überwinden. Damit besteht die Gefahr einer Bindenaht, weil die Schmelze an den beiden Seiten in den dünnen Bereich hineinströmt und in der Mitte zusammenkommt (Bild 1.56).

Die Anspritzstelle sollte also möglichst weit vom Filmscharnier entfernt liegen oder nach Möglichkeit sollte die Schmelzefließfront an allen Stellen gleichzeitig die Engstelle erreichen.

Anspritzstelle bei der Herstellung von Filmscharnieren

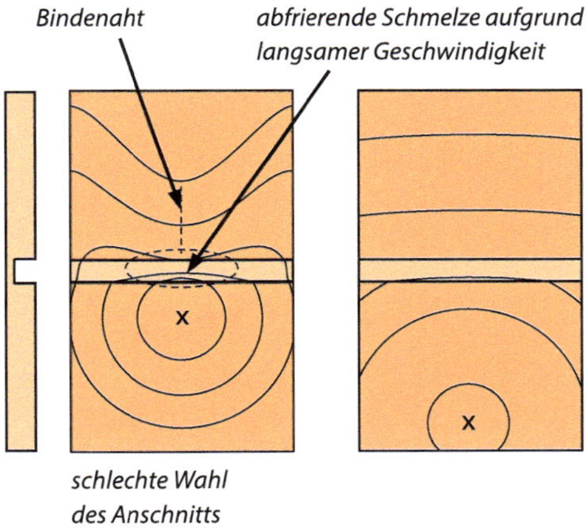

Bild 1.56
Füllverhalten bei einer Fließbarriere (Filmscharnier mit unterschiedlichen Anschnitten, Angusslagen)

Für die Beweglichkeit des Filmscharniers muss ein teilkristalliner Kunststoff mit einer sehr niedrigen Glastemperatur gewählt werden bzw. die Glastemperatur muss unterhalb der Anwendungstemperatur liegen. Daher sind amorphe Kunststoffe für Filmscharniere ungeeignet, es können nur teilkristalline Kunststoffe gewählt werden.

Voraussetzung für das Funktionieren von Filmscharnieren

Damit ein Filmscharnier sehr viele Bewegungszyklen aushält, ist weniger die Gestaltung wesentlich. Viel wichtiger ist, dass der Kunststoff im Bereich des Scharniers einmal über die Streckgrenze hinaus überlastet wurde (Bild 1.57). Mit Überschreiten der Streckspannung kommt es im Zugversuch zu einer Einschnürung und anschließend zu einer Halsbildung im Einschnürungsbereich (Schulter-Hals-Einschnürung). Dabei fließen die Moleküle aneinander vorbei und können sich etwas ausrichten.

Üblicherweise berechnet man die technische Spannung im Zugversuch, indem man die Kraft F auf den Ausgangsquerschnitt A_0 bezieht, denn es ist sehr aufwendig, den tatsächlichen Querschnitt während des Versuchs zu messen. Wenn nun ein Kunststoff nach Überschreiten der Elastizitätsgrenze eine sich stetig vergrö-

Nach einmaliger Überstreckung des Filmscharniers ist der Kunststoff an dieser Stelle fester

ßernde Einschnürung mit weitgehend konstanter Breite zeigt, spricht man von Schulter-Hals-Verformung. Im Bereich der Schulter-Hals-Einschnürung ändert sich der Querschnitt kaum noch, somit kann man hier ziemlich einfach die wahre Spannung berechnen, indem man die Last F auf den kleineren Querschnitt A_{min} bezieht. Es zeigt sich, dass der Kunststoff nach dem Überschreiten der Streckspannung erheblich höhere Spannungen aushält.

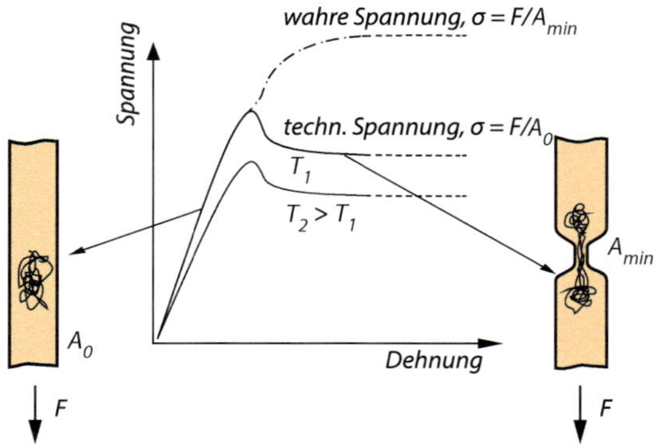

Bild 1.57
Ausrichtung von Molekülen und Erhöhung der ertragbaren Spannung nach Überschreiten der Streckspannung

Idealerweise findet die erste Überlastung bei erhöhten Temperaturen statt, denn dann ist die Streckspannung für diesen Effekt geringer. Häufig werden Filmscharniere bereits vor dem Entformen noch bei Restwärme im Werkzeug zum ersten Mal betätigt, z. B. dreht bei Verschlusskappen eine im Werkzeug integrierte Klappmechanik die Deckel der Verschlusskappen um 180° und schließt die Verschlusskappe damit noch vor dem Entformen.

1.5 Toleranzen und Maße

Im Vergleich zu Metallen sind die Toleranzen von Kunststoffbauteilen größer

Anders als bei Bauteilen aus Metall muss mit größeren Maß-, Form- und Lageabweichungen gerechnet werden. Hier muss man auch die Eigenschaften der Kunststoffe nach der Fertigung, also in der Anwendung, berücksichtigen (Bild 1.58). Damit ist gemeint:

Bauteilmaße während der Herstellung

- Unmittelbar nach dem Entformen sind die Bauteile noch heiß, zumindest restwarm. Eine zuverlässige Vermessung ist erst bei vollständig erkalteten Bauteilen sinnvoll, weil die Wärmedehnung des Kunststoffs groß ist, sodass nach dem Entformen eine merkliche Maßverringerung messbar ist. Die Maßänderung nach dem Entformen bis zum vollständigen Erkalten wird als Verarbeitungsschwindung bezeichnet.

- Die Nachschwindung ist eine weitere Maßverkleinerung durch eine Nachbehandlung, hiermit ist im Wesentlichen eine Wärmebehandlung gemeint. Teilkristalline Kunststoffe können auch noch nach langer Zeit nachkristallisieren, wenn die Bauteile höheren Temperaturen ausgesetzt werden.
- Einige Kunststoffe können Feuchtigkeit aufnehmen und dadurch etwas größer werden. Diese Feuchtigkeitsaufnahme ist abhängig von den Umgebungsbedingungen, d. h. bei geringer Luftfeuchte geben die Kunststoffe die Feuchtigkeit wieder ab und werden geringfügig kleiner.

Umgebungseinflüsse auf Bauteilmaße während des Einsatzes

- Wegen der starken Wärmedehnung der Kunststoffe ändert sich deren Maß je nach Einsatztemperatur. Sie können bei sehr niedrigen Temperaturen noch kleiner werden oder bei höheren Temperaturen größer werden.

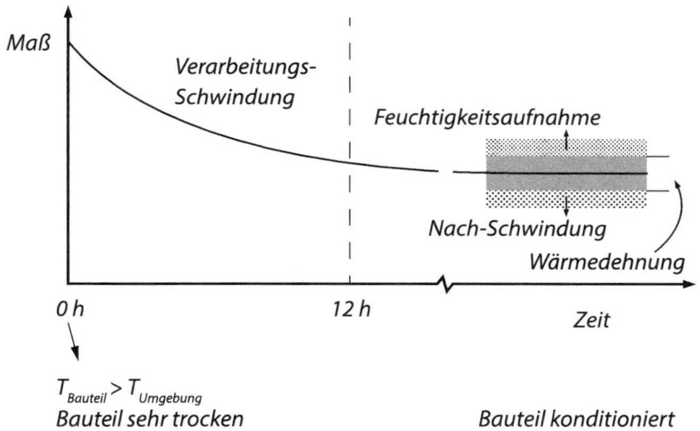

Bild 1.58 Bauteilmaße nach der Fertigung

Die für Metalle gültigen Toleranznormen können daher nicht oder nur sehr eingeschränkt für Kunststoffkonstruktionen übernommen werden. Die Norm DIN 16742:2013-10 berücksichtigt die Abhängigkeiten zwischen Bauteilentwicklung, Werkzeug-, Formenbau und der Bauteilherstellung.

Entsprechend DIN 16742 sind sinnvolle Toleranzen abhängig von der Qualität des Bauteilherstellers und des Formenbauers

- Der Formteilkonstrukteur entscheidet über die funktional erforderlichen Toleranzen, die sich aus den Anwendungsbedingungen und der Montage ergeben.
- Mit Auftragsvergabe wird durch den Formteilkonstrukteur der Werkstoff des Formteils verbindlich festgelegt. Damit legt er die Grundlage für die Festlegung der Verarbeitungsschwindung. Nach Auftragserteilung sind zwischen Formteilhersteller und Werkzeugbau bzw. Werkzeugkonstrukteur Werte der Verarbeitungsschwindung zu vereinbaren, wobei u. U. externe Erfahrungen (z. B. vom Formmassehersteller) genutzt werden.

- Der Formteilhersteller bestätigt zur Einhaltung der Relation „fertigungstechnisch mögliche Toleranz ≤ funktional bedingte Toleranz" die fertigungstechnisch möglichen Toleranzen für die Abnahmebedingungen der Formteilfertigung, wobei wirtschaftliche Vereinbarungen (z. B. Preiszuschläge) u. U. einzubeziehen sind. In der Konstruktionsdokumentation sind immer die funktional erforderlichen Toleranzen zu fixieren. Dadurch werden unsinnig genaue und unwirtschaftliche „Angst- oder Gewohnheitstoleranzen" vermieden.

Bauteilmaße von Kunststoffbauteilen werden auch durch die Qualität der Fertigung beeinflusst

Abhängig von der Werkstofffestlegung, Formteilgestaltung und Werkzeugauslegung hat die Verarbeitung der Kunststoffe erheblichen Einfluss auf die Maßhaltigkeit der Formteile. Die Verarbeitungsmaschinen der Urformverfahren sind komplexe thermodynamisch-rheologische Verbundsysteme, die trotz hochentwickelter Fertigungstechnik noch weitgehend empirisch betrieben und optimiert werden.

Maßrelevante Eigenschaften der Kunststoffe sind u. a. die extreme Spannweite der typabhängigen Steifigkeit bzw. Härte sowie der Verarbeitungsschwindung. Instationäre und inhomogene Werkzeug- und Formteiltemperaturen in Verbindung mit fließtechnisch bedingten Orientierungen von Mikrostrukturen und Zusatzstoffen führen zu Eigenschaftsanisotropien, die einen mehr oder weniger ausgeprägten Verzug (Verwölbung, Verwindung, Verwerfung) der Formteile bewirken. Des Weiteren können Wanddickenunterschiede bzw. Masseanhäufungen/Materialanhäufungen mögliche Ursachen für Verzug sein. Damit sind Form-, Lage- und Winkelabweichungen in höchst komplexer Weise verbunden, die im Vergleich zu Metallen eine Normung erheblich erschweren.

Toleranzen für einwandfreies Funktionieren in Baugruppen sind nicht in der Norm festgelegt

Die Toleranzen, die eine Funktion der Bauteile sicherstellen, muss der Formteilentwickler/-konstrukteur festlegen. Dies ist aufgrund der Vielzahl der Anwendungsfälle nicht normierbar! Die Norm bietet die Möglichkeit der Überprüfung, ob die Einhaltung der Toleranz der Fertigungsmaße technologisch möglich ist.

Weiterhin kann mit Hilfe der Norm der notwendige Fertigungsaufwand eingeschätzt werden. Wie in allen anderen Qualitätsbereichen kann auch die Norm nicht vor Selbstüberschätzungen schützen!

Bauteilmaße sind werkzeuggebunden oder -ungebunden

Bei den Bauteilen unterscheidet man die an das Werkzeug gebundenen und nicht gebundenen Maße (Bild 1.59 und Bild 1.60). Die werkzeuggebundenen Maße beziehen sich auf alle Bauteilbereiche, die von mehr als einem Werkzeugelement gebildet werden. Ein Schieber, der die Entformung eines Hinterschnitts ermöglicht, ist zwangsläufig ein bewegliches Element und somit ist die Lage der Bewegungsachse nicht mehr sehr exakt festgelegt.

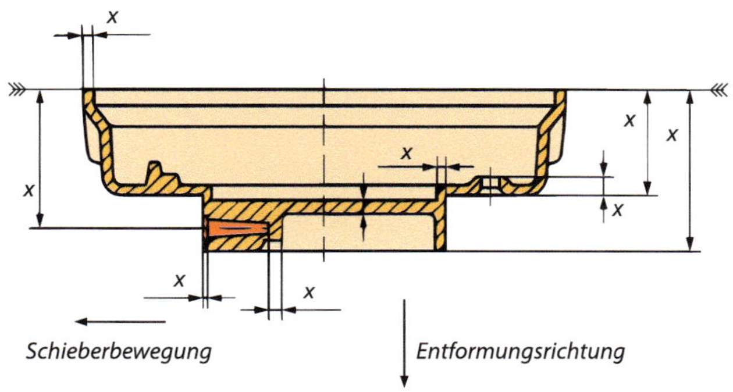

Bild 1.59 Nicht an das Werkzeug gebundene Maße [Bildquelle: nach DIN 16742]

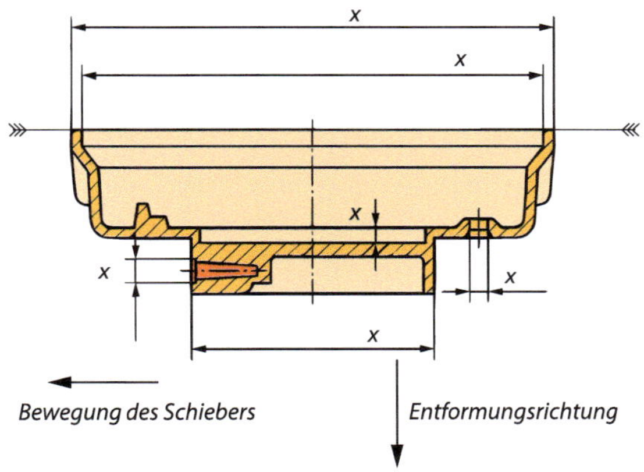

Bild 1.60 An das Werkzeug gebundene Maße [Bildquelle: nach DIN 16742]

Bei Allgemeintoleranzen wird nicht nur nach gebundenen und nicht gebundenen Maßen unterschieden. Die Toleranzen sind nach der aktuellen DIN 16742 entsprechend der Tabelle (Bild 1.60) in Toleranzgruppen für unterschiedliche Bauteilmaße gelistet. Die Toleranzgruppen (TG) sind nicht frei wählbar, sie ergeben sich aus den unten beschriebenen Einflussfaktoren. Anders als bei Metallen sind bei kleinen Kunststoffbauteilen sehr kleine Toleranzen mit verhältnismäßig geringem Aufwand machbar. Je kleiner das Bauteil wird, desto stärker wird der Einfluss der Präzision des Werkzeugs für die Herstellung. Je größer die Kunststoffbauteile werden, desto schwieriger lassen sich kleine Toleranzen einhalten.

Allgemeintoleranzen hängen von der Eingruppierung in Toleranzgruppen ab

Kunststoff-Formteiltoleranzen als symmetrische Grenzabmaße für Größenmaße (Auszug aus DIN 16742)

Toleranz-gruppe		Grenzabmaße (GA) in mm für Nenngrößenmaßbereiche in mm												
		1 bis 3	>3 bis 6	>6 bis 10	>10 bis 18	>18 bis 30	>30 bis 50	>50 bis 80	>80 bis 120	>120 bis 180	>180 bis 250	>250 bis 315	>315 bis 400	>400 bis 500
TG1	W	± 0,007	± 0,012	± 0,018	± 0,022	± 0,026	± 0,031	± 0,037	± 0,044	–	–	–	–	–
	NW	± 0,012	± 0,018	± 0,022	± 0,026	± 0,031	± 0,037	± 0,044	± 0,050	–	–	–	–	–
TG2	W	± 0,013	± 0,020	± 0,029	± 0,035	± 0,042	± 0,050	± 0,060	± 0,090	± 0,13	± 0,15	± 0,16	± 0,18	± 0,20
	NW	± 0,020	± 0,029	± 0,035	± 0,042	± 0,050	± 0,060	± 0,090	± 0,13	± 0,15	± 0,16	± 0,18	± 0,20	± 0,22
TG3	W	± 0,020	± 0,031	± 0,05	± 0,06	± 0,07	± 0,08	± 0,10	± 0,15	± 0,20	± 0,23	± 0,26	± 0,29	± 0,40
	NW	± 0,031	± 0,050	± 0,06	± 0,07	± 0,08	± 0,10	± 0,15	± 0,20	± 0,23	± 0,26	± 0,29	± 0,40	± 0,55
TG4	W	± 0,03	± 0,05	± 0,08	± 0,09	± 0,11	± 0,13	± 0,15	± 0,23	± 0,32	± 0,35	± 0,41	± 0,45	± 0,63
	NW	± 0,05	± 0,08	± 0,09	± 0,11	± 0,13	± 0,15	± 0,23	± 0,32	± 0,35	± 0,41	± 0,45	± 0,63	± 0,88
TG5	W	± 0,05	± 0,08	± 0,11	± 0,14	± 0,17	± 0,20	± 0,23	± 0,36	± 0,50	± 0,58	± 0,65	± 0,70	± 1,00
	NW	± 0,08	± 0,11	± 0,14	± 0,17	± 0,20	± 0,23	± 0,36	± 0,50	± 0,58	± 0,65	± 0,70	± 1,00	± 1,40
TG6	W	± 0,07	± 0,12	± 0,18	± 0,22	± 0,26	± 0,31	± 0,37	± 0,57	± 0,80	± 0,93	± 1,05	± 1,15	± 1,60
	NW	± 0,12	± 0,18	± 0,22	± 0,26	± 0,31	± 0,37	± 0,57	± 0,80	± 0,93	± 1,05	± 1,15	± 1,60	± 2,20
TG7	W	± 0,13	± 0,20	± 0,29	± 0,35	± 0,42	± 0,50	± 0,60	± 0,90	± 1,25	± 1,45	± 1,60	± 1,80	± 2,60
	NW	± 0,20	± 0,29	± 0,35	± 0,42	± 0,50	± 0,60	± 0,90	± 1,25	± 1,45	± 1,60	± 1,80	± 2,60	± 3,50
TG8	W	± 0,20	± 0,31	± 0,45	± 0,55	± 0,65	± 0,80	± 0,95	± 1,40	± 2,00	± 2,30	± 2,60	± 2,85	± 4,00
	NW	± 0,31	± 0,45	± 0,55	± 0,65	± 0,80	± 0,95	± 1,40	± 2,00	± 2,30	± 2,60	± 2,85	± 4,00	± 5,50
TG9		± 0,30	± 0,49	± 0,75	± 0,90	± 1,05	± 1,25	± 1,50	± 2,25	± 3,15	± 3,60	± 4,05	± 4,45	± 6,20

W: werkzeuggebundene Maße

NW: nicht werkzeuggebundene Maße

Für TG9 ist die Differenzierung von W-und NW-Maßen nicht erforderlich.

Bild 1.61 Toleranzen für Kunststoffbauteile nach DIN 16742

Berechnungsempfehlung für die Einsortierung in Toleranzgruppen

Die Toleranzgruppen ergeben sich aus Bild 1.61 und berücksichtigen das Herstellverfahren, die verarbeiteten Materialien und die Herstellung der Bauteile selbst.

TG	TG1	TG2	TG3	TG4	TG5	TG6	TG7	TG8	TG9
P_g	1	2	3	4	5	6	7	8	≥ 9
Gesamtpunktzahl: $P_g = P_1 + P_2 + P_3 + P_4 + P_5$									

Bild 1.62 Festlegung von Toleranzgruppen nach DIN 16742

Die jeweiligen Einflussbereiche haben jeweils eine Punktsumme, die sich wie folgt ergibt:

- P1 bezieht sich auf das Fertigungsverfahren. Die hier genannten Gießverfahren betreffen duromere Materialien, die in diesem Buch nicht behandelt werden.

Fertigungsverfahren	P_1
Spritzgießen, Spritzprägen, Spritzpressen	1
Formpressen, Fließpressen	2

- P2 berücksichtigt die Steifigkeit bzw. die Härte des Materials. Steife und sehr harte Materialien ermöglichen engere Toleranzen und haben einen geringeren Punktwert.

Formstoffsteifigkeit bzw. -härte			*P_2*
E-Modul in N/mm²	*Shore D*	*Shore A; IRHD*	
über 1200	*über 75*	*–*	*1*
über 30 bis 1200	*über 35 bis 75*	*–*	*2*
3 bis 30	*–*	*50 bis 90*	*3*
unter 3	*–*	*unter 50*	*4*

- P3 berücksichtigt die rechnerische Verarbeitungsschwindung, die nach Möglichkeit mit dem Formteilhersteller abgestimmt werden sollte. Hier zählen Erfahrungen und die Angaben der Rohstoffhersteller. Die Verarbeitungsschwindung ist keine Materialkonstante, sie hängt auch sehr stark vom Verarbeitungsverfahren ab, also auch von der Höhe des Nachdrucks.

Verarbeitungsschwindung (Rechenwert)	*P_3*
< 0,5 %	*0*
0,5 % ... 1 %	*1*
> 1 % ... 2 %	*2*
> 2 %	*3*

- P4 berücksichtigt die Schwankungsbreite der Verarbeitungsschwindung durch Formteilgestaltung und Verarbeitungseinflüsse. Die Festlegung ist nicht einfach. Die Norm bietet an, den Wert mit 1 festzulegen, wenn Rechenwerte der Verarbeitungsschwindung bekannt sind, z. B. aus Erfahrungen, systematischen Messungen oder Computersimulationen, und wenn die Schwindungsanisotropie bedeutungslos ist oder in der jeweiligen Maßrichtung hinreichend genau berücksichtigt werden kann, was leider praktisch selten möglich ist. Wenn keine exakten Angaben gemacht werden können, sollte der Wert 3 gewählt werden.

Berücksichtigung geometrie-und verfahrensbedingter Schwindungsschwankungen des VS-Rechenwertes	*P_4*
genau möglich: Abweichungen vom Rechenwert max. ±10 %	*1*
bedingt genau möglich: Abweichungen vom Rechenwert max. ±20 %	*2*
nur ungenau möglich: Abweichungen vom Rechenwert deutlich über ±20 %	*3*

- P5 betrifft die Herstellung selbst und muss mit dem Bauteilhersteller abgestimmt werden. Kleinere Toleranzen sind möglich, wenn in der Fertigung der Aufwand für die Überwachung der Maschinenfunktion vergrößert wird und zusätzlich sichergestellt ist, dass Änderungen der Prozess-Istwerte als Konsequenz mindestens eine Überwachung der Qualität haben. Dann kann eine kleinere Toleranzgruppe gewählt werden.

Toleranzreihen	P_5
Reihe 1 (Normalfertigung): Fertigung mit Allgemeintoleranzen u. U. realisierbar. Maßhaltigkeitsforderungen bilden keinen besonderen Qualitätsschwerpunkt.	*0*
Reihe 2 (Genaufertigung): Fertigung und Qualitätssicherung sind auf höhere Maßhaltigkeitsforderungen orientiert.	*−1*
Reihe 3 (Präzisionsfertigung): Vollständige Ausrichtung von Fertigung und Qualitätssicherung auf die sehr hohen Maßhaltigkeitsforderungen	*−2*
Reihe 4 (Präzisionssonderfertigung): Wie Reihe 3, aber mit intensivierter Prozessüberwachung.	*−3*

Die Toleranzreihen 3 und 4 sind immer vereinbarungspflichtig.

1.6 Dimensionierung

Dimensionierung der Wanddicke

Die Festlegung von Maßen betrifft bei Kunststoffteilen weitgehend die Wanddicken, die Länge und Breite wird üblicherweise durch das Lastenheft, bzw. die Anforderungen an den Anwendungsfall, festgelegt. Damit das Bauteil die erwarteten Belastungen aushält, werden die üblichen Berechnungen der technischen Mechanik angewendet.

Bemessungsgrenzen sind die ertragbaren Spannungen

Die Bemessungsgrenzen sind die maximal ertragbaren Spannungen. Während bei der Konstruktion mit Metallen als Grenzspannung die Dehngrenze $R_{p0,2}$ bzw. die Streckgrenze R_e gewählt werden, ist die Wahl bei Kunststoffen weniger übersichtlich (siehe Kapitel 5, Materialauswahl).

Wahl der Lastgrenzen abhängig von Temperatur bei erwartetem Schaden

- Als Erstes muss geklärt werden, bei welcher Temperatur das Bauteil eingesetzt werden soll bzw. versagen wird. Das mechanische Verhalten der Kunststoffe wird oberhalb der Glasübergangstemperatur mit steigender Temperatur wesentlich beeinflusst. Der E-Modul wird bei höheren Einsatztemperaturen kleiner, womit die Bauteilsteifigkeit geringer wird. Das Bruchverhalten wird bei höheren Temperaturen sowohl für statische als auch für dynamische Belastungen (Stoßbelastungen) immer zäher und die im Zugversuch erreichten maximalen Spannungen werden kleiner. Die Berechnungen sollten möglichst mit Kennwerten erfolgen, die bei Temperaturen gemessen wurden, für die ein möglicher Schaden erwartet wird.

Lastgrenzen bei kurzzeitiger Belastung

- Für kurzzeitige statische Belastungen sind je nach Verhalten des Werkstoffs im Kurzzeitzugversuch die folgenden Grenzspannungen zu wählen (Bild 1.63):
  - Amorphe Kunststoffe brechen ohne Vorankündigung bzw. Einschnürung mit Erreichen der **Bruchspannung**.

- Teilkristalline Kunststoffe zeigen im Bereich der Glastemperatur und darüber die **Streckspannung** und nachfolgend eine Einschnürung. Bei zunehmend höheren Temperaturen sinkt die Streckspannung und die Einschnürung kann zur Schulter-Hals-Verformung ausarten, wobei sehr große bleibende Dehnungen möglich werden.
- Sehr weiche Materialien haben einen sehr geringen E-Modul, womit die Verformung schon bei geringer Spannung recht groß wird. In diesen Anwendungsfällen ist es zweckmäßig, die **Spannungsgrenze** auf einen Wert festzulegen, bei dem die bleibende Dehnung 0,5 % ist. Natürlich könnte man auch größere Werte wählen, dann aber wird sich das Bauteil unter der Belastung unerwünscht stark verformen.

Lastgrenzen bei statischer Dauerlast erfordern isochrone Spannungs-Dehnungs-Diagramme

- Für langfristige statische Belastungen gibt es zwei mögliche Schadensfälle, die Bemessungsgrenzen werden jeweils über isochrone Spannungs-Dehnungs-Diagramme gewählt, die als Ergebnis von Kriechversuchen entstehen. Isochrone Diagramme zeigen die zeitabhängige Dehnung bei einer konstanten Belastung. Erklärungen zu diesen speziellen Diagrammen (siehe Kapitel 5.2.4).
  - Anders als Metalle können Kunststoffe unter Dauerlast schon bei Raumtemperatur merklich kriechen, also länger werden. Dieses Kriechen ist besonders oberhalb der Glastemperatur wesentlich, d. h. es betrifft besonders die teilkristallinen Kunststoffe. Für diese Anwendungsfälle sollten nach Möglichkeit die Grenzspannungen aus isochronen Spannungs-Dehnungs-Diagrammen gewählt werden, für die eine zulässige gewählte Dehnung ε_y nach einer gewählten Belastungszeit t_x nicht überschritten wird.
    An dieser Stelle muss leider darauf hingewiesen werden, dass für die wenigsten Kunststoffe diese isochronen Spannungsdiagramme vorliegen. Im Fall einer Belastungszeit von ca. 10.000 h wird nach Oberbach die Grenzspannung aus einem üblichen Kurzzeit-Zugversuch gewählt und mit 0,5 multipliziert.

Unter statischer Dauerlast können amorphe Kunststoffe sichtbare kleine Risse bekommen (Crazes)

  - Amorphe Kunststoffe, und hier besonders transparente, zeigen bei langer statischer Belastung kleine Risse (Crazes, siehe Kapitel 5.3.2). Es ist zwar nachgewiesen, dass die mechanischen Eigenschaften darunter nicht leiden, aber speziell für durchsichtige Anwendungsfälle, z. B. ein „Sichtfenster“, wäre das ein optisch nicht hinnehmbarer Fehler. Untersuchungen von Taprogge (1974) ergaben, dass die Bildung dieser Risse ausbleibt, wenn die Belastung so klein ist, dass die bleibende Verformung kleiner als 0,8 % ist. Als sicherer Grenzwert wird hier eine Dehnung von 0,5 % angenommen, die wiederum aus einem isochronen Spannungs-Dehnungs-Diagramm entnommen wird.

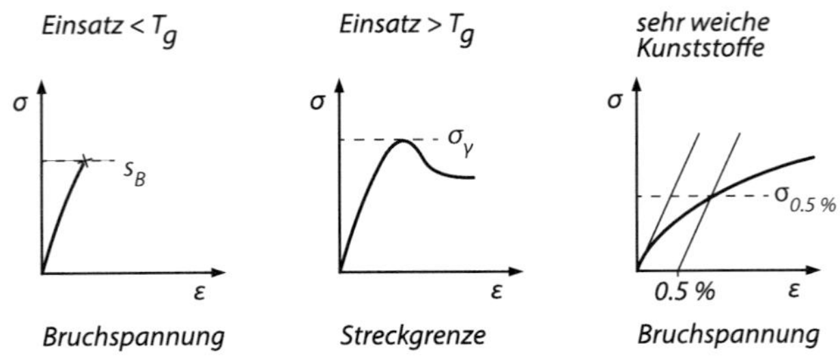

Bild 1.63 Grenzspannungen zur Dimensionierung für Kurzzeitbelastungen

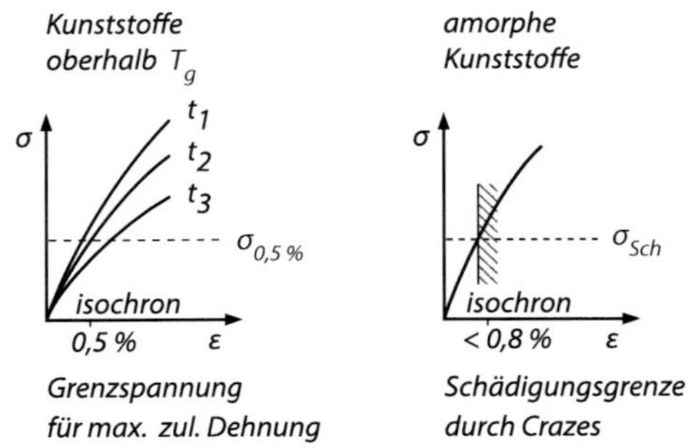

Bild 1.64 Grenzspannungen zur Dimensionierung für Langzeitbelastungen in isochronen Spannungs-Dehnungs-Diagrammen

Lastgrenzen für zyklisch belastete Bauteile sind nicht eindeutig festgelegt.

- Für zyklische Belastungen ist das Vorgehen nicht eindeutig. Wöhlerversuche zur Ermittlung einer Dauerfestigkeit sind nicht direkt anwendbar, da der Versagensmechanismus bei Kunststoffen völlig anders als bei den Metallen ist. Kunststoffe haben keine Gleitebenen, eine Verfestigung durch mikroplastische lokale Verformungen findet nicht statt. Man sollte aber berücksichtigen:
  - Teilkristalline Kunststoffe können sich bei höherfrequenten schwingenden Belastungen erwärmen, wodurch der E-Modul und die Streckgrenze sinken.
  - Bei faserverstärkten Kunststoffen kann eine zyklische Belastung zu einer Loslösung der Fasern vom Kunststoff führen. Nach vielen Zyklen kann das Bauteil schließlich versagen. Hier sind ggf. Wöhlerversuche zweckmäßig.

2 Herstellverfahren Spritzgießen

Die Herstellverfahren für Kunststoffbauteile zählen weitgehend zu den Urformverfahren, sie werden also direkt aus der Schmelze geformt. Unter diesen Verfahren hat Spritzgießen die größte Bedeutung. Man schätzt, dass die Extrusionsprozesse für Halbzeuge (Profile, Rohre, Folien, Platten, …) mengenmäßig mehr Kunststoffe verbrauchen. Mit Blick auf die Vielzahl der Kunststoffprodukte ist Spritzgießen bedeutender.

Unter den Urformverfahren ist Spritzgießen das Verfahren mit der größten Bedeutung

Im Folgenden wird der Prozess kurz erläutert, um damit das für den Konstrukteur wichtige Grundverständnis zu erlangen.

2.1 Prozess und Wissen für den Konstrukteur

Spritzgussteile werden in einem zyklisch ablaufenden Verfahren hergestellt (Bild 2.1). Der Kunststoff wird in einem Einspritzaggregat aufgeschmolzen und in der für einen Schuss notwendigen Menge dosiert. Diese Schmelze wird mit Drücken bis zu 2000 bar in einen Werkzeughohlraum (Kavität) eingespritzt.

Allgemeine Prozesskennwerte

Ein sehr hoher Spritzdruck herrscht nur unmittelbar im Düsenbereich des Spritzaggregats. Vom Einspritzpunkt bis zum Fließwegende fallen die Drücke insgesamt ab. Mit einer groben Abschätzung kann man davon ausgehen, dass über die Bauteilfläche ein mittlerer Druck von ca. 300 bar wirkt.

Im Vergleich zur Schmelzetemperatur ist das Werkzeug kalt. Damit kann der eingespritzte Kunststoff erstarren und als Bauteil nach dem Öffnen des Werkzeugs entformt werden. Weil sich das Volumen des Kunststoffs beim Abkühlen verringert, muss nach dem Einspritzen und während des Abkühlens weitere Kunststoffschmelze in die Kavität gedrückt werden. Dieser Nachdruck ist nur bis zu einer bestimmten Abkühltemperatur wirksam, d. h. der Kunststoff wird während der Abkühlphase weiter schwinden und schließlich ein geringeres Volumen als die Kavität darstellen.

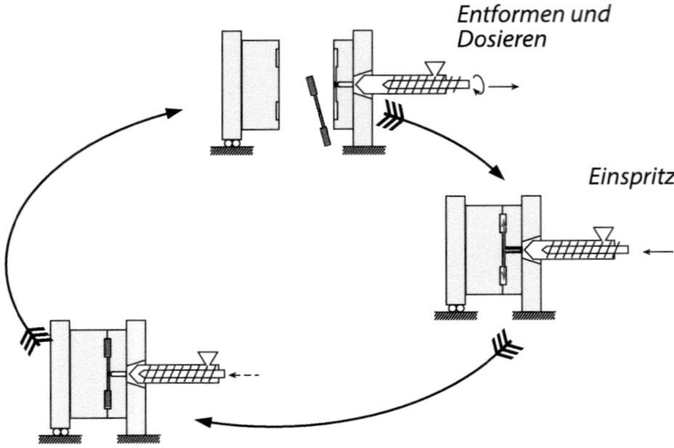

Bild 2.1 Spritzgießen als zyklisch ablaufender Prozess mit den wesentlichen Prozessschritten

Wichtige allgemeine Informationen für den Konstrukteur

Für den Konstrukteur ergeben sich zunächst vier wesentliche Informationen:

- Fließweglängen sind begrenzt und damit die Bauteilgröße; bzw. ggf. mehrere Anspritzpunkte erforderlich
- Bauteilfläche bestimmt die Schließkraft und damit die Maschinengröße
- Wanddicken bestimmen die Zyklusgeschwindigkeit und damit die Kosten
- Schwindung verändert die Bauteilgröße

2.1.1 Fließweglängen sind begrenzt

Fülldruck begrenzt die Fließweglänge

Die Fließfähigkeit des Kunststoffs macht diese hohen Drücke notwendig und begrenzt die möglichen Fließweglängen, die mit einer Spritzgießmaschine einer Leistungsklasse möglich sind. Die physikalische Grundlage ist hier in der Hagen-Poiseuille-Formel zusammengefasst:

$$\Delta p = \mathrm{K}\frac{\eta L v}{G^2} \tag{2.1}$$

Hierin ist Δp die Differenz des Drucks zwischen der Düse und der Fließfront, die notwendig ist, um eine Schmelze mit einer Viskosität η und einer Geschwindigkeit v über eine Strecke L und einen Fließquerschnitt G strömen zu lassen (Bild 2.2), K steht hier für einen konstanten Proportionalitätsfaktor) Die Viskosität ist ein Wert, der die Fließfähigkeit der Schmelze beschreibt. Hohe Werte bedeuten schlechte Fließfähigkeit und somit hohe Fülldrücke. Der Wert G beschreibt die charakteristische Dicke, bei einem zylindrischen Querschnitt also den Durchmesser und bei einem flächigen Bauteil die vorherrschende Dicke.

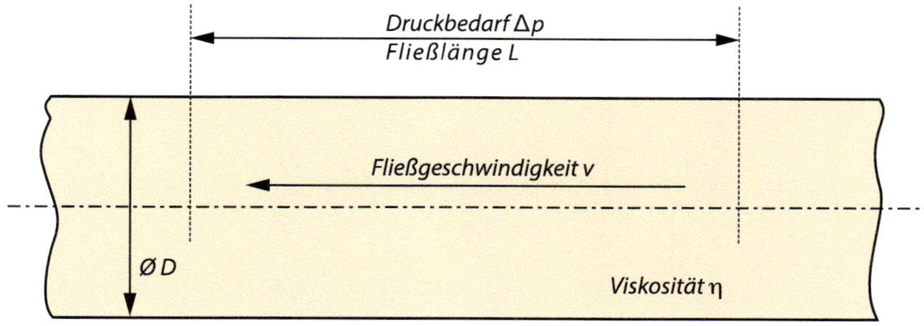

Bild 2.2 Druckverlust bzw. Druckbedarf für die Strömung einer Kunststoffschmelze

Eine Berechnung der Fließweglängen ist mit der sehr vereinfachten Formel nach Hagen-Poiseuille nicht zuverlässig durchführbar, denn die Viskosität wird sehr stark beeinflusst u.a. durch die Temperatur. Die Viskosität kann aber nicht über eine einzige Zahl angegeben werden, denn die Schmelze wird in ein relativ kälteres Werkzeug eingespritzt, sodass sie je nach Entfernung zur Kavitätwand unterschiedlich heiß ist. Wenn man sicher die Fließweglängen ermitteln will, ist eine rheologische Simulation notwendig (siehe Kapitel 4, Simulation). Mit diesen Simulationen lässt sich der Einspritzvorgang sehr zuverlässig berechnen.

Maximal realisierbare Fließweglängen können mit dem Fließspiralenversuch abgeschätzt werden

Für Abschätzungen können auch Ergebnisse des Fließspiralenversuchs genutzt werden. Hierbei handelt es sich um streifenförmige Bauteile mit sehr großen Fließweglängen (Bild 2.3). Je nach Fließfähigkeit eines Kunststoffs lassen sich unterschiedlich große Fließweglängen mit vorher festgelegten Einspritzdrücken erzielen.

Bild 2.3 Fließspirale zur Messung der Fließweglänge

Bild 2.3 zeigt die üblichen Fließweglängen, die sich mit den Fließspiralen-Versuchen ergeben. Demnach sind die Verhältnisse aus Fließweglänge und Wanddicken nicht größer als 150. Im Verpackungsbereich werden spezielle Materialien verwendet, die besonders leicht fließen. Dann sind Fließweglängen-Dicken-Verhältnisse von bis zu 300 möglich.

Wenn die Bauteile größer werden, müssen zwangsläufig mehrere Anspritzpunkte verwendet werden. Eine Platte mit einer Breite von ca. 300 mm und einer Länge von 600 mm könnte man bei einer Dicke von 2 mm folglich noch mit zwei Anspritzpunkten füllen. Es ergäbe sich dann aber zwingend eine Bindenaht genau in der Mitte der Platte, weil dort die beiden Schmelzeströme zusammenfließen werden.

2.1.2 Formteilfläche bestimmt die Maschinengröße

Schließkraft, Formteilfläche, projizierte Fläche und Maschinengröße

Die beiden Werkzeughälften werden über die Schließeinheit der Spritzgießmaschine zusammengedrückt. Die Schließkraft der Maschine muss größer sein als die in der Kavität wirkende Kraft, die in Richtung der Öffnungsachse der Maschine wirkt. Diese Kraft ergibt sich aus der projizierten Fläche des Bauteils und dem mittleren Forminnendruck. Für eine grobe Abschätzung nimmt man einen mittleren Forminnendruck von 300 bar an.

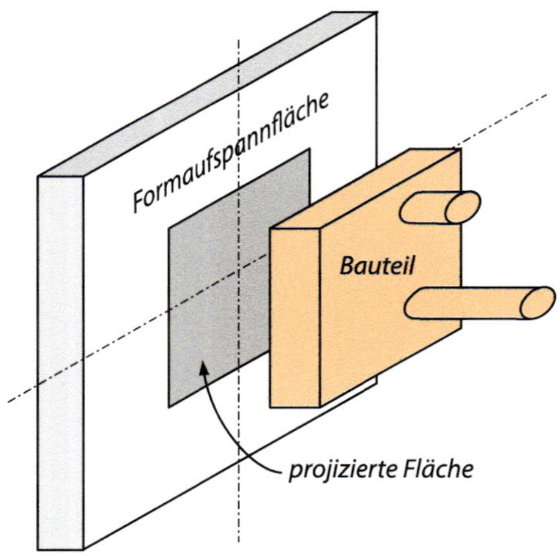

Bild 2.4
Projizierte Fläche eines Spritzgussteils

Abschätzung der Schließkraft

Für die Abschätzung der Schließkraft reicht eine Faustformel:

$$F_{Schließ} = 3\ A_{proj.}\ \mathrm{kN/cm^2} \quad (2.2)$$

Hierin wird die Schließkraft in kN errechnet, unter der Annahme, dass ein mittlerer Druck von 300 bar auf eine projizierte Fläche $A_{proj.}$ in cm^2 wirkt. Für ein Bauteil mit einer Fläche von 100 cm^2 bräuchte man also eine Schließkraft von mindestens 300 kN bzw. 30 t.

Die Formteilgröße bestimmt auf diese Weise die Maschinengröße und damit auch die Herstellkosten. Die Größe der Maschine wird durch die Schließeinheit bestimmt, hierbei gibt es Abstufungen, bei denen die Aufspannfläche und die Schließkraft gleichmäßig ansteigen. Entweder sind die Maße des Bauteils groß und die projizierte Fläche ist klein, das ist z. B. bei einem Rahmen für einen Bildschirm der Fall. Dann wird eine große Maschine aufgrund der großen Aufspannfläche benötigt. Oder die projizierte Fläche ist groß, dann wird eine große Maschine benötigt wegen der notwendigen Schließkraft.

Die Maschinengröße hat Einfluss auf die Herstellkosten

2.1.3 Wanddicken bestimmen die Kühlzeit

Nach der Bewegung der Schließeinheit für das Öffnen, Entformen und Schließen des Werkzeugs wird der geschmolzene Kunststoff im zyklischen Verlauf in die Kavität eingespritzt und nachgedrückt. Mit dem ersten Kontakt der Schmelze beginnt der Abkühlvorgang, auch wenn die Kühlzeit im Produktionsbetrieb erst nach der Nachdruckphase beginnt. Die Kühlzeit zwischen dem Nachdruckende und der Werkzeugöffnung steht für das erneute Aufschmelzen und Dosieren der Schmelze für den nächsten Zyklus zur Verfügung (Bild 2.5).

Abschätzen der Kühlzeit und Zykluszeit mithilfe der Wanddicke

Die Kühlzeit selbst lässt sich abschätzen über eine Temperaturberechnung. Konkret wird eine mittlere Entformungstemperatur gewählt, bei der das Kunststoffbauteil ausreichend erstarrt ist und entformt werden kann. Mittlere Temperatur heißt, dass das Bauteil an seiner Oberfläche ziemlich kalt ist, während es im Inneren noch sehr hohe Temperaturen hat.

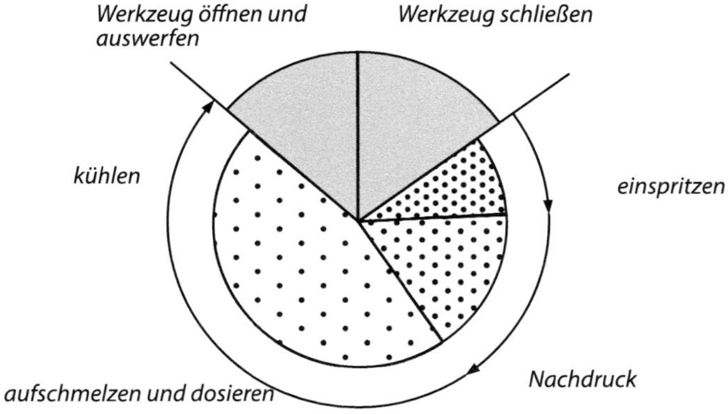

Bild 2.5 Zeitliche Abfolge der wesentlichen Prozessschritte

Wenn man für Kunststoffe Werte für eine übliche Wärmeleitfähigkeit, und die Temperaturen für die Schmelze, das Werkzeug und die Entformung annimmt, lässt sich die Kühlzeit näherungsweise abschätzen:

$$t_{kühl} = \text{ca. } 2\, s^2\, \text{s/mm}^2 \quad (2.3)$$

Hierin ist s die vorherrschende Wanddicke in mm. Die Kühlzeit ist wiederum bei sehr vielen Anwendungsfällen ungefähr halb so lang wie die gesamte Zykluszeit. Ein Bauteil mit einer Wanddicke von 2 mm hätte also eine Kühlzeit von ungefähr 4 s und eine Gesamtzykluszeit von 8 s. Die Wanddicke hat einen sehr großen Einfluss auf die Zykluszeit, weshalb viele Kunststoffbauteile im Vergleich zu anderen Materialien eher dünnwandig sind und möglichst gleichmäßige Wanddicken aufweisen.

2.1.4 Beim Kühlen schwindet Kunststoff

Der hohe Wärmeausdehnungskoeffizient von Kunststoffen zieht eine große Schwindung nach sich

Die meisten Werkstoffe haben einen positiven linearen Wärmeausdehnungskoeffizienten, d. h. sie dehnen sich bei Erwärmung aus und ziehen sich beim Abkühlen wieder zusammen. Bei Kunststoffen ist dieser Kennwert einerseits ca. 10-mal größer als bei Stählen. Für den Konstrukteur hat das eine zweifache Bedeutung.

- Für Bauteile einer Baugruppe aus Kunststoffen und Metallen muss die stärke Ausdehnung beachtet werden, da die Kunststoffteile bei einem Temperaturwechsel unter Spannung geraten werden. Möglicherweise lässt sich durch eine geschickte Wahl von Fixpunkten ein spannungsfreies Ausdehnen der Kunststoffkomponenten erreichen.
- Für die Herstellung der Kunststoffteile muss man berücksichtigen, dass sich der heiße Kunststoff in der erheblich kälteren Werkzeugkavität zusammenzieht und schlussendlich ein geringeres Volumen bildet als die Kavität des Werkzeugs. Um ein gewünschtes Maß zu erreichen, muss daher die Kavität um dieses Schwindungsmaß größer sein.

Die Wärmeausdehnung entspricht unmittelbar einer Dichteänderung, also der auf das Volumen bezogenen Masse in g/cm^3. Für die Verarbeitung ist der Kehrwert der Dichte wichtig, das ist das spezifische Volumen (cm^3/g).

Kompensation der Schwindung durch zusätzliche Masse in die bereits gefüllte Kavität

Der in die Kavität eingespritzte Kunststoff hat bei Schmelzetemperatur ein größeres spezifisches Volumen. Beim Abkühlen würde sein Volumen sich um ca. 15 % verringern. Daher wird weitere Schmelze in die Kavität gepresst, wodurch das spezifische Volumen sinkt bzw. die Dichte steigt. Zeitgleich kühlt die Schmelze bereits ab. Ein Massenachschub gelingt nur so lange, bis die Schmelze nicht mehr fließfähig ist; unterhalb dieser Temperatur kann der Kunststoff nur noch entspannen. Ab Erreichen des Umgebungsdrucks verringert sich das spezifische Volumen weiter, weil nun der Kunststoff von der Kavitätwand wegschwindet und nicht mehr das komplette Kavitätvolumen ausfüllt.

Bild 2.6 zeigt diese Änderung des spezifischen Volumens. Die Schmelze wird beim Einspritzen stark komprimiert. Bezogen auf ein bestimmtes Kavitätvolumen wird also mit hohem Druck weiterer Kunststoff in das Werkzeug gedrückt, wobei die Dichte steigt bzw. das spez. Volumen sinkt (1 ▸ 2). Während des Abkühlens schwindet der Kunststoff und man kann unter Aufrechterhalten eines hohen Drucks weiteren Kunststoff in die Kavität pressen (2 ▸ 3). Ab einer bestimmten Temperatur ist der Kunststoff so wenig fließfähig, dass auch mit hohem Druck kein weiterer Kunststoff in die Kavität gelangen kann. Daher ändert sich beim weiteren Abkühlen das spez. Volumen nicht (3 ▸ 4), während aber der Druck stetig abnimmt. Wenn der Druck in der Kavität den Umgebungsdruck (1 bar, Punkt 4) erreicht hat, wird sich der Kunststoff bei gleichbleibender Masse weiter zusammenziehen und von der Kavitätwand ablösen (4 ▸ 5). Wenn der Kunststoff ausreichend abgekühlt und steif genug ist, kann das Bauteil entformt werden (5). Nach dem Entformen ändert sich das Volumen weiter, bis das Bauteil schließlich vollständig die Umgebungstemperatur erreicht hat.

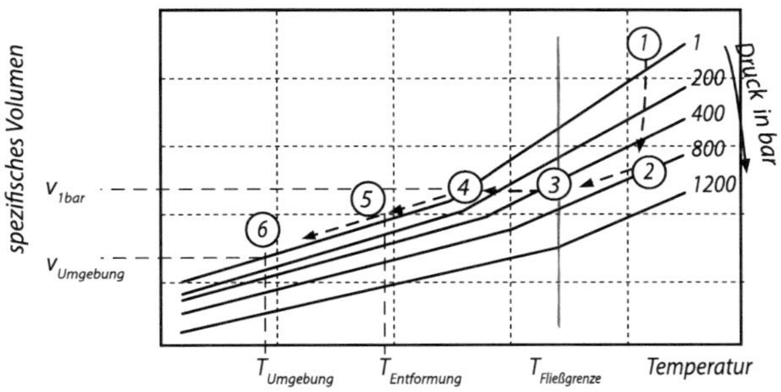

Bild 2.6 Volumenänderung eines Kunststoffs während des Spritzgießprozesses
1 Schmelze weitgehend drucklos
2 Schmelze unter Einfluss des Spritzdrucks
3 Zustand nach Ende des effektiven Nachdrucks
4 Zustand bei Erreichen des Umgebungsdrucks
5 Zustand beim Entformen
6 Zustand nach vollständiger Abkühlung

Auswirkungen der Schwindung von Kunststoffen auf die Konstruktion

Für den Konstrukteur hat das die folgenden Auswirkungen:

- Das Werkzeug, das für die Herstellung des Bauteils gebaut werden muss, wird größer sein müssen als das Bauteil. In vielen Fällen hat das zunächst der Werkzeugbauer zu beachten.
- Das Schwindungsverhalten von Kunststoffen ist nicht gleichmäßig bezogen auf alle Raumrichtungen. Insbesondere bei faserverstärkten Bauteilen muss man

beachten, dass die Ausrichtung der Verstärkungsfasern das Schwindungsverhalten stark beeinflusst. Glasfasern haben z. B. eine wesentlich kleinere Schwindung als Kunststoff, sodass ein Bauteil in Längsrichtung der Fasern weniger schwindet als in Querrichtung.

Simulieren des Schwindungsverhaltens in der Konstruktion erspart aufwendige Nacharbeit nach der Erstbemusterung

Das Schwindungsverhalten lässt sich mit Computerprogrammen vorhersagen. Daher ist es sehr sinnvoll bei der Bauteilentwicklung, parallel zur CAD-Konstruktion den Herstellungsprozess zu simulieren und mögliche Formänderungen bereits in der Entwurfsphase zu berücksichtigen.

2.2 Einfluss des Verfahrens auf Bauteileigenschaften

Auswirkungen des Spritzgießprozesses auf die Bauteileigenschaften

Das Herstellungsverfahren Spritzgießen beeinflusst entscheidend die Eigenschaften der hergestellten Bauteile. Das betrifft die:

- Bauteiloberfläche, denn es entstehen Fließlinien – genauer gesagt **Bindenähte** – an den Stellen, an denen zwei Schmelzeströme zusammenkommen, und die **Oberflächenqualität** hinsichtlich Glanz oder gewollter Strukturierung wird mehr oder weniger gut abgebildet.
- Bauteilgestalt, denn es kommt ggf. zu Verzug, d. h. das Bauteil verkrümmt sich ungewollt, weil die Schmelzeströmung **Orientierungen** hervorruft. Mit Orientierung ist hier speziell die Ausrichtung von Fasern gemeint, wenn faserverstärkte Kunststoffe eingesetzt werden.

2.2.1 Bindenähte, Fließlinien

Bindenähte können einen negativen Einfluss auf die Festigkeit der Bauteile haben

Bindenähte können sowohl die Optik als auch die Bauteilfestigkeit negativ beeinflussen. Beim Spritzgießen strömt die Schmelze um Hindernisse herum, das können z. B. Kerne im Werkzeug sein, die für Löcher bzw. Durchbrüche in der Bauteilwand sorgen. Diese Kerne teilen die Schmelze, sodass die sich ergebenden zwei Schmelzefronten hinter den Kernen wieder zusammenkommen und sich hier verbinden bzw. verschweißen.

Es kann aber auch sein, dass die Schmelze in etwas dickeren Formteilbereichen schneller fließt und sich später mit einer Fließfront aus einer zweiten Strömungsrichtung wieder trifft. Wenn zwei Schmelzeströme sich treffen und gemeinsam weiterfließen, spricht man oft von Fließlinien, die an der Stelle des Zusammentreffens besser sichtbar sind und danach immer schwächer werden. Im Prinzip handelt es sich auch hier um Bindenähte, denn beide Schmelzeströme müssen möglichst gut miteinander verschweißen, damit keine mechanische Schwächung entsteht und die Optik der Oberfläche möglichst nicht verschlechtert wird.

Entstehung von Bindenähten

An der Fließfront kommt immer heiße Schmelze aus der Querschnittsmitte in Form einer Quellströmung an die Oberfläche. Unmittelbar hinter der Fließfront gelangt die Schmelze in Kontakt mit der kalten Werkzeugwand, es bildet sich eine erstarrte Randschicht (Bild 2.7). Beim Zusammentreffen zweier Schmelzen müssen diese möglichst einwandfrei miteinander verschweißen.

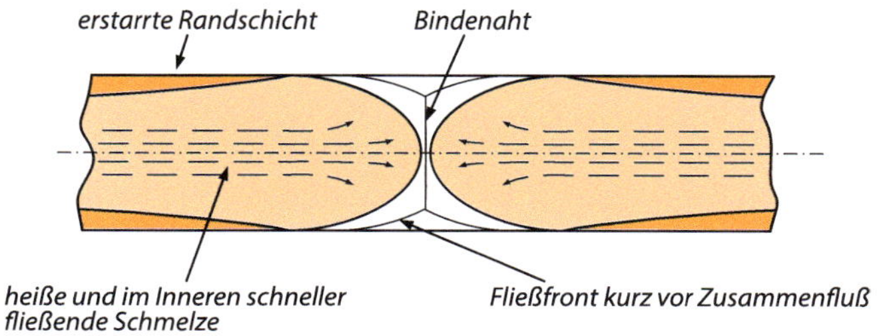

Bild 2.7 Entstehung einer Bindenaht beim Zusammenfließen zweier Schmelzen

Güte der Bindenaht in der Konstruktion steuerbar

Die Qualität der Verschweißung hängt unmittelbar mit der Temperatur und der Zeit zusammen, denn die zusammenkommenden Moleküle sollten sich möglichst gut miteinander vermischen bzw. ineinander verhaken. Es wird schnell ersichtlich, dass diese Bedingungen in der Querschnittsmitte günstiger als unmittelbar im Kontaktbereich mit dem verhältnismäßig kalten Werkzeug sind. Vielfach kann bei der Produktion beobachtet werden, dass die Bindenaht unmittelbar nach dem Entformen noch kaum oder nicht sichtbar ist und sich beim weiteren Abkühlen als feiner Haarriss abzeichnet. Das kommt daher, dass sich der weiter abkühlende Kunststoff zusammenzieht und somit Spannungen erzeugt, die die Bindenahtfestigkeit im Randbereich nicht verkraftet.

Aus Bild 2.8 wird auch deutlich, dass sie Strömungsrichtung der Schmelze direkt in der Bindenaht nicht längs, sondern quer zur Bauteilachse verläuft. Besonders bei faserverstärkten Materialien führt das zu einer erheblichen Schwächung der Bauteilfestigkeit.

Änderung der Strömungsrichtung innerhalb der Bindenaht

Die Bindenaht und speziell ihre Sichtbarkeit ist hinter einem Durchbruch nicht konstant. Unmittelbar hinter dem Durchbruch stößt die Schmelze frontal aufeinander (Bild 2.8). Der Winkel, mit dem die Fließfront zusammenläuft, wird mit zunehmender Entfernung zum Durchbruch immer kleiner. Je kleiner dieser Winkel ist, desto eher wird an diesen Stellen noch Schmelze weiter in das Bauteil fließen. Durch diese weitere Fließbewegung wird im Bauteilinneren Friktionswärme erzeugt, die für ein besseres Verschweißen sorgt.

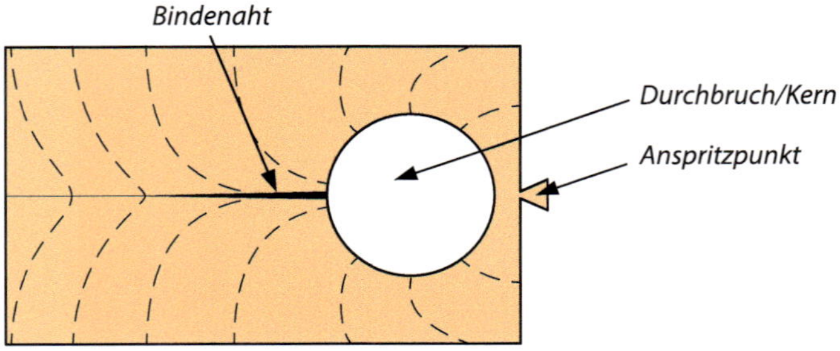

Bild 2.8 Sichtbarkeit einer Bindenaht nimmt mit zunehmender Entfernung vom Ursprung ab

Ob es Bindenähte geben soll und wo sie auftreten werden, sollte bei der Konstruktion des Werkzeuges von Anfang an mit einbezogen werden

Insgesamt kann man feststellen, dass Bindenähte die Oberflächenqualität verschlechtern und ein Problem für die Festigkeit darstellen. Ein Konstrukteur sollte nun daher nicht auf Durchbrüche verzichten, aber er sollte sich bewusst sein, wo Bindenähte auftreten werden. Hierzu gibt es Computerprogramme, mit denen sich das Füllverhalten einer Kavität sehr gut vorausberechnen lässt. Mit dieser Unterstützung kann er z. B. bessere Orte für die Anspritzung festlegen.

Der Konstrukteur sollte auch bedenken, dass Bindenähte im Bereich des Fließwegendes ein größeres Problem darstellen können, weil hier weniger Friktionsenergie auftreten wird.

2.2.2 Oberflächenqualität

Je heißer das Werkzeug, desto matter die Bauteiloberfläche

Die Oberflächen von Kunststoffbauteilen haben oft definierte Strukturierungen. Das können Erodierstrukturen sein oder spezielle Narbungen, die in die Werkzeugoberfläche geätzt wurden und mit dem Spritzgießprozess auf die Bauteiloberfläche übertragen werden.

Die Kunststoffschmelze ist relativ zäh und gelangt somit nicht sofort in jede kleine Vertiefung der Werkzeugoberfläche (Bild 2.9). Erst zum Einspritzende und dem Erreichen des Fließwegendes baut sich insgesamt ein hoher Druck auf, durch den die Kunststoffoberfläche in die kleinsten Vertiefungen gedrückt wird. Auch wenn die Schmelze an einer rauen Werkzeugoberfläche wegen der geringeren Auflagefläche weniger Wärme abgibt, so bildet sich doch eine erstarrte Randschicht, die die Schmelze noch zäher macht.

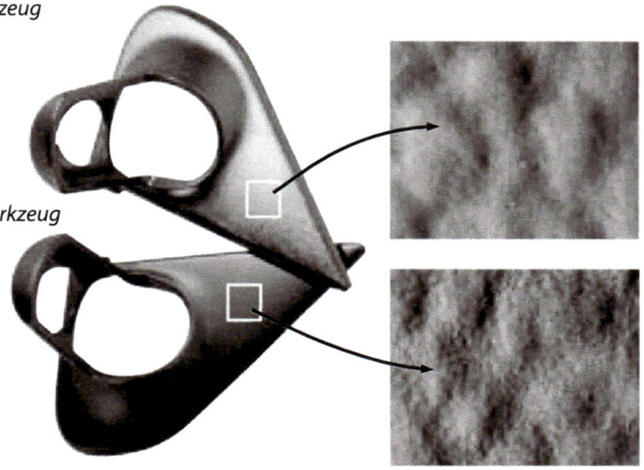

Bild 2.9 Abformung einer Strukturierung einer Werkzeugoberfläche in Abhängigkeit von der Werkzeugtemperatur [Bildquelle: BASF]

Die Oberflächenqualität wird stark durch die Werkzeugtemperatur beeinflusst. Speziell bei rauen Werkzeugoberflächen gilt, je heißer die Temperatur der Kavitätoberfläche, desto matter erscheint das Bauteil (Bild 2.10), denn das auftreffende Licht wird stärker gestreut und somit wird weniger Licht in die Richtung des Betrachters reflektiert.

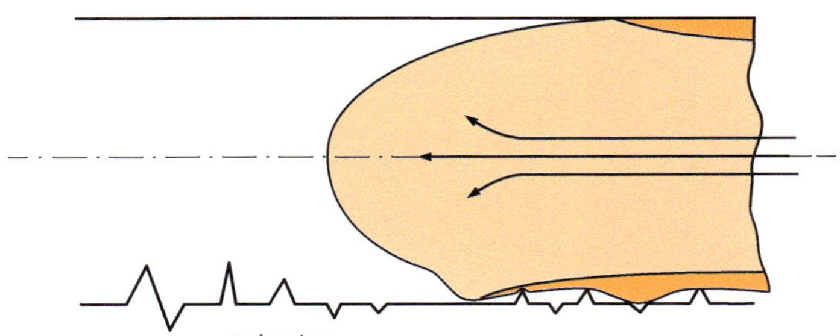

Bild 2.10 Bauteiloberfläche in Abhängigkeit von der Werkzeugtemperatur

Hohe Werkzeugoberflächentemperaturen führen zu guter Abformung der Oberfläche

Für eine gute Abformung sollten folglich die Oberflächentemperaturen des Werkzeugs heiß sein und die Einspritzzeiten möglichst kurz. Der Konstrukteur könnte einerseits geringere Fließweglängen über mehrere Anspritzpunkte planen, womit er aber auch zwangsläufig zusätzliche Bindenähte erzeugt. Oder er verlangt beim Werkzeugbau direkt spezielle Technologien, damit für den Einspritzvorgang die Werkzeugtemperaturen möglichst heiß sind (siehe Kapitel 4.5).

2.3 Faserorientierungen beeinflussen die Bauteilmaße

Einflüsse von Schwindung und inneren Spannungen auf die Bauteilmaße

Die Bauteilmaße von Kunststoffbauteilen entsprechen oft nicht exakt denen des Werkzeugs. Das hängt neben der Schwindung (siehe Kapitel 2.1.4) auch an inneren Spannungen, die zu einem Verzug führen können. Ob die inneren Spannungen einen Verzug verursachen, hängt letztendlich von der Steifigkeit des Bauteils ab und damit von der Gestalt und der Temperatur. Bei höheren Temperaturen sinkt der E-Modul und dann kann sich ein Bauteil verziehen, das kann auch einige Zeit nach der Produktion passieren.

Die Ursachen der inneren Spannungen sind vielfältig:

- *Abkühlspannungen*: wenn die beiden Werkzeughälften unterschiedlich warm sind, haben die Oberflächen eines Bauteils nach dem Entformen nicht die gleiche Temperatur. Bei der weiteren Abkühlung außerhalb des Werkzeugs kann die wärmere Seite mehr schwinden, sodass sich das Bauteil in Richtung der wärmeren Seite verformt.
- *Kristallisationsunterschiede*: einige Kunststoffe können beim Abkühlen teilweise kristallisieren. Der Grad der Kristallisation wird beeinflusst durch die Abkühlgeschwindigkeit. Je schneller ein Bauteil abkühlt, desto geringer ist der Kristallisationsgrad. Der Kristallisationsgrad selbst beeinflusst die Dichte und somit auch die Bauteilmaße. Unterschiedliche Temperaturen innerhalb eines Werkzeugs können somit einen Verzug bewirken.
- *Orientierungen* sind Ausrichtungen. Durch die Strömung der Schmelze können sowohl Moleküle selbst als auch eventuell vorhandene Fasern ausgerichtet werden.

Konstruktive Maßnahmen wie Kanten und Rippen wirken dem Verzug entgegen

Die meisten Kunststoffbauteile sind „eigensteif", d. h. Kanten und Rippen versteifen das Bauteil so sehr, dass die genannten Verzugsursachen weitgehend ohne Wirkung bleiben. Lediglich bei faserverstärkten Kunststoffen ist höchste Vorsicht geboten.

Für faserverstärkte Kunststoffe muss zwischen Längs- und Querschwindung im Hinblick auf Verzug unterschieden werden

Die Fasern haben im Vergleich zur Kunststoffschmelze einen erheblich höheren Schmelzpunkt und eine erheblich geringere Wärmeschwindung. In Datenblättern wird daher immer ein Wert für die Längs- und die Querschwindung angegeben. In Bild 2.11 wird deutlich, dass die Moleküle quer zu der Ausrichtung der Fasern stärker schwinden können. Für eine gute Festigkeit müssen die Moleküle gut an den Fasern haften. Dadurch wird die Lage der Moleküle während des Abkühlens quasi fixiert. An Stellen ohne Faser können sie schwinden und werden je nach Schwindungsbehinderung gedehnt.

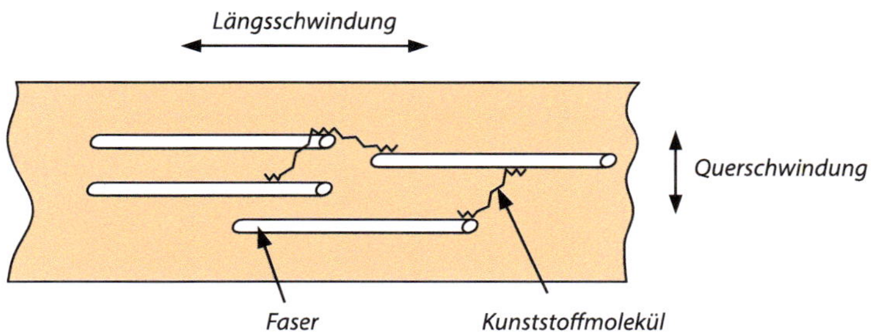

Bild 2.11 Wegen der Behinderung durch die Fasern kann der Kunststoff längs zu den Fasern beim Abkühlen wenig schwinden

Die Ausrichtung der Fasern wird durch den Spritzgießprozess beeinflusst (Bild 2.12). Die durch einen Anspritzpunkt in eine Kavität strömende Schmelze breitet sich kreisförmig um den Anspritzpunkt in der Kavität aus. Der Radius wird stetig größer, es entsteht eine Dehnung quer zur Strömungsrichtung. Durch diese Dehnung drehen sich die einströmenden Fasern quer zur Fließrichtung. Unmittelbar mit Wandkontakt erstarrt die Schmelze und fließt nicht mehr. Zur Mitte der Strömung ist die Schmelze schneller. Zwischen den unterschiedlich schnellen Schmelzepartikeln liegt eine Scherströmung vor, hier werden die Fasern in Längsrichtung ausgerichtet. An der Fließfront quillt die Schmelze und hier werden die Fasern wiederum umgelenkt.

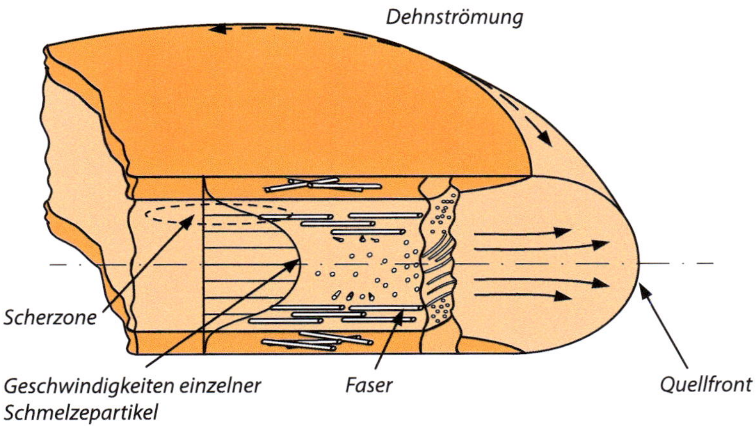

Bild 2.12 Ausrichtung von Fasern in einer Strömung infolge Scher-, Dehn- und Quellströmung

Über dem Querschnitt bilden sich Zonen mit unterschiedlicher Ausrichtung der Fasern. In der Querschnittsmitte liegen die Fasern überwiegend quer zur Strömungsrichtung, direkt am Rand und an der Oberfläche sind die Fasern überwiegend unorientiert, d. h. sie sind in alle Richtungen gleichmäßig verteilt. Zwischen

Ohne Simulationen hat der Konstrukteur keine Möglichkeit, die Ausrichtung der Fasern im Vorhinein zu bestimmen.

diesen beiden Zonen befindet sich die Scherzone mit weitgehend in Fließrichtung ausgerichteten Fasern. Der Konstrukteur hat keine Chance, die Faserlage zu kennen, wenn er nicht den Einspritzprozess mit einem Computerprogramm simuliert. Solche Simulationen liefern Hinweise, in welchen Formteilbereichen die Fasern wie ausgerichtet sind und welchen Einfluss das auf den wahrscheinlichen Verzug eines Bauteils haben wird. Mit diesen Informationen kann er die Lage des Anspritzpunktes verändern und ggf. die Wanddicken anpassen, damit das Bauteil die gewünschte Form einnehmen wird.

2.4 Vorausschauende Qualitätssicherung

Konstruktiv vermeidbare Fehler beim Spritzgießen

Die Ursachen von Spritzgießfehlern liegen nicht nur im Bereich der Produktion. Die folgenden Fehler könnten sich bereits in der Konstruktionsphase vermeiden lassen:

- Bindenaht (siehe Kapitel 2.2.1)
- Einfallstellen
- Freistrahl
- Dieseleffekt
- Deformation beim Entformen
- Unvollständige Füllung
- Grat-/Schwimmhautbildung

2.4.1 Einfallstellen

Einfallstellen sind als leichte Vertiefungen auf der Oberfläche sichtbar

In bestimmten Bereichen kann es zu Masseanhäufungen kommen, z. B. an Rippenfüßen (Bild 2.13). Hier kommt es zu einer höheren volumetrischen Schwindung und daher entweder zu Einfallstellen oder Lunkern. Die Lunker sind bei nicht transparenten Bauteilen nicht sichtbar, schwächen aber die Struktur. Ein Schnapphaken könnte dadurch unvorhergesehen abreißen. Die Einfallstellen sind als leichte Vertiefungen auf der Oberfläche sichtbar.

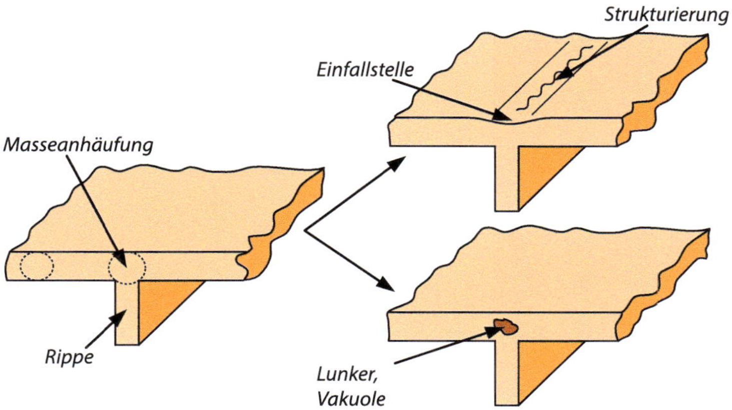

Bild 2.13 Einfallstellen und Lunker infolge Masseanhäufung

Konstruktive Maßnahmen zur Vermeidung von Einfallstellen

Konstruktiv lassen sich speziell die Einfallstellen vermeiden oder zumindest optisch kaschieren durch:

- Verminderung der Masseanhäufung
- Versteifung der Oberfläche durch konvexe Oberflächen
- Zufügen einer Struktur auf der Oberfläche

Eine Verminderung der Masseanhäufung ist möglich durch schlankere Rippen, das geht zulasten der gewünschten Versteifung, die vielfach ein Grund für eine Verrippung ist. Eine konvexe Oberfläche mit einem möglichst kleinen Radius versteift zunächst die Oberfläche selbst. Mit dem Entformen ist die Bauteilrandzone kälter, während im Inneren noch höhere Temperaturen vorliegen. Anders als bei einer konkaven Oberfläche (nach innen gewölbt) stützt sich eine konvexe Oberfläche selbst – wie bei einer Eierschale, die von außen erheblich höhere Drücke als von innen aushält. Bei einer Versteifung der Oberfläche steigt aber die Lunkergefahr, denn die Schwindung des Kunststoffs lässt sich nicht vermeiden.

Optisches Kaschieren von Einfallstellen durch Strukturieren der Oberfläche

Eine Struktur auf der Fläche, die möglicherweise Einfallstellen aufweisen wird, kann diese überdecken. Das funktioniert besonders gut, wenn der Rippenverlauf durch z. B. Längsrillen oder Erhebungen nachempfunden wird.

2.4.2 Freistrahl

Freistrahl: Unkontrolliertes Spritzen der Schmelze durch die Kavität

Der gewünschte Schmelzefluss ist ein Quellfluss. Hierbei strömt die Schmelze zwischen zwei erstarrten Randschichten und quillt an der Fließfront von der Querschnittsmitte an die Kavitätoberfläche (siehe Bild 2.12). Ungewollt ist die Form des Freistrahls, bei dem die Schmelze unkontrolliert durch die Kavität spritzt (siehe Bild 2.14). Diese Strömungsform entsteht bevorzugt an Querschnittsverengungen,

z. B. im Anschnittbereich. Bei einem insgesamt konstanten Volumenstrom der Schmelze wird diese wegen des geringeren Querschnitts stark beschleunigt und kann den Kontakt zur Werkzeugwand verlieren.

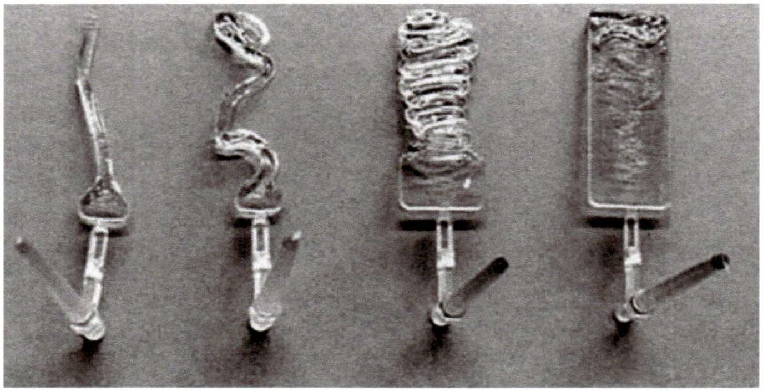

Bild 2.14 Freistrahlbildung hinter einem Anschnitt, sichtbar gemacht über eine Teilfüllung

Vermeiden des Freistrahls

Auf der Oberfläche zeichnet sich ein Freistrahl als Ansammlung vieler Bindenähte ab. Die Freistrahlbildung kann verhindert werden durch (Bild 2.15):

- Größeren Anschnitt, dadurch wird die Sichtbarkeit des Angusspunktes deutlicher und das Abtrennen des Bauteils vom Angusssystem erschwert.
- Ausrichtung der Schmelze gegen eine Prallfläche, z. B. über einen Tunnelanguss.
- Erzeugen einer beweglichen Prallfläche, z. B. über einen zurückfahrbaren Stift unmittelbar gegenüber der Anschnittfläche.

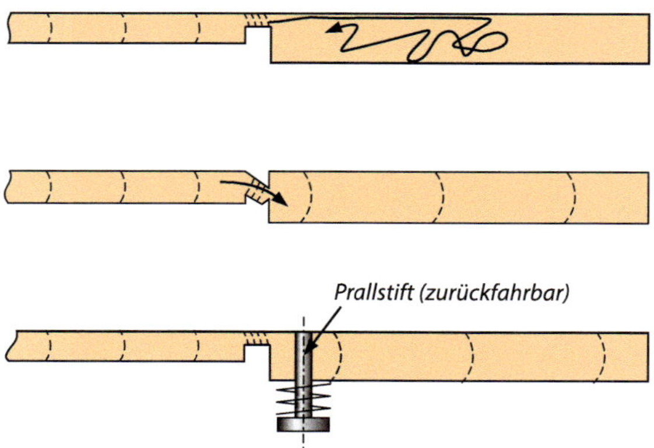

Bild 2.15 Freistrahlbildung infolge beschleunigter Schmelze im Anschnittbereich und Abhilfemaßnahmen durch eine Tunnelanbindung oder einen Prallstift

2.4.3 Dieseleffekt

Der Dieseleffekt ist die Selbstzündung eines Gasgemisches durch Erwärmung infolge einer Kompression. Beim Kunststoffspritzgießen muss die im Werkzeug eingeschlossene Luft entweichen, wenn die Schmelze die Kavität füllt. Wenn die Luft nicht entweichen kann, wird sie komprimiert und so heiß, dass der Kunststoff gezündet wird. Es kommt dort zu einer lokalen Verbrennung, wo die Luft nicht entweichen konnte.

Eine starke Kompression von eingeschlossener Luft innerhalb des Werkzeugs führt zu lokalen Verbrennungen des Bauteils

Die Problemstellen sind in der Konstruktion und der Ausführung des Werkzeugs begründet:

- Wenn mehrere Schmelzefronten nicht am Bauteilrand zusammenfließen, kann die Luft eingeschlossen werden, weil sie nicht über die Trennebene abgeleitet wird. In dem Fall muss ein Werkzeugbauer die Luft über zusätzliche Werkzeugtrennungen ableiten, z. B. über Einsätze oder separate Stifte (siehe Kapitel 3.1).
- Häufig kann die Luft nicht schnell genug über die Trennebene entweichen. Anwender lösen das Problem dann mit einer langsameren Einspritzgeschwindigkeit. Sinnvoller ist es aber, eine Entlüftung vorzusehen und somit das Prozessfenster für die Wahl der Einspritzgeschwindigkeit möglichst groß zu belassen. Eine Entlüftung ist ein kleiner Spalt mit einer Höhe von weniger als 0,02 mm im Bereich der Trennung, der häufig manuell während der ersten Werkzeugbemusterung an den Problemstellen in eine der Werkzeughälften geschliffen wird.

Freischliffe lassen die Luft im Werkzeug entweichen und wirken dem Dieseleffekt entgegen

2.4.4 Unvollständige Füllung, Gratbildung und Deformation beim Entformen

Eine unvollständige Füllung kann zwei Ursachen haben:

Ursachen für unvollständige Füllung der Bauteile

- Die Luft konnte nicht entweichen und baut einen Gegendruck auf. Nicht immer kommt es zu einem Verbrennungseffekt (Dieseleffekt), z. B. wenn sehr dünne Bereiche gefüllt werden, fließt die Schmelze hier langsamer (siehe Bild 2.16) und die sich erwärmende Luft gibt ihre Wärme schnell genug an das Werkzeug ab. Dann reicht die Temperatur nicht mehr für die Verbrennung des Kunststoffs aus und bildet einen Gegendruck, der das Füllen des Kavitätbereichs behindert. Eine Abhilfemaßnahme wäre dann eine bessere Entlüftung.
- Wenn die Wanddicken sehr unterschiedlich sind, wird die Schmelze immer in den dünneren Bereichen langsamer fließen. Dann kann es passieren, dass die Schmelze zu viel Wärme an das Werkzeug abgibt und für ein ausreichendes Füllen zu kalt ist. Eine Abhilfemaßnahme wäre dann konstruktiv eine Anpassung der Wanddicken.

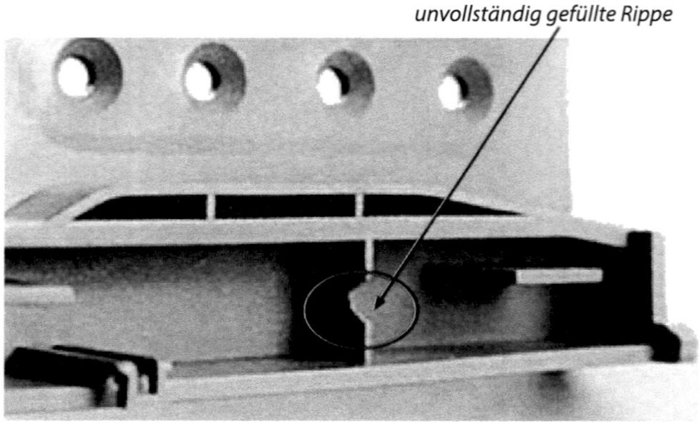

Bild 2.16 Bereich einer unvollständigen Füllung eines Rippenbereichs infolge schlechter Entlüftung

Ein zu hoher Druck in der Kavität führt zu einer Gratbildung an der Trennebene

Gratbildung bezeichnet die Bildung dünner Kunststoffhäutchen, die sich im Bereich der Trennebene am Kunststoffteil bilden. Die Ursache ist sowohl ein zu hoher Druck der Schmelze als auch eine nicht dicht abschließende Werkzeugdichtfläche. Ein zu hoher Druck liegt vor, wenn die Schließkraft der Maschine im Verhältnis zum Druck in der Kavität und der Bauteilfläche zu gering ist. Dies ist weniger ein konstruktiver Fehler als vielmehr die Wahl einer zu geringen Schließkraft der Maschine bzw. einer mit Blick auf die Schließkraft zu kleinen Maschine.

Hinweise zur Vermeidung von Gratbildung in der Konstruktionsphase

Spaltmaße im Werkzeug sollten immer kleiner als 0,03 mm sein, damit die heiße Kunststoffschmelze unter hohem Druck nicht eindringen kann. Das betrifft zunächst den Werkzeugbau, hier müssen alle Werkzeugeinsätze entsprechend eingeschliffen werden und die zusammenfahrenden Werkzeughälften müssen sauber touchieren, also vollflächig anliegen.

Wenn metallische Einlegeteile umspritzt werden, besteht die große Gefahr von Überspritzungen (Bild 2.17). Vielfach sind die Einlegeteile nicht so eng toleriert, dass das genannte Spaltmaß eingehalten werden kann. Entweder ist das Spaltmaß zu groß, dann kommt es zu Überspritzungen. Oder das Spaltmaß ist zu klein, dann besteht die Gefahr von Werkzeugschäden. Auch hier kann mit flexiblen Dichtungen im Werkzeug einer Gratbildung entgegengewirkt werden. Als Dichtungsmaterial kommt z. B. ein duromeres Halbzeug infrage, das den Rand der Kavität bildet.

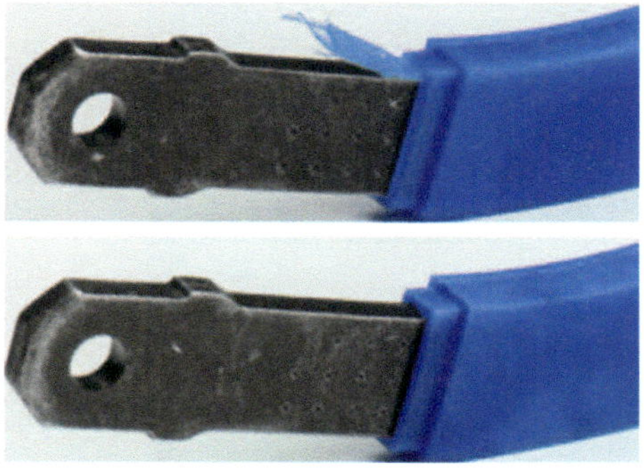

Bild 2.17
Gratbildung im Bereich der Überspritzung eines Metalleinlegeteils [Bildquelle: Hasco]

Die Entformung erfolgt aus Gründen schneller Zyklen fast immer bei relativ hohen Temperaturen. Dann ist die Steifigkeit des Kunststoffs noch recht gering. Wenn zu wenige Auswerferstifte gesetzt wurden oder wenn zu geringe Entformungsschrägen gewählt wurden, kann es bei der Entformung zu einer mechanischen und bleibenden Verformung des Bauteils kommen.

Eine ungleichmäßige Entformung kann zu einer bleibenden Verformung des Bauteils führen

2.5 Spezielle Verfahren

Für den Konstrukteur bieten sich einige erweiterte Herstellverfahren an. Mit dem Standardverfahren sind die gestalterischen Möglichkeiten auf eher dünnwandige, schalenförmige Bauteile beschränkt (Bild 2.18). Die Auswahl der Verfahren ist hier mit Blick auf die konstruktiven Besonderheiten begrenzt. So wird z. B. das Spritzgießen mit treibmittelhaltigen Schmelzen nicht berücksichtigt, weil die Auswirkungen auf die Konstruktion nur gering sind. Durch einen Treibmitteleinsatz lassen sich größere Wanddicken und auch Wanddickensprünge ermöglichen, weil das Treibmittel einen Forminnendruck unabhängig vom Nachdruck der Maschine ermöglicht.

Das Spektrum innerhalb des Spritzgießens kann durch spezielle Verfahren erweitert werden

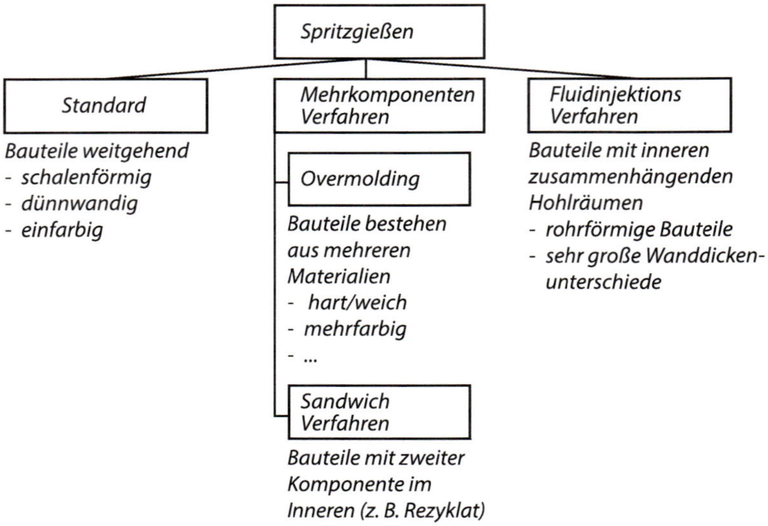

Bild 2.18 Konstruktionsmöglichkeiten mit speziellen Spritzgießverfahren

2.5.1 Mehrkomponententechnik

Zu der Mehrkomponententechnik zählen das Sandwichverfahren und die Overmoldingtechnik

Mehrkomponententechnik bedeutet, dass mehrere Kunststoffschmelzen in einem Prozess zu einem Bauteil verarbeitet werden. Man unterscheidet die *Sandwichverfahren* und die *Overmoldingtechnik*. Mit dem Sandwichverfahren werden zwei Schmelzen zeitlich versetzt in die Kavität gespritzt, damit die zeitlich später einströmende Schmelze im Bauteilinneren verborgen bleibt. Die Mengenverhältnisse der beiden Komponenten hängen stark vom Füllverhalten ab.

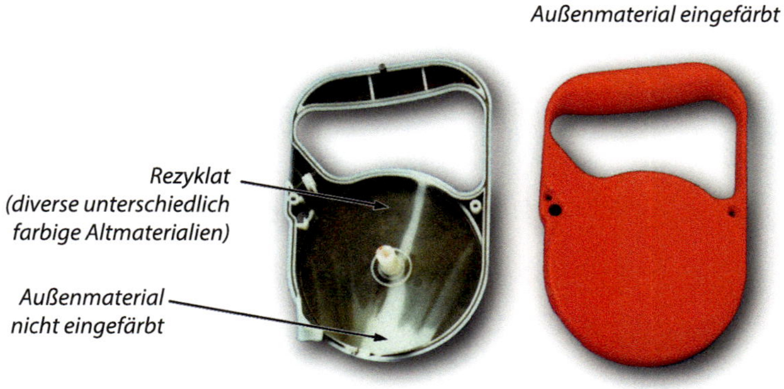

Bild 2.19 Ein Sandwichbauteil hat vielfach im Bauteilinneren eine nicht sichtbare zweite Komponente

Beim Sandwichverfahren erfolgt die Konstruktion der Bauteile analog zu den Standardbauteilen, die Anordnung der Materialien (sichtbare Außenhaut, nicht sichtbares Material im Inneren) geschieht durch die Prozessführung. Für das Overmoldingverfahren ist das anders. Die Konstruktion entscheidet hier über die Anordnung unterschiedlicher Materialien, um z. B. verschieden weiche Oberflächen oder Schriftzüge abzubilden. Es ist auch möglich, Bauteile mit Gelenkverbindungen herzustellen.

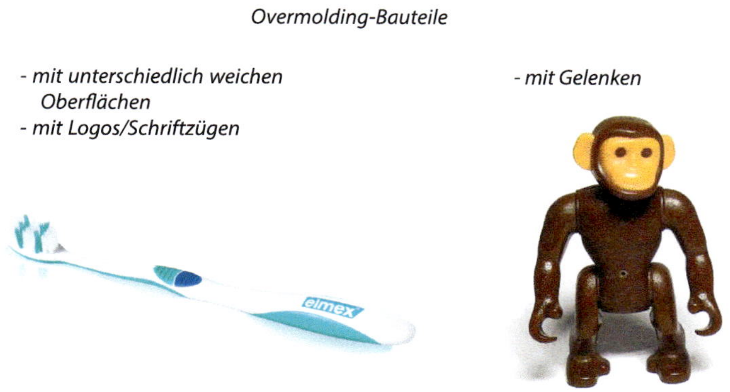

Bild 2.20 Overmolding-Bauteile

Grundsätzlich können mit der Overmoldingtechnik auch dickwandige Bauteile aus nur einer einzigen Kunststoffkomponente hergestellt werden. Durch die Aufteilung der Gesamtdicke in mehrere dünnere Lagen, die nacheinander übereinander gespritzt werden, lässt sich die Zykluszeit beachtlich reduzieren, denn jede Lage kann zumindest von einer Seite abgekühlt werden. Die bereits erkaltete Seite des Vorspritzlings wird durch die zweite Schmelze wieder ein wenig angeschmolzen und verbindet sich vollständig mit der nachfolgenden Schmelze. Auf diese Weise lassen sich gut dickwandige optische Linsen herstellen.

2.5.1.1 Verfahren allgemein

Beim Overmolding wird ein Vorspritzling mit einem zweiten Kunststoff überspritzt

Overmolding bedeutet Überspritzen, ein zuvor hergestellter Grundkörper wird in einem weiteren Arbeitsschritt mit einem zweiten Kunststoff teilweise überspritzt. Grundsätzlich können zwei unabhängige Maschinen verwendet werden, wobei auf der ersten Maschine ein Vorspritzling hergestellt wird, der in einer zweiten Maschine mit einem weiteren Material überspritzt wird. Nachteilig ist hierbei die Handhabung des Vorspritzlings, der sehr präzise in das zweite Werkzeug eingesetzt werden muss. Für die kontinuierliche Massenfertigung werden daher Maschinen und Werkzeuge genutzt, mit denen zwei Materialien gleichzeitig verarbeitet werden können.

Als Herausforderung gilt beim Umsetzverfahren das passgenaue Umsetzen des Vorspritzlings von einer Kavität in die andere

Die Umsetztechnik ähnelt der Zwei-Maschinen-Technik, wobei aber beide Vorgänge auf einer Maschine stattfinden. Die hierfür vorgesehenen Maschinen haben meistens zwei Spritzaggregate, damit zwei unterschiedliche Materialien verwendet werden können. Die Werkzeuge haben zwei Kavitätbereiche, in einem ersten Bereich wird ein Vorspritzling hergestellt, der im zweiten Prozessschritt im zweiten Bereich überspritzt wird. Weil der Vorspritzling nur innerhalb des Werkzeugs umgesetzt wird, kann dies präzise und wiederholgenau mit einem Handlingsystem erfolgen (Bild 2.21). Vorteilhaft ist hierbei, dass die Positionierung des Bauteils im Greifer einfach ist, denn der Greifer entnimmt das Bauteil immer aus derselben Position, das Bauteil ist also präzise in seiner räumlichen Lage orientiert. Nur so kann ein Greifer den Vorspritzling ohne Beschädigung in den zweiten Werkzeugbereich eingesetzen. Wenn zwei unabhängige Maschinen verwendet werden, muss der Vorspritzling aus dem ersten Prozess für die Aufnahme durch einen Roboter zunächst in einer separaten Ablage exakt positioniert werden.

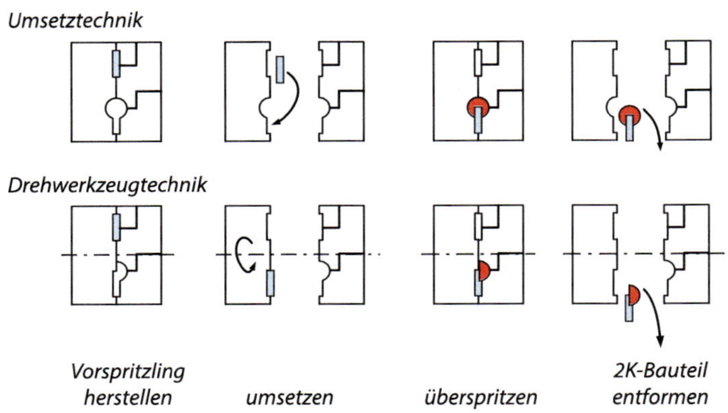

Bild 2.21 Beim Overmolding wird ein zuvor hergestelltes Kunststoffbauteil überspritzt

Die Drehwerkzeugtechnik umgeht das Umsetzen des Vorspritzlings

Bei der Drehwerkzeugtechnik wird ein Teil des Werkzeugs gedreht und der Vorspritzling so an die nächste Position bewegt. Die meisten Bauteile werden auf diese Weise hergestellt, denn die Drehbewegung kann sehr zügig erfolgen und der Vorspritzling verlässt die Werkzeugkavität nicht vollständig. So kann er einerseits beim Wiedereinsetzen nicht beschädigt werden. Zusätzlich ist das Bauteil formstabiler, wenn es nicht vom Werkzeugkern heruntergenommen wird, mit dem es im Werkzeug von einem zum nächsten Bereich transportiert wird. Nachteilig ist bei dieser Variante aber, dass der Vorspritzling nur von der düsenzugewandten Seite überspritzt werden kann.

2.5.1.2 Werkzeugtechniken

Overmolding kann durch drei verschiedene Werkzeugtechniken umgesetzt werden:

- Kernhubtechnik
- Umsetztechnik
- Drehwerkzeugtechnik

Grundsätzlich gibt es drei unterschiedliche Werkzeugtechniken für das Overmoldingverfahren. Bis auf die Kernhubtechnik (Bild 2.25) verlaufen die Prozesse für den Vorspritzling (1. Komponente) und das Fertigspritzteil (2. Komponente) zeitgleich. Dann können mit jedem Zyklus Fertigteile entnommen werden. Hinsichtlich der Werkzeugtechnik ist die Umsetztechnik (Bild 2.22) am einfachsten. Konstruktiv sind folgende Aspekte zu beachten:

Bei der Umsetztechnik sind konstruktiv einige Aspekte zu beachten

- Der Vorspritzling muss sicher von einem Greifsystem aufgenommen werden können.
- Der Vorspritzling verlässt kurzfristig vollständig die Kavität. Je nach Gestaltung wird er dabei von einem Kern abgezogen und kann dann „zusammenschnappen", also maßlich etwas kleiner werden.
- Für das Wiedereinsetzen in die zweite Kavität muss der Vorspritzling möglichst geeignete Formschrägen haben. Selbst wenn er durch eine kurzfristige Entspannung etwas zusammengefallen ist und sich nur mit Kraftaufwand auf einen zweiten Kern aufsetzen lässt, muss gewährleistet werden, dass spätestens die Schließbewegung den Vorspritzling sicher und vollständig auf den Werkzeugkern schiebt.
- Ggf. muss sichergestellt werden, dass der Vorspritzling während der Schließbewegung nicht einfach wieder aus dem Werkzeug herausfällt.
- Die Kavität für die zweite Komponente muss nur im Bereich des Kontakts mit dem Vorspritzling exakt bearbeitet werden. Bereiche, die nicht überspritzt werden, müssen nur sehr grob bearbeitet sein und ausreichend Platz für den Vorspritzling lassen.

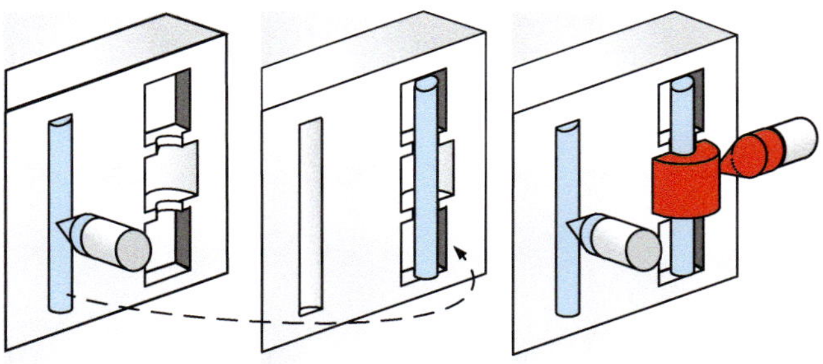

Bild 2.22 Umsetztechnik beim Overmolding (die ersten beiden Bilder zeigen einen Anfahrvorgang)

Die Drehwerkzeugtechnik ist der am meisten angewandte Prozess im Overmoldingverfahren

Die Drehtechnik (Bild 2.23) wird bei den meisten Overmolding-Werkzeugen angewendet. Es gibt Werkzeuge, deren Auswerferseite komplett um 180° gedreht wird. In dem Fall verfügen i. d. R. die Maschinen über einen entsprechenden Drehteller, auf den die Werkzeughälfte aufgespannt wird. Vielfach werden auch nur Teilbereiche auf der Auswerferseite gedreht, in dem Fall ist die Drehtechnik in das Werkzeug integriert.

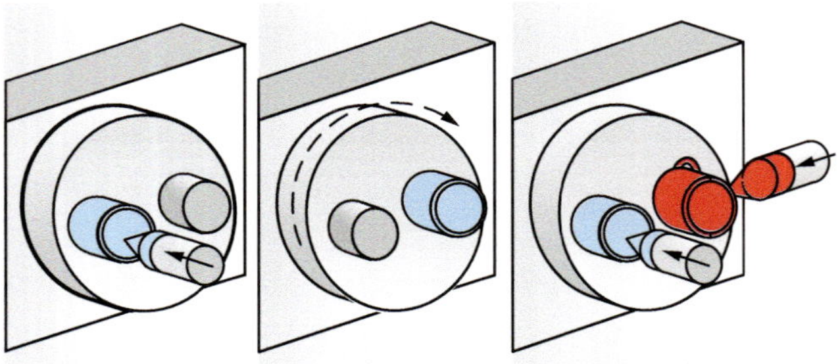

Bild 2.23 Drehtechnik beim Overmolding (die ersten beiden Bilder zeigen einen Anfahrvorgang)

Bei der Herstellung eines Äffchens wird zunächst der Kopf auf einen Transportstift gespritzt (Bild 2.24, Pos. *1*). Die Transportstifte und die Vorspritzlinge werden bei geöffnetem Werkzeug herausgehoben und über einen Zahnradantrieb um 120° in die nächste Position bewegt *2*. Man erkennt hier die sehr grobe rechteckige Aussparung für den Kopf. An dieser Stelle ist lediglich die schmale Abdichtung am Halsbereich wichtig, damit der Grundkörper nur die untere Gelenkkugel überspritzt. In der letzten Position *3* wird an die Gelenkzapfen des Rumpfes und an Stellen des Kopfes weitere Schmelze aufgespritzt.

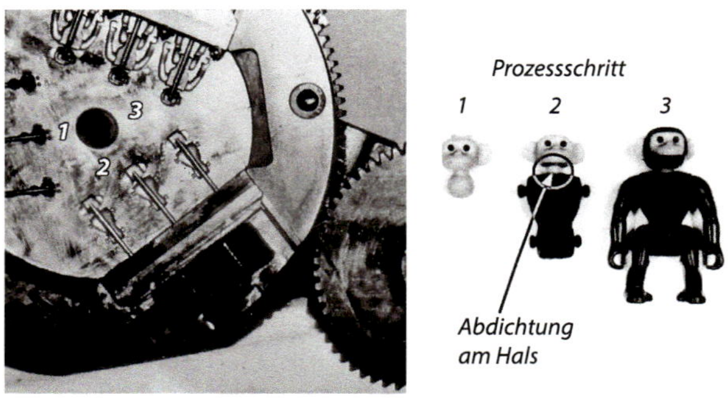

Bild 2.24 Werkzeug zur Herstellung eines Affens mit drei jeweils 120° versetzten Kavitäten

Konstruktiv ist bei der Nutzung der Drehwerkzeugtechnik zu beachten:

Bei der Drehwerkzeugtechnik gibt es mehrere Aspekte, die schon im Konstruktionsstadium zu beachten sind

- Sofern sich die gesamte Werkzeughälfte dreht und der Vorspritzling nicht die Kavität verlässt, kann nur die Oberseite überspritzt werden. In dem Fall ist sicherzustellen, dass sich die beiden verwendeten Materialien gut miteinander verschweißen lassen, damit sich die Komponenten nicht ungewollt wieder voneinander lösen.
- Wenn der Vorspritzling über einen internen Drehantrieb bewegt wird, verlässt er die Kavität und kann anschließend wie bei der Umsetztechnik beidseitig überspritzt werden.
- Es ist auf jeden Fall sicherzustellen, dass der Vorspritzling bei der Drehbewegung nicht aus dem Werkzeug fallen kann, das ist besonders wichtig, wenn er über einen Drehantrieb des Werkzeugs bewegt wird.

Maßgaben zur Kernhubtechnik

Die Kernhubtechnik ist wenig gebräuchlich, hier laufen die beiden Prozesse der Vorspritzling-Herstellung und des Spritzens der zweiten Komponente zeitlich nacheinander ab. Ein Teil der Werkzeugkavität lässt sich in das Werkzeug zurückziehen, sodass Raum für die zweite Komponente entsteht. Diese Technik findet Anwendung bei der Herstellung von Dichtungen, die direkt an Gehäuserahmen angespritzt werden. Bei dieser Technik ist zu beachten:

- Die erste Komponente muss nicht zwingend vollständig erkaltet sein, damit der zweite Prozessschritt beginnen kann. Das Werkzeug bleibt für die Kernhubbewegung ständig geschlossen, sodass sich ein noch nicht steifer Vorspritzling nicht verformen kann. Der Vorteil dieser zügigen Arbeitsweise ist, dass die Schmelzen mit höherer Temperatur in der Verbindungszone zusammenkommen und sich somit besser verbinden können.
- Ein Kernhub ist nur bei weitgehend flächigen Bauteilen in nur einer Ebene möglich.

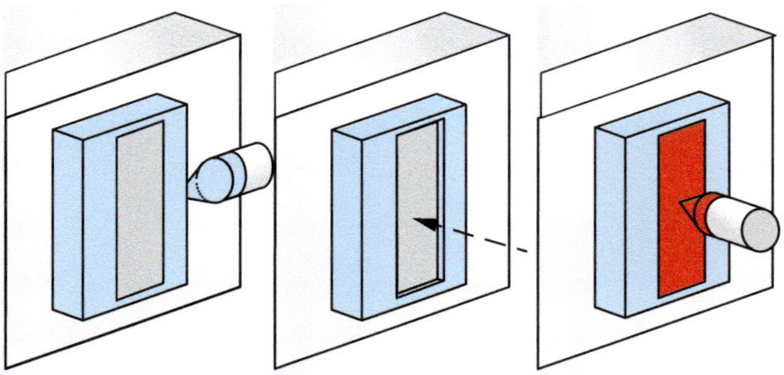

Bild 2.25 Kernhubtechnik

2.5.1.3 Bauteilgestaltung

Die Werkzeugtechnik beeinflusst die Bauteilgestaltung

Die Bauteilform hängt von der Werkzeugtechnik ab, z. B. ermöglicht nicht jede der in Kapitel 2.5.1.2 gezeigten Varianten ein Überspritzen des Vorspritzlings von der Vorder- und Rückseite. Zusätzlich gibt es für den Konstrukteur folgende Fragestellungen:

- Wie ist die Verbindungszone zwischen den eingesetzten Komponenten zu gestalten?
- Wie wird die Abdichtung der Kavität für die zweite Komponente sichergestellt, damit die zweite Komponente nicht unerwünschte Bereiche des Vorspritzlings überdeckt?
- Wie ist vorzugehen, damit sich bei beweglichen Elementen eine möglichst leichtgängige Beweglichkeit einstellt?

Verbindungszone (Materialauswahl)

Kenntnisse über mögliche miteinander verschweißbare Materialien sind für den Konstrukteur unerlässlich

Je nach Verschweißbarkeit der eingesetzten Materialien muss die Verbindungszone zwischen den Komponenten gestaltet werden. Grundsätzlich wird beim Overmolding eine heiße zweite Schmelze auf einen bereits erkalteten Vorspritzling gespritzt. Will man eine gute Verbindungsfestigkeit erreichen, muss die Wärme der zweiten Schmelze die Oberfläche des Vorspritzlings so weit anschmelzen, dass beide Schmelzen miteinander verschweißen können. Voraussetzung hierfür ist eine grundsätzliche Verschweißbarkeit. Hierfür gibt es Tabellen, die für Materialgruppen die mögliche Verschweißbarkeit zeigen. Die symmetrische Übersicht (Bild 2.26) unterscheidet die Verfahren Coextrusion und Spritzgießen. Beim Spritzgießen kommen anders als bei der Extrusion nicht zwei Schmelzen zusammen, sondern eine Schmelze trifft auf bereits erkaltetes Material. Daher sind hier weniger geeignete Materialien zu finden, denn die Prozessbedingungen sind für eine Verbindung ungünstiger. Viele Kunststoffe haben diverse Zusatzstoffe, sodass zusätzlich zu den Standardaussagen die Expertise von Materiallieferanten abgefragt werden sollte. Zu den Zusatzstoffen gehören auch Verträglichmacher, die speziell für bestimmte Materialpaarungen eingesetzt werden.

Co-extrusion \ Spritzgießen	ABS	ASA	CA	EVA	PA 6	PA 66	PC	PE-HD	PE-LD	PMMA	POM	PP	PPO mod.	PS-GP	PS-HI	PBT	TPU	PVC-W	SAN	Blend PC+PBT	Blend PC+ABS
ABS	+	+					+	■	■	+		■	■	■	■	+	+	+	+	+	+
ASA		+	+	+			+	■	■	+		■	■	■	■	+	+	+	+	+	+
CA	+		+	o				■	■			■	■	■	■	+	+	+	+		
EVA				+				+	+			+		+			■	■			
PA 6					+	+		o	o			o		■	■		+				
PA 66					+	+	o	o	o			o		■	■		+				
PC	+	+		(+)	●	●	+	■	■	(+)		■		■	■	+	+	+	+	+	+
PE-HD				+	●		●	+	+	o	o	■		■	■	■	■	o	■	■	■
PE-LD				+	●		●		+	o	o	+		■	■	■	■		■	■	■
PMMA	+	+					(+)			+		o		■	■			+	+		
POM											+	o		■	■						
PP				+	●	●	●					+	o	■	■	■	■	o	■	■	■
PPO mod.													+	+	+	■	■	■	■	■	■
PS-GP				+										+		■	■	o	■	■	■
PS-HI															+	■	■	o	■	■	■
PBT	+			(+)		(+)	+	●	●			●		●	●	+	+	+	+		
TPU	+	+	(+)		(+)	(+)	+				+					(+)	+	+	+		+
PVC-W	+	+	+				(+)										(+)	+	+		+
SAN																	+		+	+	+
Blend PC+PBT	+	+					+										+			+	
Blend PC+ABS	+	+					+										+				+

■ = Keine Verbindung
+ = gute Verbindung
o = mäßige Verbindung
● = mit Haftvermittler
( ) = einigermaßen gut

Bild 2.26 Übersicht über die Verschweißbarkeit wichtiger Standardkunststoffe

Verschweißen von Kunststoffen

Man kann die Eignung von Materialien für einen Verbund auch mit einem einfachen Verschweißungsversuch testen. Im einfachsten Fall lässt man zwei Granulatmengen auf einem heißen Blech schmelzen und prüft anschließend die abgekühlte so hergestellte Platte. Dieses qualitative Ergebnis zeigt sehr schnell, ob die beiden Granulate sich als Schmelze verbinden können.

Für gut verschweißbare Materialien sollte die Verbundzone möglichst glatt sein (Bild 2.27). Eine vergrößerte Oberfläche durch Rauigkeit oder eine Schäftung ist eher nachteilig, weil dadurch die Wärmeaustauschfläche im Verhältnis zur verfügbaren Schmelzewärme zu groß wird. Die Schmelzewärme wird durch das Volumen der zweiten Schmelze geliefert. Wenn also eine sehr dünne Schicht auf einen eher dicken Vorspritzling aufgespritzt wird, kühlt diese Schmelze zu schnell ab und es fehlt möglicherweise die notwendige Temperatur für den Verbindungsvorgang.

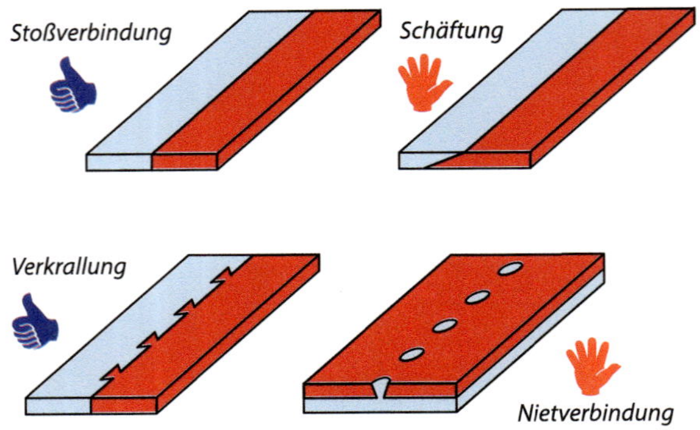

Bild 2.27 Gestaltung der Verbindungszone zwischen zwei Kunststoffen

Mechanische Verbindungen zwischen zwei Kunststoffen als Alternative zum Verschweißen

Sollten sich die Materialien nicht sicher verschweißen lassen, muss eine mechanische Verankerung konstruiert werden. Für Drehwerkzeuge, bei denen der Vorspritzling die Kavität nicht verlässt, ist hier nur eine wie in Bild 2.27 links unten dargestellte Verkrallung möglich. Eine sicherere Nietverbindung im Bild rechts unten ist nur möglich, wenn der Vorspritzling die Kavität verlässt und somit von beiden Oberflächen überspritzt werden kann. Anders ließe sich der dargestellte konische Hinterschnitt nicht realisieren.

Abdichtung der zweiten Kavität

Bewusste elastische Stauchung des Vorspritzlings mit dem Werkzeug zur Abdichtung der zweiten Kavität

Die Trennebene der zweiten Komponente wird sowohl durch die aufeinanderliegenden Stahlflächen des Werkzeugs als auch teilweise über den Vorspritzling gebildet. Die Abdichtung der Trennung der zweiten Kavität, die aus Werkzeugstahl und Kunststoff gebildet ist, soll verhindern, dass der zweite Kunststoff auch weitere Flächen des Vorspritzlings überspritzt. Dafür wird der Vorspritzling im Bereich der Trennung um ca. 0,1 mm gestaucht (Bild 2.28). Wegen des erheblich geringeren E-Moduls des Kunststoffs im Vergleich zum Werkzeugstahl wird der Vorspritzling beim Schließen des Werkzeugs bereits vor dem Kontakt der Werkzeughälften rein elastisch verformt und baut so eine Spannung auf, die im Fall einer Werkzeugatmung bei zu hohen Werkzeuginnendrücken ein Überspritzen in die Trennebene verhindert. Nach der Entlastung der Schließkraft wird der Vorspritzling wieder auf sein Ursprungsmaß unbeschädigt zurückfedern. Diese Vorspannung ist bei Flächen senkrecht zur Schließbewegung gut möglich. Je paralleler die Fläche zur Schließbewegung verläuft, desto geringer wird daher die Dichtwirkung sein können.

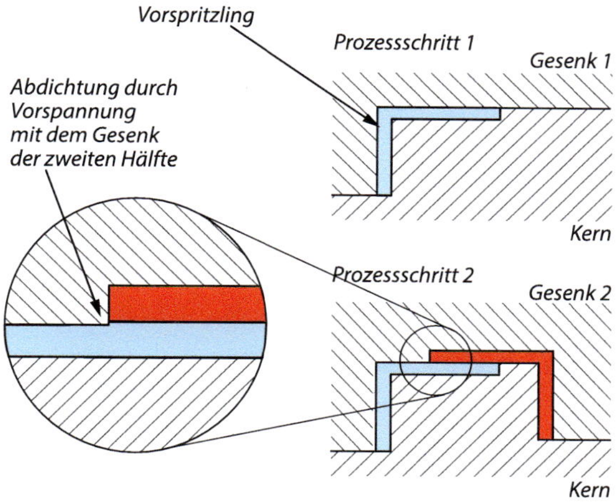

Bild 2.28 Abdichtung der Kavität für die zweite Schmelze durch Vorspannung des Vorspritzlings

Im Fall von flächigen Überspritzungen kann der Vorspritzling möglicherweise dem hohen Spritzdruck nicht standhalten und weggedrückt werden. Diese Gefahr besteht besonders dann, wenn der Vorspritzling zum Zeitpunkt des Überspritzens noch zu viel Restwärme hat und daher nicht steif genug ist. Damit ein exakter Verlauf der Grenzlinie zwischen beiden Komponenten sichergestellt ist, empfiehlt es sich, die Abgrenzung als Schattenfuge auszubilden (Bild 2.29). Das Material des Vorspritzlings wird auf diese Weise an der sichtbaren Oberfläche durch die Abstützung des Werkzeugstahls gehindert, dem Spritzdruck auszuweichen.

Hoher Spritzdruck als Herausforderung beim flächigen Überspritzen von Bauteilen

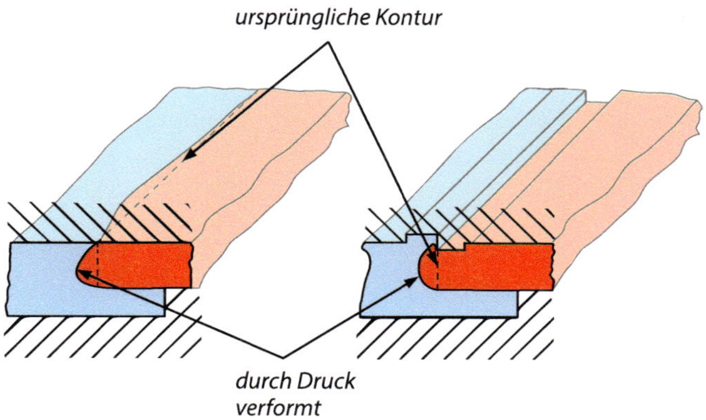

Bild 2.29 Schattenfuge zur Sicherstellung von exakt geradlinigen Verbindungsgrenzen

Abdichtung bei der Kernhubtechnik

Bei der Kernhubtechnik ist eine Vorspannung des Vorspritzlings nur möglich durch einen Hinterschnitt am beweglichen Kern (Bild 2.30). Der Kern verdrängt beim Zurückziehen einen Teil des Materials des Vorspritzlings, dieser wird gequetscht.

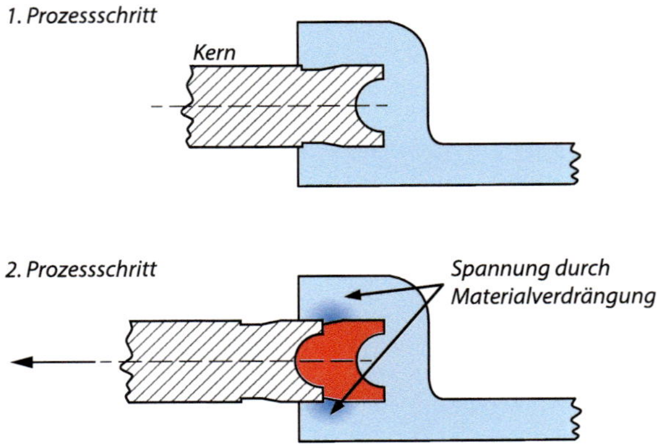

Bild 2.30 Abdichtung der Kavität für den zweiten Prozessschritt durch einen Hinterschnitt am fahrbaren Kern

Schriften und Symbole

Besonderheiten bei Overmolding-Schriftzügen

Bei mehrfarbig gespritzten Schriftzügen und Logos (Bild 2.31) werden die Buchstaben, Zahlen oder Sybole auf einer Gitterstruktur des Vorspritizgllings platziert und im zweiten Prozessschritt von der Nichtsichtseite her umspritzt. Hier sind folgende Besonderheiten zu beachten:

- Je feiner der Schriftzug ist, desto sorgfältiger muss der Füllverlauf für die zweite Schmelze berücksichtigt werden. Idealerweise sollte ein Steg des Vorspritzlings (z. B. ein Buchstabe „I“) gleichzeitig von beiden Seiten vom zweiten Material erreicht werden, damit der Spritzdruck diesen Steg nicht verschieben bzw. verdrücken kann.
- Der gesamte Schriftzug sollte auf einer Gitterstruktur des Vorspritzlings platziert sein. Dann kann im Fall der Umsetztechnik die zweite Schmelze das Gitter von der Rückseite überströmen und die Schmelze kann durch das Gitter weitgehend zeitgleich auf die Vorderseite des Bauteils gelangen.
- Wenn die Drehtechnik zum Einsatz kommt und der Vorspritzling die Position auf dem ersten Kern nicht verlässt, muss ggf. über einen Kernhub eine Passage für die zweite Schmelze geöffnet werden, damit Inselbereiche (z. B. das Innere des Buchstabens „O“) erreicht werden (Bild 2.32).

Bild 2.31 Bauteilaufbau für Schriften (auch mit Inselbereichen)

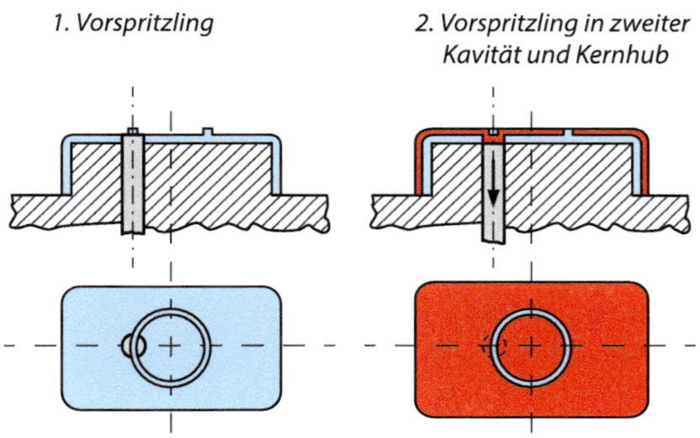

Bild 2.32 Abformung von Inselbereichen bei Drehwerkzeugen in Kombination mit Kernhubtechnik [Bildquelle: nach Arburg]

Bauteile mit beweglichen Gelenken

Bewegliche Gelenke mit dem Overmoldingprozess

Für die Herstellung von beweglichen Gelenken müssen möglichst nicht miteinander verschweißbare Kunststoffe gewählt werden. Je nach Form des Vorspritzlings kann ein Kugelgelenk oder ein Stiftscharnier entstehen. Im Unterschied zu montierten Gelenkverbindungen gibt es Vorteile:

- Die Beweglichkeit ist nicht abhängig von Produktionsschwankungen. Bei montierten Baugruppen, deren Einzelteile zu verschiedenen Zeiten hergestellt werden, kann es aufgrund von Toleranzschwankungen zu Passungsfehlern kommen. Die Bauteile sind je nach Produktionsbedingungen größer oder kleiner. Bei Overmolding-Gelenken wird im Falle eines Kugelgelenks bei einer größeren Kugel zwangsläufig die Kugelpfanne ebenfalls größer, denn die Kugel selbst ist die für die Pfanne konturgebende Form.
- Die Teile einer Baugruppe können unverlierbar und formschlüssig verbunden werden. Das ist bei montierten Gelenkverbindungen ohne zusätzlichen Aufwand nicht möglich.

- Die „Montage“ während des Overmoldingprozesses erfolgt ohne die Notwendigkeit, die Einzelteile separat aufzunehmen und zu positionieren. Damit sinken einerseits die Montagekosten und andererseits die Ausschussraten durch fehlerhafte Montage.

Der Kraftaufwand zum Bewegen des Gelenks kann schon in der Konstruktionsphase bestimmt werden

Der Kraftaufwand für die Bewegung ist weitgehend abhängig vom Schwindungs- und Entspannungsverhalten der Kunststoffe. Bild 2.33 zeigt die temperaturabhängige Längenänderung. Das Kugelgelenk des Kopfes besteht aus PBT und wird bei einer Resttemperatur von ca. 100 °C überspritzt. Während der vollständigen Abkühlung nach dem Entformen des kompletten Affen wird diese Kugel insgesamt noch mehr schwinden (Differenz zwischen Punkten 1 und 2) als der darauf gespritzte Körper aus PA6, dessen relative Längenänderung bei einer Einspritztemperatur von ca. 270 °C im Diagramm nicht abgebildet ist. Die relative Längenänderung des PA6 kann durch Zugabe von Fasern oder Glaskugeln verringert werden, sodass das Spaltmaß zwischen Kugel und Körper nach der vollständigen Abkühlung etwas größer wird. Die gute Beweglichkeit des Kopfes wird zusätzlich durch das Ziehen des Kernstifts verbessert. In Bild 2.33 ist zu sehen, dass der Kopf und auch die Kugel des Halsgelenks auf einem Stift sitzen und damit an die jeweiligen Positionen umgesetzt werden. Wenn das Bauteil entformt wird und vom Stift gezogen wird, fallen Hals und Kugel zwangsläufig etwas in sich zusammen, werden etwas kleiner und geben sozusagen etwas zusätzliches Spiel frei zwischen Rumpf und Kugel. Die Arme und Beine bestehen aus POM, dieser Werkstoff zeichnet sich durch ein gutes Gleitverhalten aus. Eine Freistellung analog zum Kopf ist hier nicht möglich. Ggf. könnte die Beweglichkeit über ein verändertes Schwindungsverhalten beeinflusst werden (z. B. den Zusatz von Glaskugeln).

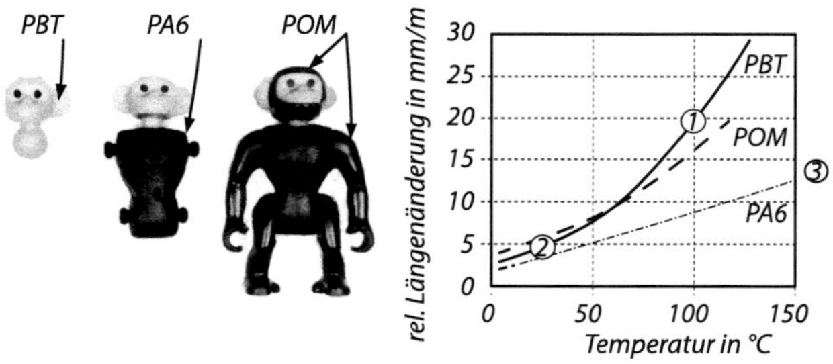

Bild 2.33 Beweglichkeit entsteht durch unterschiedliche Schwindungswerte der eingesetzten Materialien [Bildquelle: nach Ehrenstein, Mit Kunststoffen konstruieren, Carl Hanser]

2.5.2 Fluid-Injektionstechnik (FIT)

Fluid-Injektionstechnik für hohle Bauteile

Fluide sind fließfähige Medien, damit sind sowohl Gas als auch Wasser gemeint. Wenn man ein Fluid während des Spritzgießens in die schmelzeflüssige Seele eines Bauteils leitet, also zwischen die bereits erstarrten Randschichten, kann man über dieses Fluid einfach und lange einen Innendruck aufrechterhalten, denn seine Viskosität ist erheblich niedriger als die des Kunststoffs. Dieser Druck kann ebenso einfach wieder abgelassen werden, dann erhält man ein zumindest teilweise hohles Bauteil. Ein zusätzlicher Vorteil ist, dass mit dem Ablassen des Fluids auch die Prozesswärme aus dem Innern des Bauteils entweicht.

Prozessablauf beim Fluid-Injektionsverfahren

Das Fluid wird zeitlich nach der Schmelze in die Kavität geleitet. Die eingespritzte Schmelze hat im Kontakt mit dem Werkzeug bereits eine erkaltete Randschicht gebildet, das Gas folgt der noch flüssigen Schmelze im Querschnittsinneren und schiebt diese weiter in Richtung Fließwegende (Bild 2.34). Das Fluid hat eine erheblich geringere Viskosität, daher muss es in Führungskanälen geleitet werden. Die Führungskanäle sind im Prinzip dicke Rippen. Durch den Dickenunterschied zum Restbauteil wird das Fluid in den dickeren Bereichen strömen, denn hier ist der Druckbedarf für das Strömen geringer. Wenn die Kavität vollständig gefüllt ist, erkaltet der Kunststoff zunehmend und schwindet. Weil nun der Nachdruck durch das Fluid übernommen wird, kann das Fluid nun in die dünneren Bereiche nachströmen. Hierbei hat das Fluid keine seitliche Begrenzung mehr und somit verläuft die weitere Fluidausbreitung unkontrolliert. Man nennt diese entstehenden fingerartigen Formen auch den Fingereffekt.

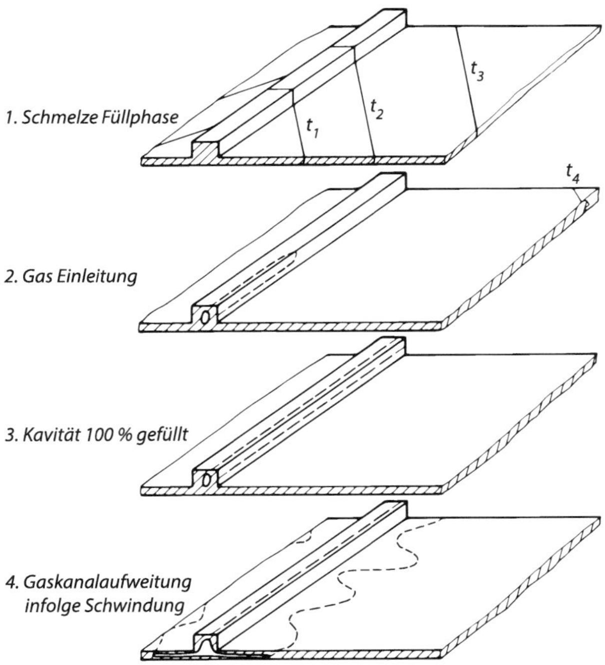

Bild 2.34
Prozessschritte beim FIT, ein der Schmelze nachfolgendes Medium bildet einen Hohlraum

Es gibt zwei Gruppen von Bauteilen, die sich bevorzugt mit diesen Verfahren herstellen lassen (Bild 2.35):

- langgestreckte rohrförmige Bauteile;
- Bauteile mit lokalen Dickstellen, die jeweils hohl sind.

Ihnen ist gemeinsam, dass sie zumindest teilweise große Wanddicken haben.

Bauteile mit (teilweise) großen Wanddicken

Die dargestellten Bauteile zeigen jeweils die ursprüngliche Version einer Metallkonstruktion und die Kunststoffvarianten. Die Fluid-Injektionsbauteile haben i. d. R. keine Vergleichsbauteile aus Vollkunststoff, weil dickwandige Bereiche sich so mit vertretbarer Zykluszeit nicht herstellen ließen. Hier geht es überwiegend um die Herstellbarkeit. Vorteile wie Gewichtseinsparung oder günstigere Herstellkosten beziehen sich fast immer nur auf den Vergleich zu einer ursprünglichen Metallkonstruktion.

Der Konstrukteur sollte wissen, dass die Wanddicken im rohrförmigen Bauteilbereich nicht exakt bemaßt werden können. Die Ausdehnung des Innendurchmessers ergibt sich im Prozess und ist dabei nicht durch den Bediener einer Maschine definiert veränderbar.

Hoher finanzieller Aufwand für das FIT-Verfahren – daher eher geeignet für optische Designteile als für technische Bauteile

Allgemein kann man feststellen, dass sich die meisten Bauteile dieser Verfahrenstechnik dem Bereich der Designteile zuordnen lassen. Gemeint sind Bauteile mit nicht verrippten Bereichen und stattdessen geschlossenen Oberflächen bei ziemlich großen Wanddicken. Der Hinweis auf Designteile zeigt an, dass aus Gründen einer besonderen Form technische Risiken in Kauf genommen werden – Hauptsache das Produkt ist überhaupt herstellbar. Grundsätzlich gilt, dass FIT-Bauteile im Vergleich zu konventionellen Spritzgussteilen teuer sind. Einerseits wegen der zusätzlichen technischen Ausrüstung und andererseits wegen der Bauteildicke und damit langen Abkühl- bzw. Zykluszeiten.

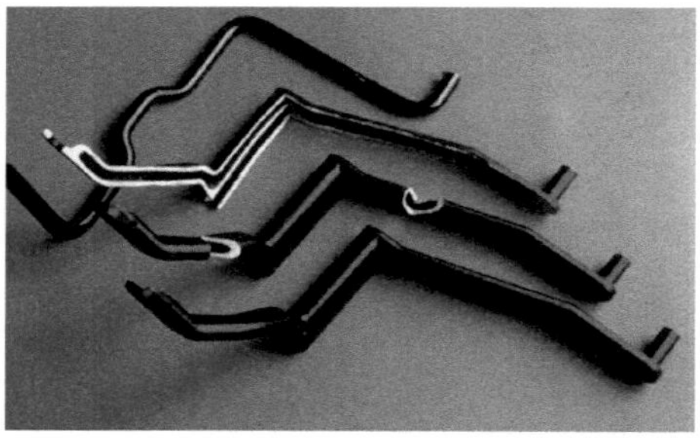

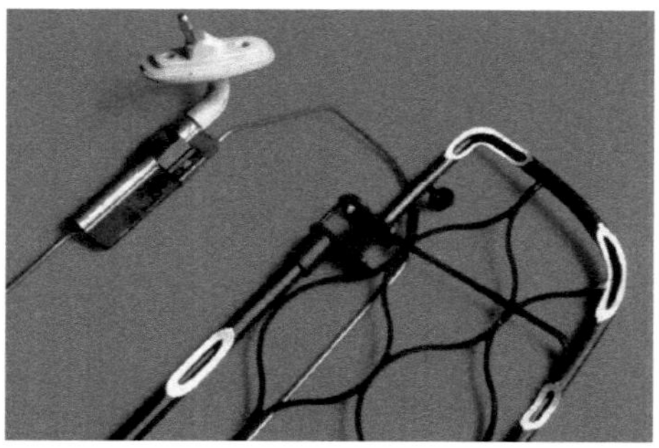

Bild 2.35
Beispiele für GIT- bzw. WIT-Bauteile; oben: Fahrpedalgestänge, unten: Innenkonstruktion einer Sonnenblende

2.5.2.1 Prozesse

FIT-Prozess mit Wasser – etwas aufwendiger als mit Gas

Mit Blick auf den Prozess unterscheidet man das Medium: GIT mit Gas und WIT mit Wasser. Beim GIT wird überwiegend mit Stickstoff (N_2) gearbeitet. Es ist inert, d. h. es brennt nicht und kann somit auch bei hohen Temperaturen mit der Schmelze ohne eine mögliche Selbstzündung in Kontakt kommen. Das Gas hat eine vernachlässigbar geringe Viskosität und kann zum Prozessende rückstandsfrei aus dem Bauteil entweichen. Im Vergleich ist Wasser eher nachteilig, weil es einerseits bei möglichen Leckagen zu Korrosion am Werkzeug führen kann. Andererseits ist das Entfernen des Wassers aus dem Bauteilinneren nicht unproblematisch, ggf. sind restfeuchte Bauteile zu handhaben bzw. auf entsprechenden Stellagen nachzutrocknen – ein Umstand, der je nach Komplexität des gebildeten Hohlraums nicht einfach zu lösen ist. Prozesstechnisch ist Wasser etwas einfacher zu handhaben, denn es ist im Vergleich zu Gas inkompressibel und ermöglicht somit eine präzisere Regelung der Hohlraumbildung. Die Inkompressibilität des Wassers ist aber auch ein Nachteil, denn für einen zügigen Füllvorgang des Bauteilinneren mit Wasser ist ein großer Volumenstrom notwendig. Kompressibles Gas hingegen kann sich im Inneren des Bauteils entspannen, die Grenzfläche zwischen Gas und Schmelze wird zum Ende einer Gasblasenbildung immer schneller, weil der notwendige Druck für das Weitertreiben der Schmelze immer kleiner wird. Damit ist die Gaskanalbildung nur schwer bzw. gar nicht kontrollierbar.

Auch wenn die Prozesse überwiegend mit Gas betrieben werden, wird nachfolgend allgemein von FIT gesprochen, denn für die Konstruktion gelten die gleichen Grundregeln. Man unterteilt drei Prozessentwicklungsschritte, wobei das nachfolgend mit FIT-1 bezeichnete Verfahren keine große Bedeutung mehr hat, hier aber der Vollständigkeit halber beschrieben wird.

FIT-1 – Fluidinjektion durch die Maschinendüse

Das Fluid folgt der Schmelze

Nachdem die Schmelze in die Kavität eingespritzt wurde, wird das Fluid über dieselbe Düse in die noch heiße Schmelze eingeleitet. Voraussetzung ist, dass die Kavität nur zu ca. 60 % gefüllt wurde. Dann kann das Fluid die im Inneren des Bauteils noch schmelzeflüssige Seele zwischen den erstarrten Schmelzewänden weiter in das Bauteil verdrängen. Das Fluid folgt also der Schmelze und schiebt diese vor sich her. Wenn die Schmelze die Kavität restlos ausgefüllt hat, liegt im Inneren ein Hohlraum vor. Über diesen kann so lange Druck auf die Schmelze in der Kavität ausgeübt werden, wie der Gasdruck aufrechterhalten wird. Besonders bei langgestreckten Bauteilen ist dies von Vorteil, denn senkrecht zur Hohlraumwand herrscht überall im Bauteil der gleiche Druck. Insgesamt kann man den Druck des Gases nach Erreichen der vollständigen Füllung stark reduzieren.

Hauptsächliche Nachteile trüben den FIT-1-Prozess

Nachteilig bei dieser Prozessvariante ist:

- Es kommt fast immer zu Umschaltmarkierungen, wenn der Prozessdruck von Schmelze auf Gas umgeschaltet wird. Auch wenn der Einspritzdruck bei einem dickwandigen Bauteil selten höher als 300 bar ist, lässt sich eine Verzögerung der Schmelzefließfront kaum vermeiden. Durch diese Verlangsamung bildet sich an der Fließfront ein erstarrter Hautbereich, der im weiteren Verlauf wieder weitergeschoben wird. Die Folge ist im günstigen Fall ein unterschiedlicher Glanz an dieser Stelle oder sogar eine fühlbare Kerbe, vergleichbar einer schlechten Bindenaht. Die Fluiddrücke betragen meist nicht mehr als 200 bar, damit wird die Geschwindigkeit der Fließfront bei einem Einspritzdruck von 300 bar um mindestens 30 % verlangsamt. Mit höheren Prozessdrücken lassen sich diese Umschaltmarkierungen nur sehr begrenzt reduzieren. Problematisch ist insgesamt die Dichtigkeit des Gesamtsystems, insbesondere bei Drücken oberhalb 200 bar.
- Wenn das Gas aus der gleichen Düse wie die Schmelze zugeleitet wird hat das folgende Nachteile:
  - Das Gas muss zunächst das Angusssystem durchströmen. Der Druckbedarf hierfür fehlt letztendlich im Bauteil, zumindest während der Umschaltphase.
  - Es können keine Heißkanalwerkzeuge (siehe Kapitel 3.4.4) eingesetzt werden, die einen angusslosen Arbeitsablauf erlauben. Das Gas strömt immer nach der Schmelze in die Kavität und somit wäre das Gas zwangsläufig noch nach Prozessende im Heißkanal. In der Folge käme es im nächsten Zyklus an die Bauteiloberfläche. Eine Lösung dieses Problems wäre mit kombinierten Schmelze-Gas-Heißkanaldüsen denkbar. Hierbei ist das Problem, dass nur sehr wenig Platz im Bereich dicht vor der Kavität vorhanden ist und diese Düsen sehr klein und filigran sein müssten.
- Diese Systeme lassen sich speziell im Bereich der gemeinsamen Schmelze-Gas-Düse nur sehr schlecht gegen Leckagen abdichten. Hier sind elastische Gummidichtungen auf lange Sicht ungeeignet. Metalldichtungen erfordern erheblich höhere Passungstoleranzen. Die möglichen Gasleckagen ziehen höhere Kosten nach sich. Üblicherweise wird mit Stickstoff aus Flaschenbündeln oder Tanks gearbeitet, die Gaskosten allein kann man vereinfacht mit ca. fünf bis zehn Cent abschätzen.

FIT-2 – Fluidinjektion über im Werkzeug befindliche Injektoren

Der FIT-2-Prozess – Fluideinleitung über spezielle Injektoren

Eine Lösung des Dichtigkeitsproblems bietet die Injektortechnik, denn hier wird das Fluid auf der eher kalten Seite des Maschine-Werkzeug-Systems über separate Injektoren unabhängig von der Schmelzedüse eingeleitet. Hierbei wird die Kavität zunächst teilweise mit Schmelze gefüllt, und danach kann das Fluid über den möglichst in der Nähe des Anschnitts eingebauten Injektor eingeleitet werden. Das

Fluid dringt in die heiße Schmelze zwischen den erstarrten Randschichten ein und verdrängt die Schmelze in die Richtung, in der der Kavitäthohlraum noch nicht gefüllt ist. Elastische Dichtungen können hier für eine Leckagedichtigkeit sorgen. Konstruktiv ist zu beachten, dass die Injektoren über konzentrische Ringnuten selbst gedichtet werden können (Bild 2.36). Wenn der Kunststoff erkaltet, kann er je nach Volumenverteilung auch vom Injektor wegschwinden, womit das Fluid aus dem Bauteilinneren in Richtung Trennebene entweichen kann. Eine Ringnut wirkt wie eine Labyrinthdichtung, der Kunststoff kann nicht mehr unkontrolliert vom Injektor wegschwinden.

Der Prozess ist abgesehen von den Injektoren identisch zum FIT-1-Verfahren, d. h. nach einer Teilfüllung von ca. 60 % verdrängt das Fluid die plastische Schmelze im Formteilinneren und übernimmt die Nachdruckphase.

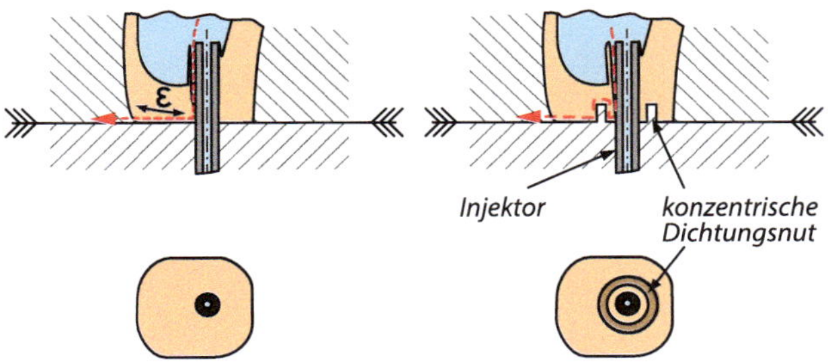

Bild 2.36 Prinzip eines Fluidinjektors

Die Injektoren sind feststehend im Werkzeug verbaut und haben einen Durchmesser von < 5 mm. Sie werden von der Schmelze überströmt und ragen dann über die sich schnell bildende erstarrte Randschicht in das Bauteilinnere. Die Injektoren sind je nach Medium unterschiedlich:

Unterschiede zwischen Gas- und Wasserinjektoren

Gasinjektoren sind permanent offen und benötigen somit keine Ansteuerung. Die Gasaustrittsöffnung wird üblicherweise über einen Ringspalt gebildet, der kleiner als 0,03 mm ist. Spaltmaße von dieser Größe können von Kunststoff nicht durchflossen werden. Im einfachsten Fall kann man einen Injektor aus einem Auswerferstift und einer dazugehörigen Auswerferhülse bilden. Ggf. kann der Stift bis kurz vor die Öffnung über der Länge flächig angeschliffen werden, damit der Widerstand für das Gas geringer wird. Problematisch ist grundsätzlich, dass bei einer Druckentlastung mit dem Ende des Prozesses nicht nur Stickstoff, sondern auch Zersetzungsbestandteile der heißen Schmelze über den Injektor zurückströmen. Mit der Zeit setzen sich die Gasinjektoren zu und müssen zur Wartung ausgebaut werden. Vorteilhaft sind daher Systeme, die sich von der Kavitätsseite bei geöffnetem Werkzeug wechseln lassen.

Wasserinjektoren brauchen erheblich größere Öffnungsquerschnitte und sind daher aktiv verschließbar bzw. zu öffnen. Der Grund liegt in der Inkompressibilität des Wassers. Während Gas sich im Bauteil angekommen entspannen kann und somit mehr und mehr Volumen einnimmt, muss das Wasservolumen für die Bildung des Hohlraums komplett über die Öffnung des Injektors einströmen. Damit die Hohlraumbildung nicht sehr lange dauert, müssen daher große Querschnitte vorgesehen werden.

FIT-3-Ausblasverfahren

Das Ausblasverfahren kombiniert konventionelles Spritzgießen mit der Fluidinjektionstechnik. Nach einer vollständigen Füllung der Kavität und einem Nachdruck wird noch heiße Schmelze aus dickwandigen Bereichen des Bauteils ausgeblasen, sodass diese dickeren Bauteilbereiche hohl werden.

Vorteile im FIT-3-Prozess

Die Vorteile dieser Technik sind:

- Die Bauteile haben keine Umschaltmarkierungen, denn die Oberfläche wird ausschließlich über eine konventionelle Einspritzphase mit einer gleichförmigen Einspritzgeschwindigkeit gebildet.
- Der Fingereffekt (siehe Bild 2.41) wird vermieden, denn durch den Schmelzenachdruck wird so viel Schmelze in die erkaltenden dünneren Bereiche nachgedrückt, dass anschließend kein Fluid mehr hierhin gelangen kann. Der Fingereffekt kann neben Oberflächenfehlern infolge unterschiedlicher Abkühlbedingungen auch Festigkeitseinbußen mit sich bringen.

Beim FIT-3-Ausblasverfahren kann zusätzlich vor dem Ausblasen ein konventioneller Nachdruck aufgebracht werden

Die Schmelze kann entweder zurück in Richtung der Maschinendüse gedrückt werden (Masserückdrückverfahren) oder in einen zusätzlichen Raum neben der eigentlichen Kavität (Nebenkavitätenverfahren). Besonders bei Bauteilen, die nicht nur rohrförmig sind, sondern auch dünnwandige Bereiche haben, kann vor dem Ausblasvorgang ein konventioneller Nachdruck aufgebracht werden. Beim Masserückdrückverfahren nutzt man die große Wanddicke im Fluidkanalbereich aus. Hier kühlt die Schmelze so langsam ab, dass man diese vor der Erstarrung über den Gasdruck wieder aus der Kavität herausbefördert (Bild 2.37).

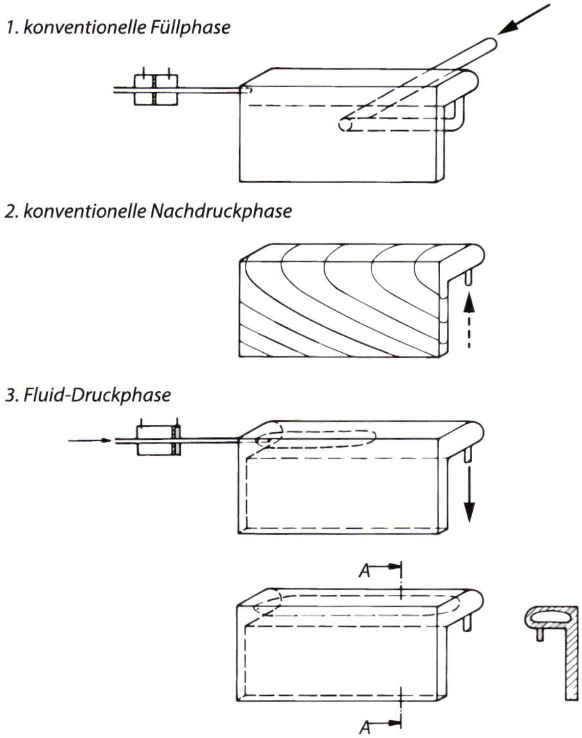

Bild 2.37 Ausblasen der noch plastischen Schmelze mithilfe eines Fluiddrucks nach dem Nachdruckende

2.5.2.2 Bauteilgestaltung

Für den Konstrukteur sind die folgenden Fragestellungen von Bedeutung:

Konstruktive Aspekte bei der Bauteilgestaltung für Fluid-Injektionstechnik-Prozesse

- Wie sind die Fluidkanäle zu gestalten?
- Für die Kostenabschätzung:
  - Wie schwer wird ein FIT-Bauteil?
  - Mit welchen Zykluszeiten ist zu rechnen?

Fluidkanäle als Fließhilfe konstruktiv mit einplanen

Der Konstrukteur muss berücksichtigen, dass ein Fluidkanal während des Herstellungsprozesses eine Fließhilfe ist. Das negative Beispiel einer verrippten Platte (Bild 2.38) zeigt den zeitlichen Verlauf der Füllung von der Mitte der Platte. Wenn die Schmelze im dünnen Bereich der Platte eingespritzt wird und die dickeren Rippen erreicht, fließt sie in der Rippe wegen des hier größeren Querschnitts schneller. Im weiteren Verlauf wird nun Schmelze, die in der Rippe voreilte, in den dünneren Bereich fließen und mit der Schmelze, die nur im dünneren Bereich fließt, zusammenkommen. Zum Füllende werden sogar einige flächige Bereiche von Schmelze umschlossen, hier wird es zu Lufteinschlüssen und ggf. zum Dieseleffekt mit Verbrennungen kommen.

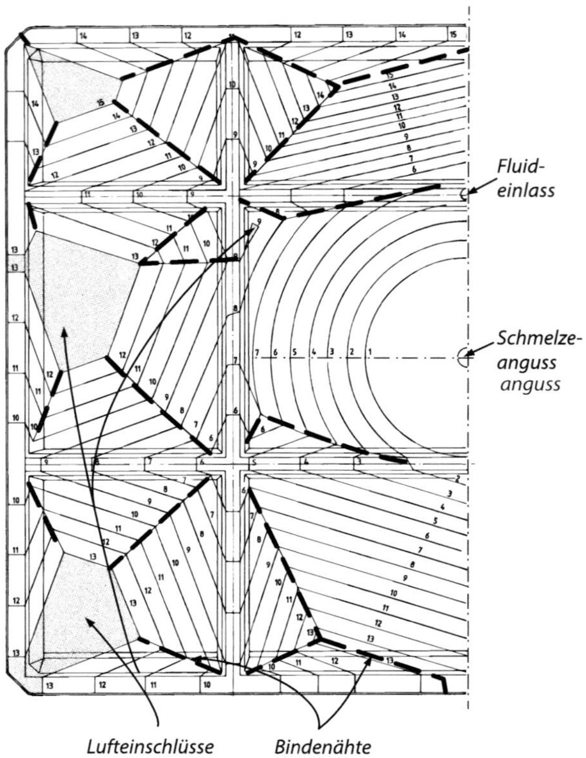

Bild 2.38 Füllverhalten einer verrippten Platte mit Lufteinschlüssen und Bindenähten

Konstruktion für Verfahren FIT-2

Beispiel zur Berücksichtigung der Vorteile bei der Entwicklung eines Bauteils für das FIT-Verfahren

Am Beispiel einer an drei Seiten verrippten Platte (Bild 2.39) werden die Entwicklungsschritte für FIT-2 verdeutlicht:

Rippen als Fließhilfe

- Berücksichtigung der Rippen als Fließhilfe. Die zuletzt zu füllenden Bereiche sollten zur Vermeidung des Dieseleffekts möglichst an die Trennebene grenzen. Bei dünnen Bauteilen mit Fluidrippen ist zu bedenken, dass die Füllung im ersten Schritt ausschließlich mit Schmelze erfolgt. Hier kann vereinfacht eine Füllsimulation mit einer handelsüblichen Standardsoftware hilfreich sein.

Fluid sorgt für Restfüllung – mit einer Abschätzung kann die Lokalisation von Hohlräumen weitestgehend bestimmt werden

- Im zweiten Schritt strömt das Fluid ein und sorgt für die Restfüllung. Das Fluid wird bevorzugt durch die dickeren Rippen strömen, weil hier der Druckbedarf geringer ist. Abschätzend kann man davon ausgehen, dass nach der Fluidinjektion der Rippenquerschnitt nur noch 60 % beträgt. Bei einem Bauteil mit einem Rippenanteil von z. B. 20 % der Gesamtfläche liegt der Grad der Teilfüllung entsprechend bei ungefähr 80 % (dünnwandige Fläche), plus 0,6-mal 20 % (Rippenanteil), also ca. 92 %.

- Die Wahl des Orts für die Fluideinleitung ist eine Herausforderung. Wenn das Fluid nahe dem Schmelzeanschnitt liegt, kann es vorkommen, dass die vorgesehenen Fluidkanäle nicht bis zum Ende mit Fluid gefüllt werden, denn das Fluid findet immer den Weg des geringsten Widerstands. Ggf. wird das Fluid zum Füllende den Kanal verlassen und in Richtung Fließwegende (Bild 2.39, hier im dünnen Bereich) strömen. Alternative Anspritz- und Injektionsorte (Bild 2.40) verändern die Möglichkeiten einer vollständigen Hohlraumbildung. Bei ungeeigneter Wahl muss mit massiven Dickstellen und damit einhergehend langen Zykluszeiten und Einfallstellen gerechnet werden, weil dann die vorgesehenen Rippen gar nicht hohl werden können.

Herausforderung im Konstruktionsprozess: „Das Fluid findet immer den Weg des geringsten Widerstands“

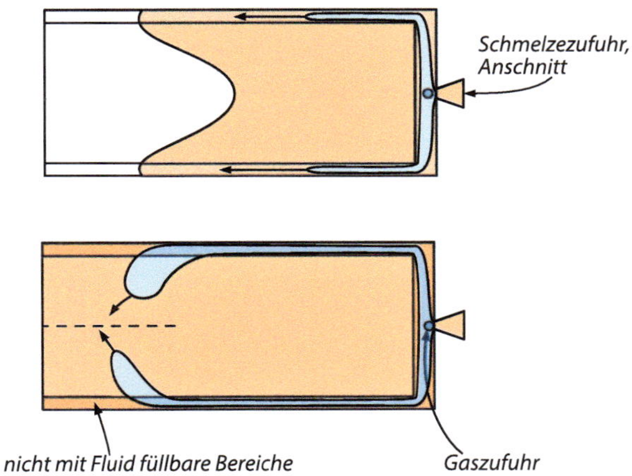

Bild 2.39
Ungünstige Wahl der Fluidinjektion beim FIT-2-Verfahren

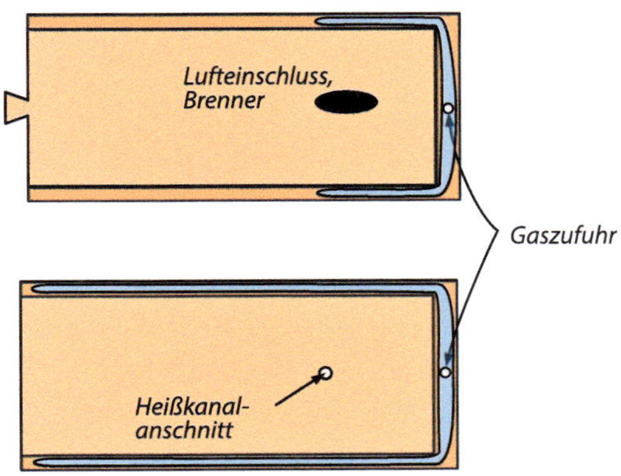

Bild 2.40
Alternativer Anguss und Injektionsorte (oben ungünstig, unten gut)

- Weil das Fluid den Nachdruck übernimmt, muss das Schwindungspotential im dünnwandigen Bereich berücksichtigt werden. Konkret heißt das, wenn die Fluidkanäle sehr weit voneinander entfernt sind, besteht eine große Gefahr für die Bildung des Fingereffekts (Bild 2.41). Das Gas drückt auf die schwindende

Kunststoffschmelze in den dünneren Bereichen und schiebt sich selbst in diese Bereiche vor, solange der Kunststoff noch warm genug ist.

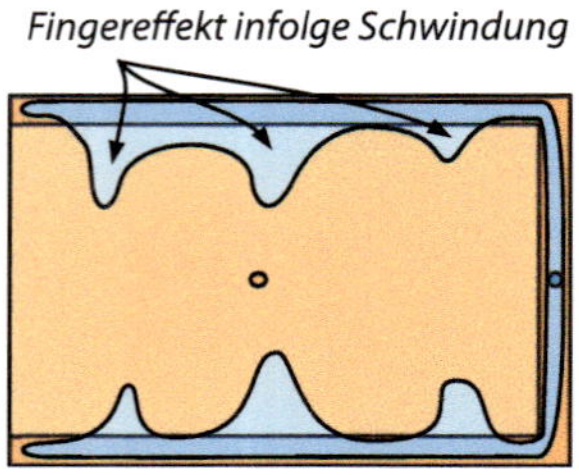

Bild 2.41
Fingereffekt infolge nicht berücksichtigten Schwindungspotentials

- Bei vielen sich kreuzenden Rippen ist zu bedenken, dass sich Fluidkanäle niemals treffen und verbinden werden. An der Stelle des Zusammentreffens, also im Bereich von Bindenähten, bleibt grundsätzlich Schmelze als massiver Verschluss in der Rippe.

Konstruktion für FIT-3

Unkomplizierter ist das FIT-3-Verfahren

Einfacher ist die Entwicklung für FIT-3. Wenn die Schmelze wieder zurück in Richtung des Schneckenvorraums (Masserückdrückverfahren) ausgeblasen wird, muss der Anschnitt groß genug gewählt werden, damit ein Ausblasen nicht durch ein vorzeitiges Abfrieren unmöglich wird. Wenn mehrere Kavitäten ausgeblasen werden sollen (Bild 2.42), sollte eine zeitliche Reihenfolge geplant werden. Bei zwei und mehr Kavitäten ist es unwahrscheinlich, dass sich die Fluidkanäle mit der gleichen Geschwindigkeit bilden. So kann es vorkommen, dass ein Fluidkanal den zentralen Anguss eher erreicht und somit die andere Kavität nicht mehr hohl geblasen werden kann. Eine zeitliche Steuerung lässt sich mit einem ansteuerbaren Verschlussschieber erreichen. Zunächst wird bei geöffnetem Schieber eine der beiden Kavitäten hohl geblasen. Über das Rücklaufsignal der Schnecke lässt sich der Fortschritt der Hohlraumbildung verfolgen. Nach dem Betätigen des Verschlussschiebers kann der Druck für die nächste Kavität eingeleitet werden und gleichzeitig der Druck in der ersten Kavität aufrechterhalten werden. Bei einem Griff dauert der Ausblasvorgang ca. 14 s, denn der Fluiddruck ist mit ca. 200 bar insgesamt niedriger als der Einspritzdruck und somit ist das Zurückdrücken der Schmelze langsam. In dieser Zeit wächst in der benachbarten Kavität, die noch nicht ausgeblasen wurde, die erstarrte Randschicht, sodass die nachfolgend auszublasenden Teile tendenziell etwas schwerer werden.

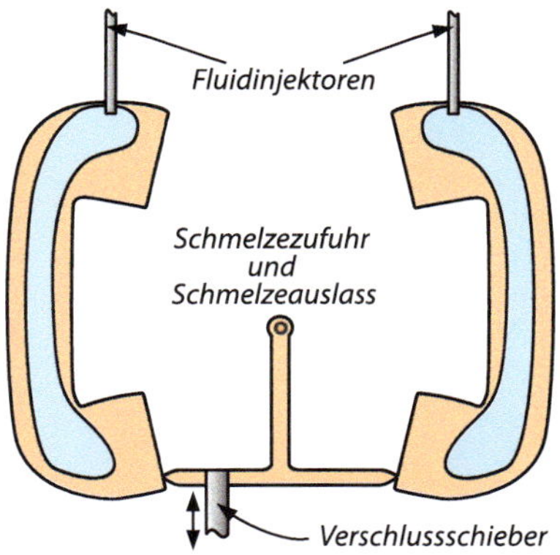

Bild 2.42
Anordnung von zwei Kavitäten beim Masserückdrückverfahren

Realisierung über einen Stift am Ende des Fluidkanals

Wenn das Verfahren mit Nebenkavitäten gewählt wird, muss sichergestellt sein, dass die Nebenkavität nicht schon in der Nachdruckphase gefüllt wird. Dies ist machbar mit einer Tunnelanbindung der Nebenkavität über einen Verschlussstift (Bild 2.43). Am Ende des vorgesehenen Fluidkanals befindet sich ein über einen Kernzug betätigter ca. 2 mm dicker Stift, der in die Kavität hineinragt. Wegen seiner geringen Masse wird der Stift durch die umgebende Schmelze sehr heiß, sodass sich hier kaum eine erstarrte Randschicht bildet. Durch das Zurückziehen des Stifts mit dem Beginn der Fluiddruckphase wird die Oberfläche des Bauteils an dieser Stelle aufgerissen und die Schmelze kann frei in die Nebenkavität strömen.

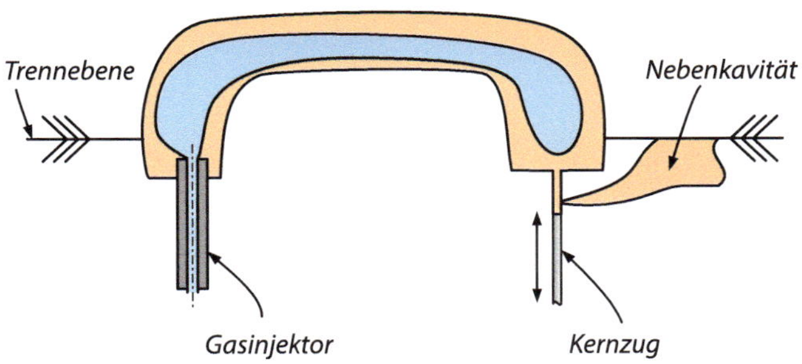

Bild 2.43 Konstruktion einer verschließbaren Nebenkavität für FIT-3

Unabhängig absperrbare Kavitäten

Über unabhängig betätigte, absperrbare Kavitäten sind komplizierte Anordnungen von Hohlräumen möglich. Das Bauteil in Bild 2.44 hat vier verbundene Hohlräume. Bereits in der Konstruktion kann geplant werden, dass z. B. der Kanal L1 als erster ausgeblasen wird. So lange bleiben die Verschlussschieber für die weiteren abzweigenden Kanäle verschlossen. Entweder zeitgesteuert oder über ein Drucksignal am Ende der Nebenkavität V1 werden die weiteren Schieber geöffnet.

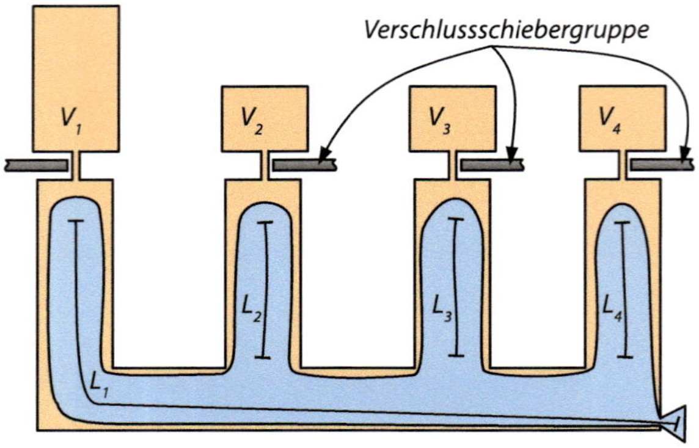

Bild 2.44 Konstruktion einer komplexen Fluidkanalstruktur beim Nebenkavitätenverfahren

Aspekte, die bei Nebenkavitäten beachtet werden sollten

Bei Nebenkavitäten ist zu beachten:

- Sie sollten nicht zu dick gestaltet werden, denn sie füllen sich zeitverzögert zum Einspritzvorgang und die hierhin gelangende Schmelze muss vor der Entformung weit genug heruntergekühlt werden.
- Das Volumen einer Nebenkavität sollte von der Seite der geöffneten Kavität her verstellbar sein. Das Volumen *V* der Nebenkavität entspricht der Fluidkanallänge *L* mal der Querschnittsfläche des Kanals. Die Querschnittsfläche ergibt sich im Prozess aufgrund der Strömungsbedingungen und lässt sich in der Konstruktionsphase nicht exakt vorhersagen. Eine Einstellbarkeit der Kavität ermöglicht daher, die Fluidkanallänge beim Anfahren des Prozesses zu optimieren.

2.5.2.3 Abschätzung der Kosten

Zusätzliche Kosten beim Einsatz von FIT

Der Einsatz der Fluidinjektionstechnik erfordert zusätzlichen apparativen Aufwand. Üblicherweise wird als Medium gasförmiger Stickstoff verwendet, welcher inert ist. Eine Selbstzündung des Kunststoffs bei Schmelzetemperatur und Verarbeitungsdruck ist damit ausgeschlossen. Das Gas wird in Gasflaschen oder Gasflaschenbündeln geliefert und für den Prozess mit einem Kompressor auf Druck von 200 bar gebracht. Nach dem Prozess kann das Gas in die Umgebung entweichen. Pro Bauteil kann man überschlägig mit Gaskosten von ca. 0,06 Euro rechnen.

Für die weitere Kostenabschätzung muss man das Bauteilgewicht und die Zykluszeit kennen. Im Folgenden wird darauf näher eingegangen:

Bauteilgewicht

Physikalische Vorgänge während der Fluidkanalbildung

Für die Angabe der notwendigen Materialmenge muss der Hohlraumquerschnitt im Bauteilinneren bekannt sein. Dieser Hohlraum selbst ergibt sich während des Prozesses, wobei sich die verbleibende Wanddicke durch veränderte Prozesseinstellungen nicht beeinflussen lässt. Der Verarbeiter kann die verbleibende Wanddicke mit veränderten Prozesseinstellungen nicht beeinflussen. Ein Fluid (Gas oder Wasser) hat immer eine erheblich kleinere Viskosität als die Schmelze. Damit ist die Grenzfläche zwischen Fluid und Schmelze instabil, d. h. das Fluid wird zunächst unkontrolliert den Weg des geringsten Widerstands finden. Strömt ein Fluid also durch einen rechteckigen, breiten Querschnitt, wird das Fluid mal mehr auf der einen oder der anderen Innenkontur strömen. Je geringer die Breite des Kanals wird, desto stabiler wird die Grenzfläche. Rohrförmige Querschnitte bis zu einem Durchmesser von ca. 30 mm bilden einen von Zyklus zu Zyklus sehr ähnlichen langgestreckten Hohlraum aus (Bild 2.45).

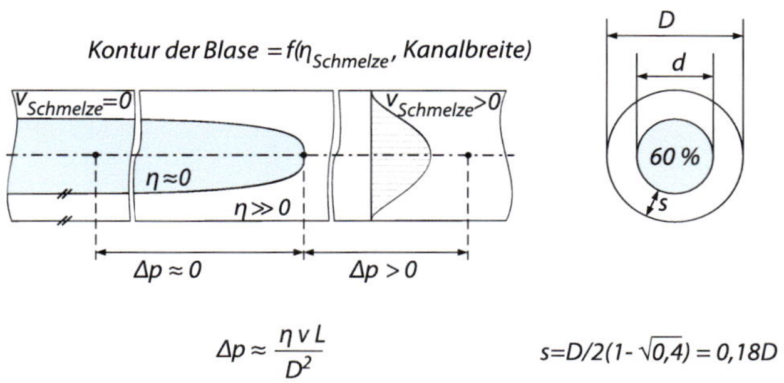

Bild 2.45 Form des Hohlraums im Inneren eines FIT-Bauteils

Das Fluid verdrängt die noch heiße Schmelze aus der Querschnittsmitte in Richtung Gesamtfließfront, bis schlussendlich die Kavität vollständig gefüllt ist. Die Form der vorwärtseilenden Fluidblase wird von den rheologischen Eigenschaften der Schmelze beeinflusst, also der Temperatur, der Viskosität und möglichen Füllstoffen. Die Form der Blasenfront bestimmt die verbleibende Schmelzeschicht bzw. den Restquerschnitt des Kunststoffs. Sowie die Fluidblase parallel mit der Kavitätwand ist, kann keine Schmelzebewegung mehr stattfinden. Eine vollständige mathematische Beschreibung der Blasenkontur ist bislang nicht möglich, somit ist eine genaue Berechnung des entstehenden Kanalquerschnitts ebenfalls ausgeschlossen.

Abschätzung des Restquerschnitts nach der Bildung eines Fluidkanals

Eine Abschätzung des Bauteilgewichts ist aktuell nur möglich über den durchschnittlichen Hohlraumdurchmesser. Üblicherweise entspricht das Gewicht von FIT-Bauteilen lediglich 60 % der vergleichbaren, massiven Formteile, die keinen inneren Hohlraum zeigen. Diese Angabe resultiert aus sehr vielen Praxisanwendungen mit unterschiedlichen Außendurchmessern und Materialien. Ein Vergleich der Flächen eines Vollquerschnitts gegenüber einem FIT-bedingten Rohrquerschnitts mit lediglich 60 % Querschnittsfläche ergibt eine Rohrquerschnittwand von ca. 18 % des Durchmessers.

Abschätzung des Gesamtgewichts von FIT-Bauteilen

Die Abschätzung des Gesamtgewichts erfolgt über die Segmentierung des Gesamtbauteils. Alle Bereiche mit einem Innenhohlraum haben nur 60 % des Gewichts bezogen auf einen Bereich mit einem Vollquerschnitt. Die weiteren nicht hohlen Bauteilbereiche werden mit ihrem Vollgewicht hinzuaddiert. Beispielsweise ist der Griff der Motorsäge in dem Bereich, der ursprünglich einmal aus Aluminium war hohl. Bei der FIT-Variante ist das Bauteil erweitert worden um einen Teil des Motorsägengehäuses, der nicht hohl ist (Bild 2.46).

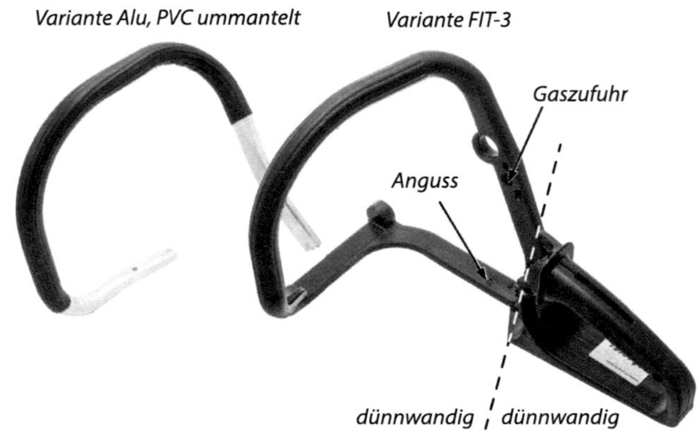

Bild 2.46 Griff einer Motorsäge, links ursprüngliche PVC ummantelte Alu-Variante, rechts FIT-Variante

Das Beispiel des Sägengriffs zeigt, dass das FIT-Bauteil keine wesentliche Gewichtseinsparung bringt, denn unabhängig von dem erweiterten Bereich hat der rohrförmige Griffbereich einen Außendurchmesser von 25 mm und entsprechend der Abschätzung eine Wanddicke von ca. 3,6 mm. Im Vergleich mit dem ursprünglichen Alugriff mit einer Wanddicke von 2 mm ist der Griff aus glasfaserverstärktem PA ungefähr doppelt so schwer.

Abschätzung der Kühlzeit von FIT-Querschnitten

Weiterhin ist die Kühlzeit zu berücksichtigen, denn das den Kanal bildende Medium hat speziell im Fall von Gas wegen der geringen Masse kaum die Möglichkeit, die Wärme der Kunststoffschmelze aufzunehmen. Die Wärme der Rohrwand wird nur über die Außenseite an das Werkzeug abgegeben. Das Temperaturprofil über den Querschnitt hat im Bereich des Fluidkanals eine konstante Temperatur. Vereinfacht lässt sich die Kühlzeit bemessen, indem man mit Blick auf die gewöhnliche Abschätzung eines flächigen Bauteils feststellt, dass hier die Wärme der halben Querschnittsfläche (Wanddicke ½ s) ebenfalls nur an eine Werkzeugwand abgegeben wird (Bild 2.47). Dann ergibt sich für die Abschätzung der Kühlzeit eines Rohrquerschnitts die Kühlzeit mit

$$t_{kühl\ FIT} = 2\left(2 s_{Restwanddicke}\right)^2$$

Bei dem Bauteil Sägengriff mit einer Wanddicke von 3,6 mm ergibt sich eine Kühlzeit von ca. 100 s.

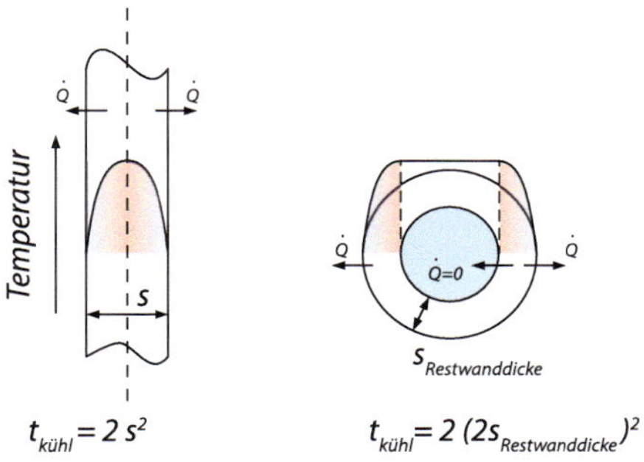

Bild 2.47
Abkühlzeit von FIT-Bauteilen

FIT erhöht die Gestaltungsmöglichkeiten

Das FIT-Verfahren ermöglicht weniger eine Kosteneinsparung, vielmehr erhöht das Verfahren die Gestaltungsmöglichkeiten. Bei einem Brausenkopf ist es so z. B. möglich eine Kontur des Griffbereichs ohne Rücksicht auf die Entformbarkeit des Wasserführungskanals im Inneren zu gestalten (Bild 2.48). Der Brausenkopf wird im Bereich des Anschlussgewindes über eine zylindrische Verlängerung angespritzt, die anschließend mechanisch entfernt wird. Prozesstechnisch wird der Griffkörper zunächst konventionell spritzgegossen. Über einen ausreichend langen Nachdruck wird anschließend der dünnwandige Kopfbereich so ausgebildet, dass mit Beginn der Fluiddruckphase nur noch schmelzeflüssiger Kunststoff im dickwandigen Griffbereich ist. Diese Schmelze wird dann über den Fluiddruck zurück in den Schneckenvorraum gedrückt.

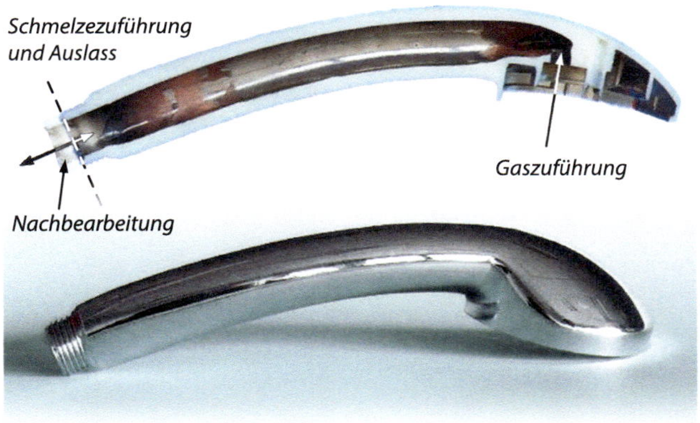

Bild 2.48 Brausenkopf mit Wasserführungskanal, hergestellt im FIT-3-Verfahren

3 Werkzeuge

Es klingt banal: damit ein Spritzgussteil hergestellt werden kann, ist zwingend ein Spritzgießwerkzeug notwendig. Der Konstrukteur eines Kunststoffbauteils muss das besonders berücksichtigen, denn ein komplexes Bauteil erfordert zwangsläufig ein komplexes Spritzgießwerkzeug. Je höher der Wissensstand über die Werkzeugtechnik ist, desto eher kann der Konstrukteur für möglichst einfache Werkzeuge sorgen. Schließlich geht es am Ende um die Reproduktion eines Herstellprozesses mit hohen Stückzahlen und auch hier gilt der Grundsatz:

Einfache Werkzeuge sind in der Produktion zuverlässiger

> „Vollkommenheit ist nicht erreicht, wenn man nichts mehr hinzufügen kann, sondern wenn man nichts mehr weglassen kann.“ – Antoine de Saint-Exupéry

Je mehr Einzelteile eine Maschine hat, desto höher ist die Ausfallwahrscheinlichkeit und damit steigen die Produktkosten.

Für die Konstruktion eines Spritzgussteils ist es zweckmäßig, wenn der Werkzeughersteller bzw. Formenbauer frühzeitig angesprochen wird. Es erleichtert vielleicht den Umgang miteinander, wenn der Konstrukteur seine Ideen formenbaugerecht präsentiert. Für den Anwender ist das Werkzeug immer so dargestellt, wie es in die Maschine eingebaut wird, also mit der Trennebene senkrecht im Bild. Für den Formenbauer liegen die Formen immer um 90° gedreht vor. Jede Werkzeughälfte besteht aus diversen Einzelteilen, die in dieser Lage einfacher zusammengebaut werden können. Aus diesem Grund sind alle Bilder und Skizzen entsprechend ausgerichtet.

Darstellungen der Werkzeuge entsprechend denen im Formenbau um 90° gedreht

So lässt sich auch der Begriff Formeinbauhöhe erklären, das ist der Abstand zwischen den Außenmaßen der Düsenseite und der Auswerferseite. Bei den Werkzeugmaßen wird dieses Maß auch Werkzeughöhe genannt. Mit Blick auf ein in eine Maschine eingebautes um 90° gedrehtes Werkzeug gibt es dann das vertikale Maß Länge und das horizontale Maß Werkzeugbreite.

■ 3.1 Allgemeine Aufgaben und Funktionen

Standardwerkzeug, auch Zweiplattenwerkzeug genannt

Bild 3.1 zeigt ein einfaches Zweiplattenwerkzeug. Mit Platte ist in der Regel ein Plattenpaket gemeint. Hier besteht ein Paket aus jeweils einer Aufspannplatte zur Fixierung im Schließsystem der Spritzgießmaschine und den Kavitätplatten. Bei einem Zweiplattenwerkzeug bildet die Trennung der beiden Hälften die Trennebene. Das Bauteil selbst wird in der Kavität, dem Formhohlraum, abgebildet. Die Schmelze wird üblicherweise zentral durch die Aufspannplatte der Düsenhälfte eingeleitet. Die Wärme der Schmelze wird über die Kühlflüssigkeit abgeleitet, die durch die diversen Kühlkanäle fließt. Das weitgehend erkaltete Bauteil kann nach dem Öffnen der Form mithilfe einer Auswerfmechanik entformt werden.

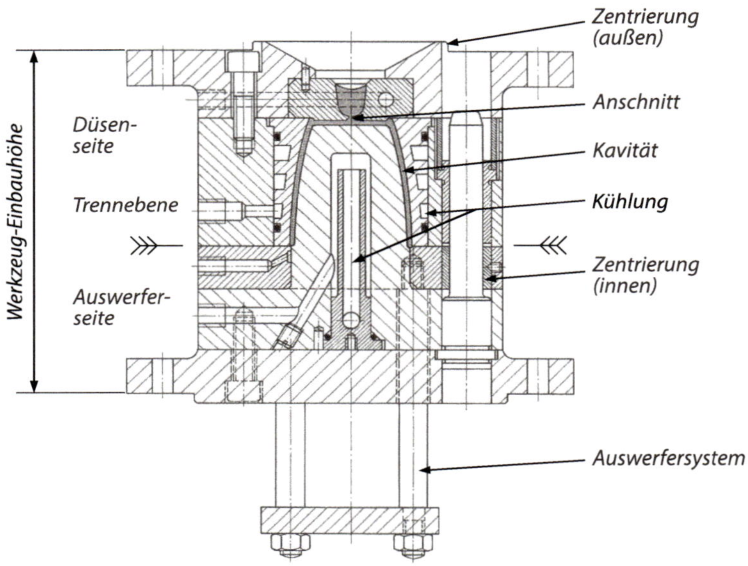

Bild 3.1 Schnitt durch ein einfaches Becherwerkzeug mit den wesentlichen Funktionen [Bildquelle: nach Mennig, Werkzeuge für die Kunststoffverarbeitung]

Einsätze in Kavitätplatten

Die Kavität kann entweder direkt in die Werkzeugplatte eingearbeitet werden, oder ein entsprechender Kavitäteinsatz wird verwendet (Bild 3.2). Für die Einsatzvariante gibt es folgende Gründe:

- Die Trennebene wird über die Kontur des Bauteils vorgegeben und ist nicht zwingend plan. Bei einer gewölbten Trennebene ist der Bearbeitungsaufwand größer, wenn die Kavität direkt in die Werkzeugplatte eingebracht wird.
- Wenn die Bauteile eine große Höhe haben, würden sehr dicke Werkzeugplatten notwendig, von denen viel Material abgetragen werden müsste. Mit Einsätzen lassen sich dünnere Formplatten nutzen.

- Sollte es zu Änderungen an der Kavität kommen, ist ein Austausch eines Einsatzes immer kostengünstiger und schneller.

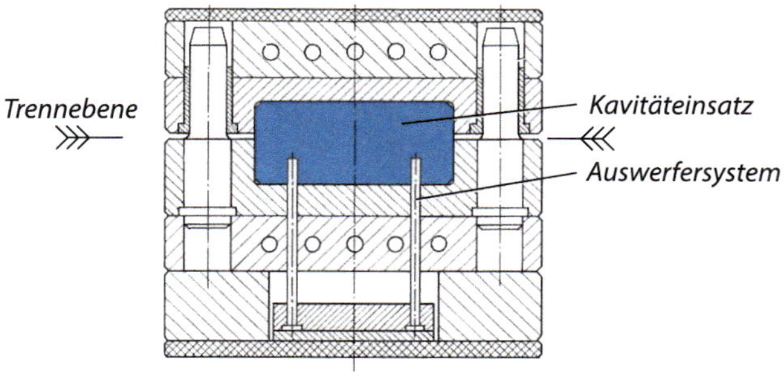

Bild 3.2 Stammwerkzeug mit auswechselbarem Kavitäteinsatz, hier ist nur der Bauraum abgebildet, der Einsatz selbst ist üblicherweise zweiteilig (Düsenseite, Auswerferseite) [Bildquelle: nach Mennig, Werkzeuge für die Kunststoffverarbeitung]

Neben den genannten Vorteilen von Kavitäteinsätzen muss berücksichtigt werden:

- Die Kühlung soll auch durch die Einsätze fließen. In dem Fall ist es zweckmäßig, die Kühlkanäle jeweils von hinten in den Einsatz zu leiten, d. h. von der Rückseite des Einsatzes in Richtung der Schließkraft, dann lassen sich die Kühlkanäle am einfachsten mittels O-Ringen abdichten und die Einsätze einfach montieren.
- Der Bearbeitungsaufwand für den Einsatz und die Aussparung in den Kavitätplatten ist größer als wenn die Kavitätkontur direkt in die Kavitätplatte eingearbeitet wird. Dadurch erhöhen sich die Kosten. Nicht in jedem Fall ist ein Kavitäteinsatz sinnvoll.

Tauchkanten sind Trennflächen parallel zur Öffnungsbewegung

Normalerweise verläuft die Trennebene weitgehend senkrecht zur Öffnungsbewegung. Bei Tauchkantenwerkzeugen ist die Trennung der Werkzeughälften im Bereich der Kavität exakt parallel zur Öffnungsrichtung (Bild 3.3). Dadurch ist es möglich, die Kavitäthöhe variabel zu verändern. Dieser Typ Werkzeug wird genutzt, um das Kavitätvolumen während des Abkühlens der Schmelze über eine Schließbewegung zu verringern. So kann der erkaltende Kunststoff flächig unter Druck gehalten werden, man spricht dann von einem Prägevorgang, das ist bei überwiegend flachen Bauteilen sinnvoll.

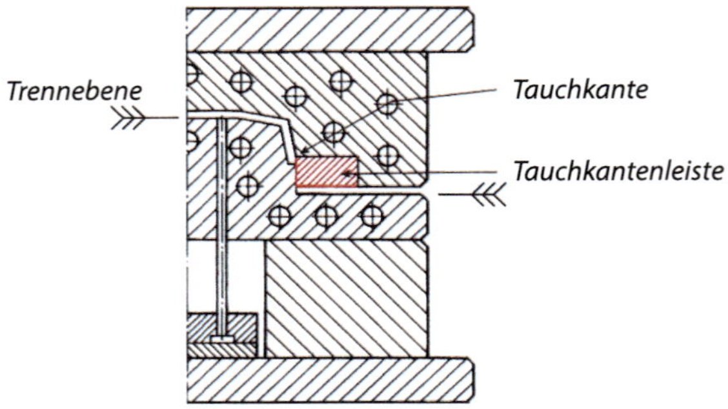

Bild 3.3 Tauchkantenwerkzeug mit auswechselbarer Tauchkante für variable Kavitäthöhe [Bildquelle: nach Mennig, Werkzeuge für die Kunststoffverarbeitung]

Kunststoffschmelzen können bei hohem Druck Spalte > 0,03 mm durchfließen. Tauchkanten sollten daher möglichst mit auswechselbaren Tauchkantenleisten ausgebildet werden, denn sie dürfen insgesamt nur sehr wenig Spaltmaß haben. Somit sind solche Leisten verschleißgefährdet und können mit möglichst geringem Aufwand ausgetauscht oder gewartet werden.

3.2 Herstellung und Kosten

Wichtige Fragestellungen für die Wahl eines Werkzeugkonzepts

Für die Entwicklung sind die folgenden Fragestellungen zu beantworten:

- *Bauteillage/Trennung*: das Bauteil soll möglichst so im Werkzeug platziert sein, dass eine einfache Entformung möglich ist. Im günstigen Fall ist dann ein Zweiplattenwerkzeug ohne zusätzliche Entformungsrichtung über quer verfahrbare Elemente nutzbar.
- *Bauart des Werkzeugs* (2-Platten-Normalwerkzeug, Werkzeug mit Schiebern, ...): Bei einer ungünstigen Lage des Bauteils und auch bei einer ungeschickten Konstruktion ist eine einfache Entformung nicht möglich. Die nutzbaren Werkzeugkonzepte für eine komplexe Entformung sind in Kapitel 3.6 beschrieben.
- *Fachzahl*: Die Zahl der Kavitäten n entscheidet über die Werkzeug- und die Maschinengröße. Mit Maschinengröße ist in diesem Zusammenhang immer die notwendige Schließkraft gemeint. Spritzgießmaschinen werden mit zunehmender Schließkraft auch insgesamt größer und man kann dann größere Werkzeuge einbauen. Bei mehreren Kavitäten in der Trennebene kann das Werkzeug breiter und länger werden. Ggf. muss dann eine Maschine mit einem größeren Einbauraum gewählt werden. Üblicherweise bestimmt die notwendige Schließkraft die Maschinengröße. Man kann die mögliche Fachzahl bzw. die notwendige Schließkraft vereinfacht abschätzen:

$$n_{Kavität} < \frac{F_{Schließ}}{\overline{p}_i A_{proj}} \left(\overline{p}_i < 300 \text{ bar}\right) \qquad (3.1)$$

wobei A_{proj} die projizierte Fläche der Bauteile ist. Gemeint ist hier der Schattenwurf in Richtung der Trennebene.

- *Ausrichtung der Kavitäten*: die Anordnung mehrerer Kavitäten in der Trennebene legt das Angusssystem und die Werkzeuggröße fest (siehe Kapitel 3.4.1.1).
- *Die Konstruktion von Temperiersystem und Auswerfersystem*: beide Systeme benötigen Platz im Werkzeug und dürfen nicht kollidieren.
- Die mechanische Bearbeitung verursacht ca. ¾ der gesamten Herstellkosten für ein Werkzeug (Bild 3.4). Ein großer Teil des Werkzeugs besteht aus standardisierten Zukaufteilen, die weitgehend gar nicht bearbeitet werden müssen. Daher fallen diese Kosten überwiegend für die Herstellung der Kavitäten an. Die Kosten für die Konstruktion betreffen hier weniger die Kosten für die Bauteilentwicklung als vielmehr den Änderungsaufwand an der Bauteilgestaltung und Konstruktion des Werkzeugs. Die Änderungen der Bauteilform werden oft notwendig, wenn die Artikelkonstrukteure nicht ausreichend die mögliche Umsetzung in einem Werkzeug berücksichtigt haben, z. B. nur unzureichende Entformungsschrägen vorhanden sind.

Die Herstellkosten eines Werkzeugs werden maßgeblich von der Herstellung der Kavitäten bestimmt

- Die Kosten für das Material betragen ungefähr 10 %. Diese Kosten beziehen sich auf die Standard-Zukaufteile und das Material für die Kavitätplatten. Aus falsch verstandener Sparsamkeit werden häufig günstigere, aber weniger geeignete Materialien hierfür eingekauft (siehe Kapitel 3.2.3).

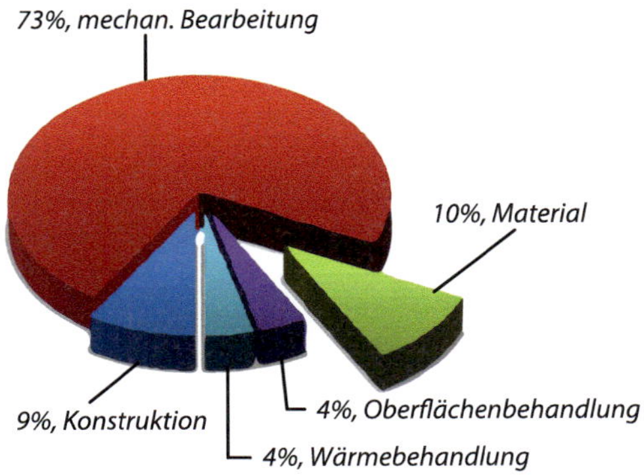

Bild 3.4
Zusammensetzung der Kosten eines Spritzgießwerkzeugs
[Bildquelle: Handbuch der Kunststoffstähle, Edelstahlwerke Buderus AG]

Der Konstrukteur sollte wissen, dass die Kosten für ein Werkzeug weitgehend durch die Anzahl der Kavitäten bestimmt werden. Ein 2-fach-Werkzeug ist ca. doppelt so teuer wie ein 1-fach-Werkzeug, selbst wenn die Kavitäten von den Maßen her so klein sind, dass die Außenmaße des Werkzeugs gleichbleiben. Die Kosten für den Bau eines Werkzeugs werden dominiert von den mechanischen Bearbeitungskosten, und der größte Teil der mechanischen Bearbeitung betrifft unmittelbar die Kavität. Die von der Kavität weiter entfernten Werkzeugelemente (Werkzeugaufspannplatten, Zentrierelemente, Auswerfergrundplatten, ...) können als Normalien bereits einbaufertig zugekauft werden. Die Kosten für den Werkzeugstahl summieren sich auf nur ca. 10 %.

3.2.1 Allgemeine Bearbeitung

Bis zur Freigabe wird ein Werkzeug häufig mehrfach überarbeitet

Eine Vorhersage der Kosten ist zwangsläufig sehr grob. Sehr schwer zu schätzen sind die Kosten für die diversen Korrekturzyklen nach einer ersten Bemusterung (Bild 3.5). Je höher der Komplexitätsgrad des Kunststoffbauteils ist, desto höher ist das Risiko für Änderungen. Diese Änderungen betreffen besonders die Bauteilabmaße, weil sich die Schwindung und der prozessbedingte Bauteilverzug nur sehr schwer exakt voraussagen lassen.

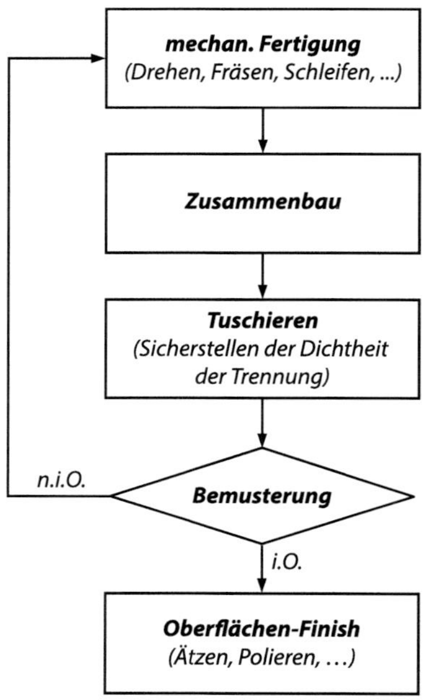

Bild 3.5
Arbeitsschritte bei der Werkzeugherstellung

Strategie für geringe Nacharbeitskosten

Man sollte berücksichtigen, dass eine mechanische Nachbearbeitung der Kavität gleichbedeutend mit einer Vergrößerung der Kavität ist (Bild 3.6). Es ergeben sich zwei mögliche Vorgehensweisen:

- Die preiswerte Art der Nacharbeit ist das Nachsetzen, also das weitere Abtragen von Werkzeugstahl. Die Form des in der ersten Bemusterung entstehenden Bauteils wird daher kleiner angenommen und kann in der Korrekturphase auf das richtige Maß angepasst bzw. vergrößert werden.

- Bei der Werkzeugkonstruktion wird verstärkt mit mehreren Werkzeugeinsätzen gearbeitet, damit nur Teilbereiche der Kavität im Korrekturfall nachgearbeitet oder neu erstellt werden müssen.

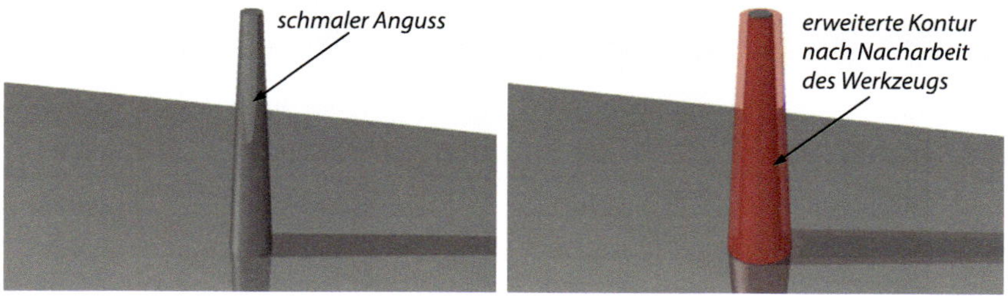

Bild 3.6 Durch eine mechanische Nacharbeit vergrößert sich die Kavität [Bildquelle: Protomold]

Tuschieren für Sicherstellung der Passgenauigkeit

Im Arbeitsablauf der Werkzeugherstellung beinhaltet der Schritt Tuschieren die Abdichtung von Trennflächen, insbesondere der Trennebene. Die Dichtheit muss so gut sein, dass beim Einspritzen die Kunststoffschmelze nicht in die Trennebene strömen und einen Grat bilden kann und gleichzeitig die Luft in der Kavität entweichen kann. Die fertig montierten Werkzeughälften werden hierfür in vertikalen Schließeinheiten gegeneinandergefahren (Bild 3.7). Vorher auf eine Seite aufgebrachte pastöse Tuschierfarbe wird auf dicht aufliegende Gegenflächen übertragen. Alle nicht gefärbten Flächen der Gegenseite liegen also nicht plan auf. Nach entsprechender Nacharbeit und wiederholter Kontrolle mit Tuschierfarbe sollte die Trennebene vollständig plan aufliegen. Spaltweiten von 0,03 mm sind hierbei tolerierbar, denn die Kunststoffschmelze kann diese Spaltweiten unter Druck nicht durchströmen und ggf. Grate oder Schwimmhäute im Bereich der Formtrennung bilden.

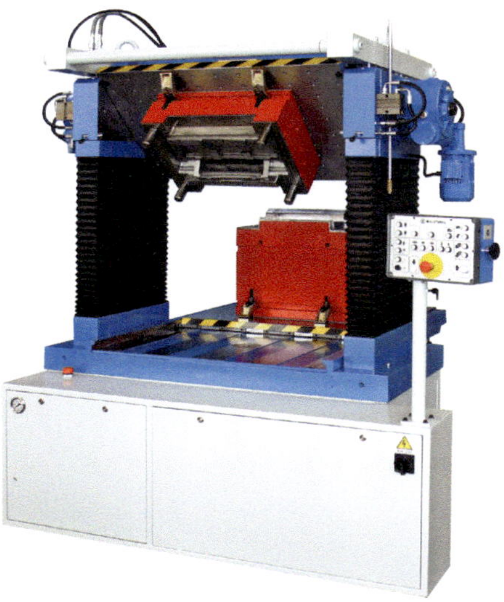

Bild 3.7
Tuschierpresse mit für Anpassarbeiten schwenkbarem Aufspanntisch [Bildquelle: Millutensil]

Die Begriffe Tuschieren und Touchieren werden für diesen Arbeitsgang synonym verwendet. Touchieren bedeutet leicht berühren, was in diesem Fall durchaus richtig ist.

3.2.2 Oberflächen

Endbearbeitung der Oberfläche ist der letzte Arbeitsgang

Die Gestaltung der Oberfläche ist der letzte Arbeitsgang der Werkzeugherstellung und erfolgt, wenn alle Maße nach der Bemusterung in Ordnung sind. Man unterscheidet:

- *Unbearbeitet* – weitgehend die nicht sichtbaren Flächen der Rückseite des Bauteils, die Bearbeitungsspuren von z.B. der Fräsbearbeitung sind auf dem Bauteil sichtbar.
- *Poliert* – sehr hochglänzende Oberflächen, dieser Bearbeitungsschritt ist sehr teuer, weil hier ein hoher manueller Aufwand notwendig ist.
- *Erodiert* – etwas strukturierte Flächen mit insgesamt gleichmäßiger Rauigkeit, die einen einheitlichen Glanz bzw. eine Mattheit ergeben.
- *Feinstrukturiert* – genarbte Flächen mit z.B. Leder- oder Holzoptik. Für diese Strukturierung gibt es unterschiedliche Herstellverfahren.

3.2.2.1 Erodieren

Erodieren für feine Konturen und definierte Oberflächen

Der Erodierprozess basiert auf dem Prinzip des funkenerosiven Abtrags. Je nach Abtragmenge kann man mit dem Erodieren entweder nur die Oberflächenstruktur der Kavität verändern oder auch größere Konturbereiche hergestellen. Speziell für Freiformflächen, enge Vertiefungen und wiederkehrende Muster ist das Erodierverfahren besser geeignet als das Fräsen.

Eine Elektrode wird in einem Dielektrikum in die Nähe der Werkstückoberfläche gebracht (Bild 3.8). Über ein elektrisches Spannungspotential kommt es zu einem kurzen Lichtbogen, dessen Energie die Oberfläche des Werkstücks anschmilzt und geringe Mengen wegsprengt. Das Spannungspotential wird in kurzen Impulsen erzeugt, sodass kleine Grübchen auf der Oberfläche entstehen (Bild 3.9).

Man unterscheidet zwischen Draht- und Senkerodieren. Beim Drahterodieren wird ein dünner Draht als Elektrode durch eine Stahlplatte geführt und schneidet so senkrechte sehr feine und weitgehend scharfkantige Konturen aus.

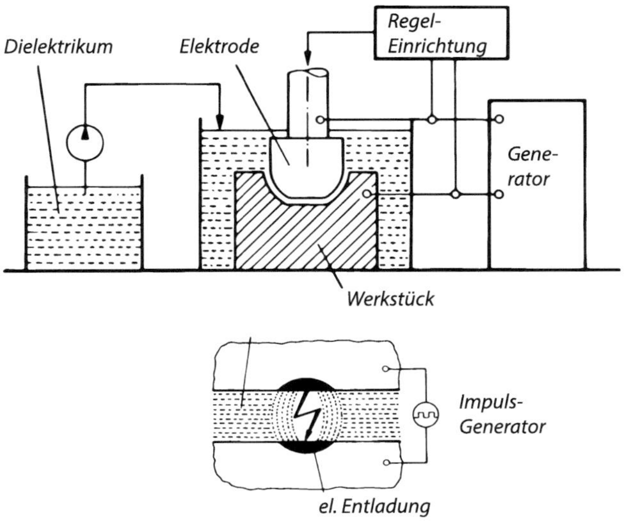

Bild 3.8 Prinzip des Senkerosionsverfahrens [Bildquelle: Menges]

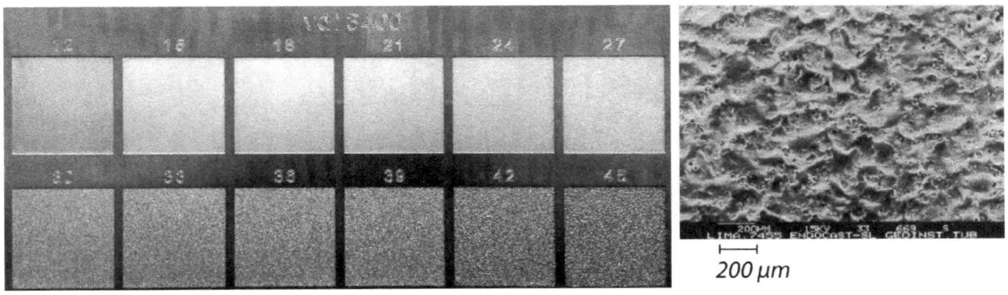

Bild 3.9 Struktur einer erodierten Oberfläche mit Rauigkeiten nach VDI 3400, REM-Nahaufnahme der Struktur Nr. 33

Erodierstrukturen können definierte Rauigkeiten erzeugen

Voraussetzung für den Senkerodiervorgang ist eine Elektrode mit der Form der Negativabbildung der Oberfläche, die entweder aus Kupfer oder Grafit besteht und vorab z. B. im Fräsverfahren hergestellt wurde. Diese Elektroden können tiefe Einbuchtungen in Stahlplatten erzeugen, wobei die Konturen der erzeugten Flächen sehr frei gewählt werden können. Ebenfalls können mit Elektroden Oberflächen mit entsprechend der Empfehlung nach VDI 3400 definierten Rauigkeiten erzeugt werden.

Mit einer Elektrode können mehrere Oberflächen bearbeitet werden. So kann eine größere Fläche, die eine spezielle Oberflächenstruktur erhalten soll, in mehreren Arbeitsgängen mit einer kleineren und somit kostengünstigeren Elektrode hergestellt werden. Der eigentliche Erodiervorgang ist gut automatisiert und kann somit unbeaufsichtigt ablaufen.

3.2.2.2 Ätzen

In Kontakt mit einer Beize (i. d. R. Säure) kann eine Metalloberfläche chemisch angegriffen werden, wobei einzelne Atome aus der Metalloberfläche herausgelöst werden. Man kann den Metallabtrag gezielt unterbinden, indem man einen Teil der Oberfläche z. B. mit Wachs abdeckt.

Arbeitsschritte bei Ätzverfahren

Beim fotochemischen Ätzen (Bild 3.10) nutzt man eine Negativmaske der gewünschten Struktur. Mit UV-Licht wird eine Beschichtung auf der Metalloberfläche belichtet und dieses Negativmuster auf die Oberfläche übertragen. An den nicht von der Maske abgedeckten und nicht belichteten Bereichen kann die Beschichtung abgewaschen werden. Beim anschließenden Ätzvorgang entstehen so Vertiefungen und es bildet sich das Positiv der Struktur auf der Oberfläche ab. Auch wenn der Vorgang einfach klingt, ist er aufwendig und nimmt viel Zeit in Anspruch.

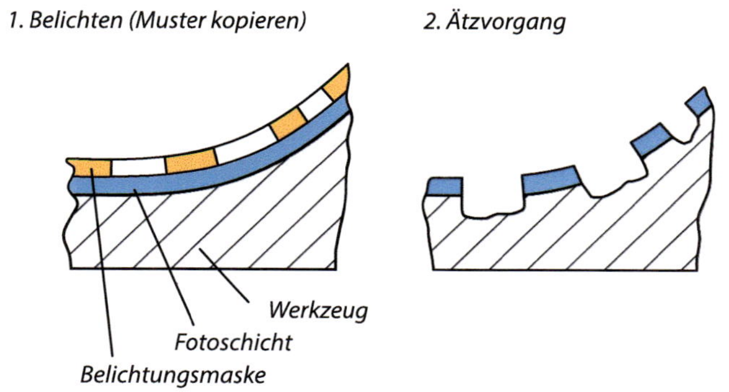

Bild 3.10 Fotochemisches Ätzen zur Oberflächenstrukturierung

Die Strukturen können sehr vielfältig sein (Bild 3.11). Weil vielfach ein bildgebendes Verfahren vorgeschaltet ist, können auch sehr großflächige Bauteile mit einer Lederoptik erzeugt werden, selbst wenn entsprechend große Originalledermuster gar nicht verfügbar sind.

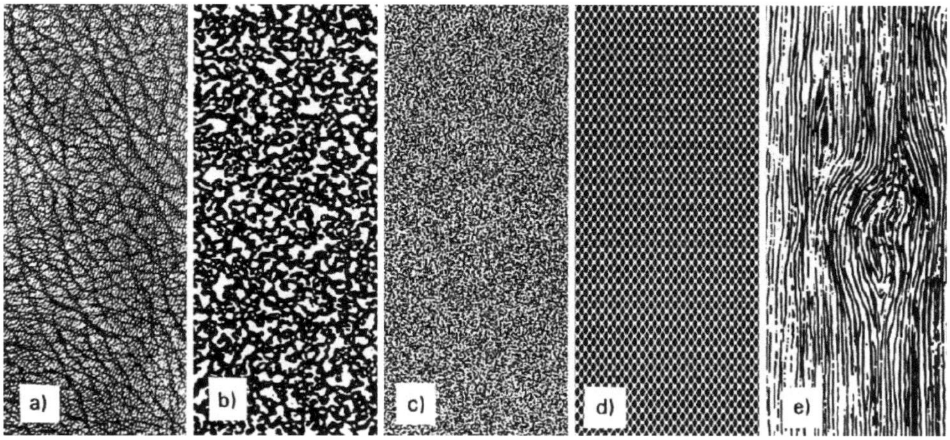

Bild 3.11 Typische Ätzstrukturen [Bildquelle: Mennig]
a) Ledernarbung
b) Hammerschlagimitation
c) Technische Feinstruktur
d) Gitterstruktur
e) Holzstruktur

3.2.2.3 Laserstrukturierung

Oberflächenabtrag mit Energie eines ausgerichteten Laserstrahls

Strukturen lassen sich direkt mit einem gesteuerten Laserstrahl, der die Oberfläche abrastert, erzeugen. Die Energie des Laserstrahls verdampft an der Auftreffstelle einen kleinen Teil der Oberfläche, wodurch ähnlich wie beim Funkenerodieren kleine Vertiefungen entstehen. Durch eine Breite des Laserstrahls von bis runter zu 40 µm sind sehr feine Strukturen möglich (Bild 3.12). Die Strukturen, die der Laser abträgt, werden vorab ähnlich wie beim fotochemischen Ätzen am Computer zusammengestellt und auf die Oberfläche des Bauteils übertragen.

Die Vorteile dieser Technik im Vergleich zum Ätzverfahren:

- Es lassen sich sehr feine und scharfkantige Strukturen erzeugen.
- Die Strukturen können ein sehr unterschiedliches Höhenprofil haben.
- Sie lassen sich auf fast allen beliebigen 3-dimensionalen Oberflächen erzeugen.

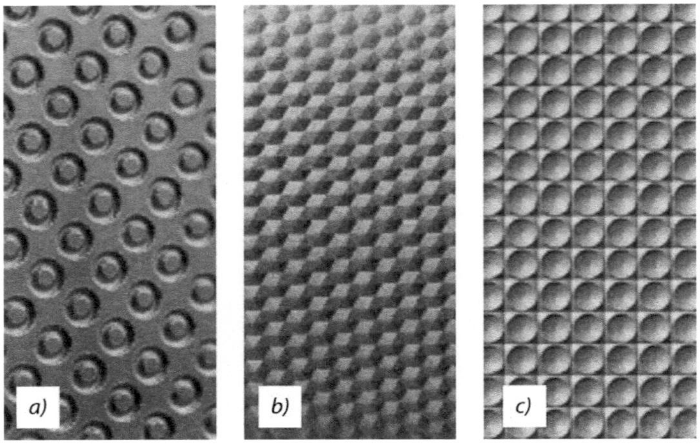

Bild 3.12 Beispiele von laserstrukturierten Oberflächen [Bildquelle: DMG Mori]
a) Kreisnuten
b) Waben
c) Noppen

3.2.2.4 Keramische Oberflächen

Abformung natürlicher Oberflächen mit Keramik

Mit keramischen Beschichtungen lassen sich ähnlich flexible Strukturen mit sehr variablem Höhenprofil erzeugen. Mit diesem Verfahren ist es möglich, Oberflächen direkt auf ein Kunststoffbauteil zu übertragen. Hierfür wird zunächst die Originaloberfläche mit Silikon abgeformt, wodurch ein exaktes Negativabbild entsteht (Bild 3.13). Dieses Abbild wird in einem folgenden Schritt erneut in Silikon abgeformt, somit entsteht ein Duplikat des Originals, das aufgrund der Biegsamkeit und Dehnfähigkeit des Silikons als Struktur einer ebenen Fläche dargestellt werden kann. Von diesem Abbild wird ein Negativabbild mit einer keramischen Paste erstellt. Diese keramische Schicht ist zunächst ebenfalls noch flexibel, kann so schließlich auf nicht ebene Werkzeugoberflächen übertragen werden und wird dort bei Temperaturen von ca. 250 °C eingebrannt.

Die Keramikschicht ist gut verschleißfest und ermöglicht somit eine hohe Zahl an Abformungen mit Kunststoffschmelze, ohne an Struktur zu verlieren. Zusätzlich hat diese Schicht wegen der geringeren Wärmeleitfähigkeit die Wirkung einer Wärmebremse. Ab Schichtdicken von ca. 0,5 mm wird die Erstarrung der Schmelze beim ersten Kontakt mit dem Werkzeug merklich verlangsamt. Das hat zur Folge, dass der für das Füllen der Kavität notwendige Spritzdruck kleiner wird. Außerdem bleibt die Schmelze etwas länger weich und kann sehr feine Strukturen besser abbilden. Die Kühlzeit verlangsamt sich aber nicht messbar, denn für eine Wärmeisolation sind die Schichten insgesamt zu dünn.

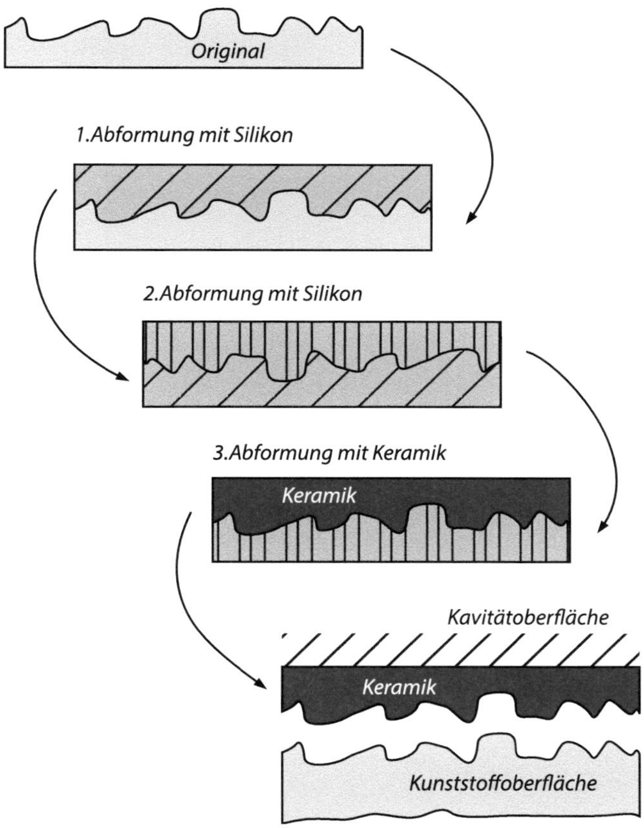

Bild 3.13 Oberflächenstrukturierung über keramische Oberflächen

3.2.3 Stähle

Mit Blick auf die Kosten eines Werkzeugs ist der Materialanteil mit ca. 10% eher gering. Dennoch werden oft die geforderten Eigenschaften an den Werkzeugstahl unterschätzt und ungeeignete und preiswerte Sorten gewählt, wodurch auf lange Sicht die Werkzeugkosten sogar höher ausfallen können. Der Überblick über wichtige Eigenschaften in Bild 3.14 ist unterteilt in Bearbeitung und Gebrauch. Für die Herstellung des Werkzeugs ist zunächst eine gute Zerspanbarkeit wichtig. Für Testwerkzeuge wird daher gerne auf Aluminium zurückgegriffen, weil hier hohe Schnittgeschwindigkeiten beim Fräsen möglich sind. Die Kavitäteinsätze erhalten nach der erfolgreichen Erstbemusterung die geforderte Oberfläche, vielfach über Ätzverfahren oder durch Polieren.

Anforderungen an den Werkzeugstahl

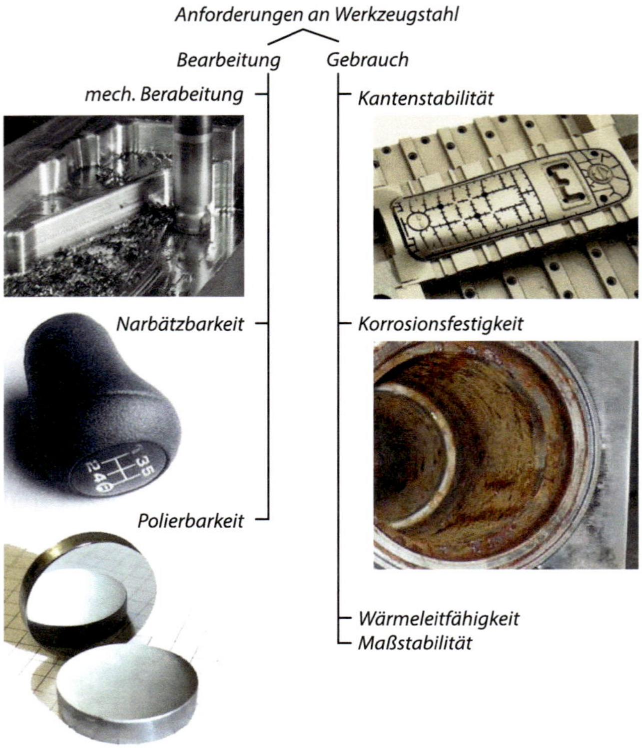

Bild 3.14 Anforderungen an Werkzeugstähle [Bildquelle: nach Mayerhofer, Fa. Böhler]

Homogene Stähle lassen sich besser polieren

Der Poliervorgang kann durch Materialeinschlüsse merklich in die Länge gezogen werden. Einschlüsse sind vielfach sehr stabile Oxide (Verbindungen von Legierungselementen mit Sauerstoff), die bereits bei der Stahlherstellung entstehen. Beim Polieren widerstehen diese Partikel dem Poliermittel, wodurch sichtbare Erhebungen in Polierrichtung entstehen (Bild 3.15). Speziell für eine gute Polierbarkeit gibt es pulvermetallurgische Stähle, deren Erzeugung nicht aus der Schmelze, sondern über einen Sintervorgang feinster Pulver erfolgt. Hierdurch wird die Bildung von Einschlüssen oder ungleichmäßiger Verteilung der Legierungselemente vermindert.

Warmarbeitsstähle für höhere Temperaturanforderungen

Bei den Stählen, die für Spritzgießwerkzeuge verwendet werden, unterteilt man die Kalt- und die Warmarbeitsstähle (Bild 3.16). Kaltarbeitsstähle können zur Steigerung des Verschleißschutzes gehärtet werden und dürfen danach nur noch moderaten Temperaturen unterhalb der Anlasstemperatur ausgesetzt werden. Höhere Temperaturen bewirken ein Anlassen des Stahls, wodurch die Härte sinkt und die Zähigkeit steigt. Warmarbeitsstähle erhalten Ihre maximale Härte erst nach einem definierten Anlassvorgang. Sie können daher bei Temperaturen unterhalb der Anlasstemperatur gut eingesetzt werden und eignen sich somit zunächst für die Anwendung im Bereich der Kavität.

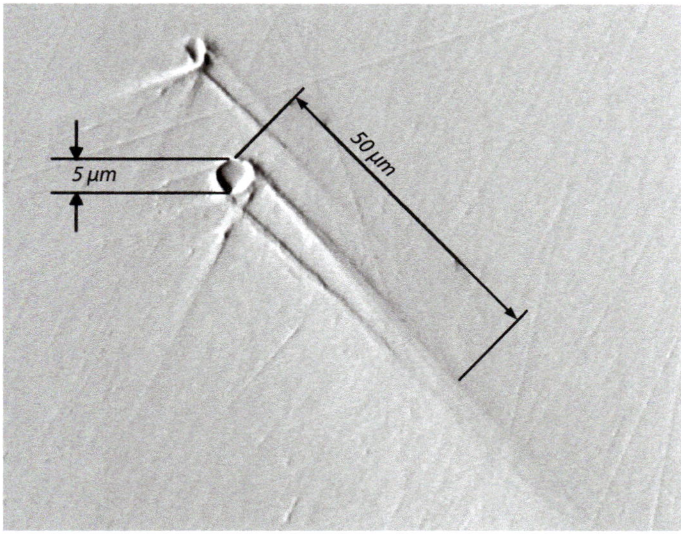

Bild 3.15 Polierdefekt „Komet“ infolge von Ausscheidungen im Werkzeugstahl [Bildquelle: Mayerhofer, Fa. Böhler]

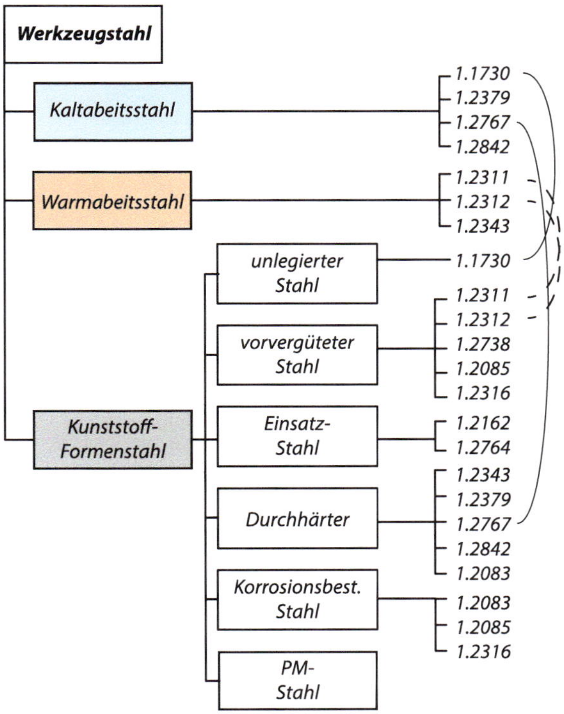

Bild 3.16 Werkzeugstähle für Kunststoffformen

Spezielle Anforderungen je nach Werkzeugbereich

Die Anforderungen an die diversen Bauteile der Spritzgießwerkzeuge (Bild 3.17) erfordern je nach Werkzeugbereich unterschiedliche Stahlsorten:

- Unlegierter Stahl ist preiswert und eignet sich für die Werkzeugbereiche ohne besondere Anforderungen, hierzu zählen die Stützleisten und die Auswerferplatte.
- Vorvergüteter Stahl hat im Lieferzustand bereits eine Festigkeit (Dehn-, Streckgrenze) von über 1000 N/mm^2. Die vorvergüteten Stähle werden mit ihren Eigenschaften geliefert und sind nicht für eine weitere Wärmebehandlung vorgesehen. Sie werden für höher belastete Werkzeugbereiche eingesetzt, das betrifft die Aufspannplatten der Düsenseite (DS) und der Auswerferseite (AS), die Auswerfergrundplatte und die Zwischenplatte. Unter der Wirkung des Spritzdrucks kommt es zu einer hohen mechanischen Belastung und somit ggf. zu einer Verformung, besonders im Bereich des Fahrwegs der Auswerferplatte und der fehlenden Abstützung des mittleren Werkzeugbereichs im Bereich der Bohrung in der Düsenplatte der Maschine für die eintauchende Maschinendüse. Wegen der nicht vorgesehenen weiteren Wärmebehandlung sind diese Stähle auch für maßgenaue Werkzeugbereiche geeignet, denn ein Verzug ist wegen des Fehlens eines nachträglichen Härtens nicht zu erwarten.
- Einsatzstahl ist im Lieferzustand kohlenstoffarm und leicht verarbeitbar. Erst durch eine aufwendige Wärmebehandlung, die ein Aufkohlen und anschließendes Härten beinhaltet, ergibt sich eine hohe Oberflächenhärte bei einem weichen bzw. zähen Kern. Diese Stähle werden für Kavitätkerne verwendet und für Bereiche mit kleinen Oberflächengravuren. Problematisch ist allerdings der mögliche Verzug der Kerne während der Wärmebehandlung, wodurch Nachbearbeitungen erforderlich werden.
- Durchgehärteter Stahl hat eine große Härte, auch bei großen Wanddicken, über eine einfache Wärmebehandlung aus der Kombination von Austenitisieren und anschließendem Härten. Eine Nachbearbeitung mit Erodierverfahren ist unkritisch, weil keine Rücksicht auf die Dicke der Härteschicht genommen werden muss. Diese Stahlsorten eignen sich für Anwendungsfälle mit hohem Verschleißrisiko, z. B. für Kunststoffe mit einem hohen Glasfaseranteil.
- Korrosionsbeständiger Stahl wird eingesetzt, wenn aggressive Kunststoffe wie z. B. PVC oder flammgeschützte Materialien verarbeitet werden sollen. In solchen Fällen werden oft auch die Nichtkavitätbereiche korrosionsfest ausgerüstet.

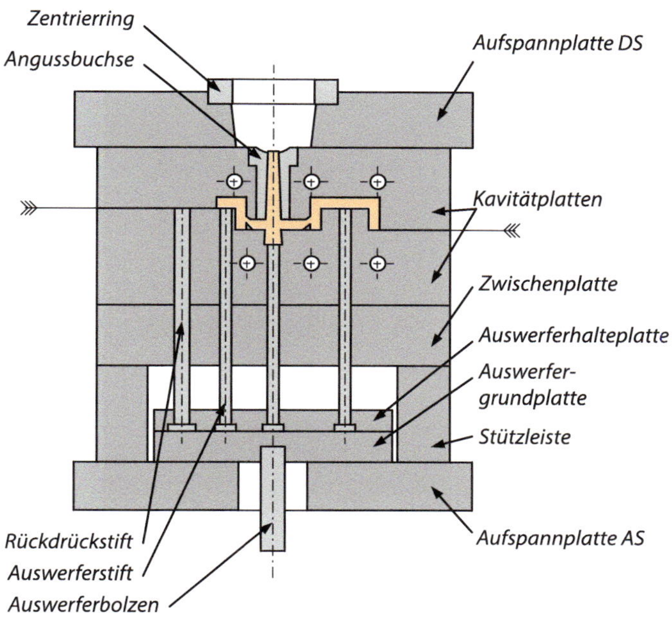

Bild 3.17
Bezeichnung der diversen Werkzeugplatten

ESU-Qualität und PM-Stähle

Für Anwendungen, die eine polierte Werkzeugoberfläche erfordern, sind ESU-Qualitäten oder PM-Stähle besonders geeignet. ESU bedeutet Elektro-Schlacke-Umschmelzen, mit dieser Herstellungsart werden besonders reine Stahlsorten mit geringen Verunreinigungen erzeugt. Die Verunreinigungen erschweren den Poliervorgang, denn sie sind verantwortlich für das Auftreten von Schleifdefekten (Bild 3.15), die wiederholte Poliervorgänge notwendig machen. PM steht für Pulver-Metallurgie, eine Stahlherstellung, bei der gepresstes Metallpulver bei hohen Temperaturen gesintert wird. Durch den Entfall der Schmelzephase finden bei diesem Herstellungsverfahren keine Schmelzeausscheidungen statt, wodurch sich sehr gleichmäßige und gut polierbare Gefüge bilden.

■ 3.3 Normalien

Standardteile für Standard-Aufgabenstellungen

Werkzeuge bestehen zu einem großen Anteil aus standardisierten Bauelementen (Bild 3.18), lediglich der direkt mit der Schmelze in Kontakt kommende Bereich erfordert eigenständige Lösungen. Der rot eingekreiste spezifische Bereich (Bild 3.18), der nicht über Normalien abgedeckt wird, zeigt die

- *Kavität*, die in die Kavitätplatte oder einen Einsatz eingearbeitet wird;
- *Temperierung*, die üblicherweise aus diversen Tieflochbohrungen besteht;
- *Auswerfer*, für die in die Kavitätplatte Bohrungen gesetzt werden müssen.

Gründe für den Einsatz von Normalien

Der Vorteil dieser Normalien liegt in der Vereinheitlichung von Maßen, Typen und Verfahren. Hier liegen die folgenden Ziele zugrunde:

- Standard-Bauelemente erleichtern die Ersatzteilhaltung. Einige Elemente unterliegen einem gewissen Verschleiß, z.B. ist die Angussbuchse mechanisch anfällig und muss gelegentlich erneuert werden. Auch die Auswerferstifte zählen hierzu.
- Normalienanbieter stellen Standardelemente in Massenfertigung her, sodass eine Eigenfertigung oft höhere Kosten verursacht.
- Durch einen konsequenten Einsatz von Normalien lässt sich die Teilevielfalt eines Werkzeugs reduzieren, was auch bei der Montage eine Erleichterung und Kosteneinsparung bewirkt.
- Der Konstruktionsaufwand wird verringert, denn für viele Fragestellungen liegen bekannte Lösungen vor.
- Vielfach bieten die Lieferanten für Normalien neben den CAD-Daten für die diversen Bauelemente spezielle Softwarepakete zur Werkzeugkonfiguration an, sodass der gesamte Grundaufbau des Werkzeugs standardisiert ausgewählt werden kann. Zur Vereinfachung werden gleichzeitig auch Stücklisten und Bestelllisten erzeugt.
- Der Fokus bei der Werkzeugkonstruktion kann sich auf die Kernkompetenz richten. Hierzu zählt z.B. die Art der Entformung schwieriger Kavitätbereiche oder die vorausschauende Entwicklung eines Werkzeugs mit Blick auf erwartete Korrekturschleifen nach einer Erstbemusterung. Hier ist auch der Aufbau von Kernen aus mehreren Einzelteilen gemeint, sodass nur Teile des Werkzeugs korrigiert oder erneut angefertigt werden müssen.

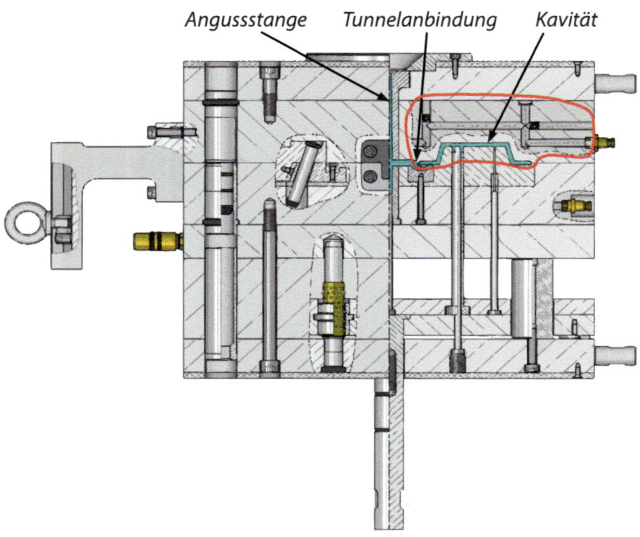

Bild 3.18 Werkzeugaufbau aus Normalien [Bildquelle: Meusburger]

Standardisierte Zukaufteile

Die Auswahl standardisierter Zukaufteile ist sehr vielfältig und lässt sich grob unterteilen in:

- Platten
- Führungs- und Zentrierungselemente
- Auswerfer
- Kühlung

Die Platten sind aus unterschiedlichen Stahlsorten in unterschiedlichen Größen und Dicken verfügbar. Vielfach werden die Plattengrößen hinsichtlich der Breite und Höhe in vorgegebenen Abstufungen gewählt, sodass diese Platten sowohl ungebohrt als auch fertigbearbeitet angeboten werden. In der fertigbearbeiteten Version haben die Platten bereits die üblicherweise benötigten Bohrungen für die Führungselemente und die Verschraubungen.

Werkzeugplatten sind in abgestuften Maßen verfügbar

Der Aufbau eines Werkzeugs besteht aus mehreren hintereinanderliegenden Platten. Führungselemente sorgen einerseits für eine korrekte Lage der Platten und erleichtern zudem den Zusammenbau des Werkzeugs (Bild 3.19). Auswerferseitig kommen üblicherweise Führungsbuchsen und Zentrierhülsen zum Einsatz, in die die düsenseitigen Führungsbolzen eintauchen. Die Buchsen und Hülsen sind jeweils höher als die Dicke der Platten, wodurch die Platten zueinander ausgerichtet werden.

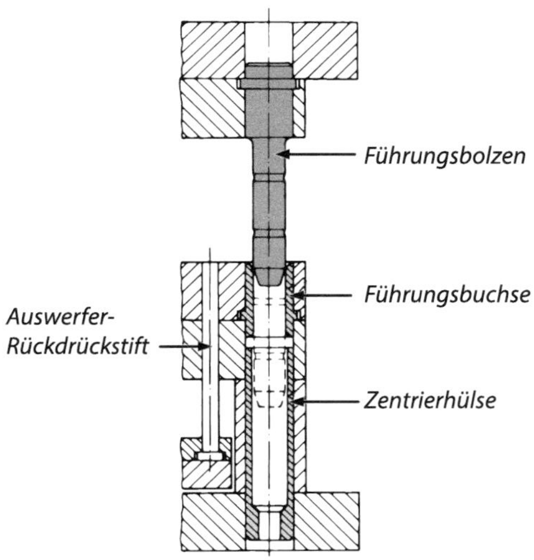

Bild 3.19
Auswerf-, Führungs- und Zentrierungselement [Bildquelle: Menges]

Man unterscheidet zwischen Führung und Zentrierung. Führung gibt die grobe Richtung vor und ist somit einachsig. Über Führungselemente wird sichergestellt, dass die diversen Platten eines Werkzeugs fluchten und sich kollisionsfrei zuein-

Definition für Führungs- und Zentrierelemente

ander bewegen lassen. Eine Zentrierung stellt eine Symmetrie in Bezug auf einen speziellen Punkt her, z. B. auf einen Mittelpunkt, hierfür werden zwei Achsen berücksichtigt. Die exakte Positionierung der Kavitäten zueinander ist ohne eine zuverlässige Zentrierung nicht sichergestellt.

Als Führungselemente kommen Buchsen und Hülsen zum Einsatz. Buchsen sind innen und außen eng toleriert. Auf diese Weise ist eine Vorzentrierung der Kavitätplatten der Düsen- und Auswerferseite beim Zusammenfahren des Werkzeugs möglich. Hülsen sind nur auf der Außenseite eng toleriert, somit lassen sich Platten und Leisten eines Werkzeugplattenpakets ausrichten, also separat für die Düsen- bzw. die Auswerferseite.

Zentrierung für die exakte Positionierung der Kavitäthälften

In der Hauptaufgabe sollen die Führungselemente die Aufgabe der Führung erfüllen. Die Zentrierung hat insgesamt höhere Anforderungen und ist enger toleriert. Damit das Werkzeug kollisionsfrei auf und zu gefahren werden kann, reichen recht grobe Toleranzen. Damit ein Bauteil im Bereich der Trennebene nicht Versatzkanten hat, müssen die Kavitäthälften sehr präzise zueinander positioniert sein. Je näher man der Kavität kommt, desto wichtiger ist eine Zentrierung. Weiter entfernte Bereiche können auch bei einem Versatz zueinander eine einwandfreie Werkzeugfunktion zulassen.

Die Wärmedehnung im Werkzeug ist je nach eingestellter Temperatur nicht gleichmäßig

Man muss berücksichtigen, dass ein Werkzeug bei Betrieb ggf. wärmer ist als bei der Montage. Die thermische Ausdehnung darf durch die Führung und die Zentrierung nicht behindert werden. Zweckmäßig sind hier Flachführungen, die an der Werkzeugmitte positioniert sind und eine Größenänderung einer Werkzeughälfte zulassen (Bild 3.20). Konische Zentrierzapfen müssen zwingend korrekt positioniert sein und sie erlauben keine Größenänderung aufgrund unterschiedlicher Temperaturen der Werkzeugplatten.

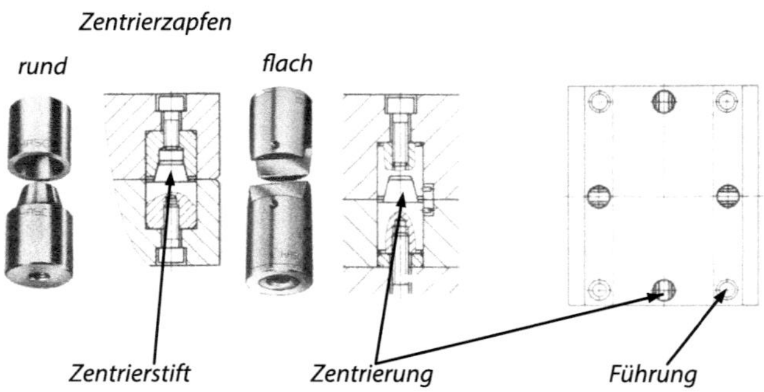

Bild 3.20 Zentrierung von Werkzeugplatten [Bildquelle: nach Menges/Mohren, Spritzgießwerkzeuge, Carl Hanser]

Zentrierung der Kavität mit flachen Leisten

Für große Werkzeuge und auch bei sehr hohen und schlanken Kernen ist eine Topfzentrierung zweckmäßig (Bild 3.21). Mehrere rechtwinklig angeordnete Topfführungen (1-achsig) erzeugen eine zweiachsige Zentrierung. In der Schließbewegung sorgt diese Führung für eine abschließende Ausrichtung des Kerneinsatzes, der leicht schwimmend gelagert sein muss. Über eine Dickenanpassung der eingesetzten Leisten kann der Einsatz relativ zur Gegenseite verschoben werden, sodass er exakt zentriert ist.

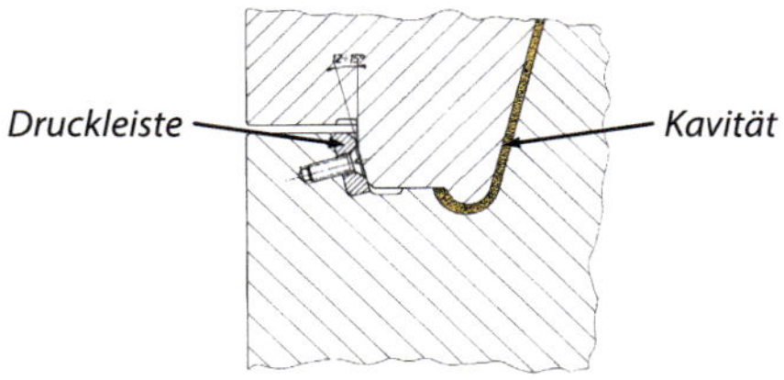

Bild 3.21
Topfführung von Werkzeugplatten mit eingesetzter Leiste [Bildquelle: Mörwald]

Entformung von Hinterschnitten mit Schrägschiebern

Für die Entformung kommen im einfachsten Fall diverse Auswerferstifte zum Einsatz (siehe Kapitel 3.6.1). Zur Entformung von Hinterschnitten können auch vorgefertigte Schrägschieber- oder Schrägauswerfereinheiten als Standardlösung eingesetzt werden (Bild 3.22). Über eine Kulissenführung fährt der Auswerfer schräg, er macht somit eine seitliche Bewegung, sodass sich auch Hinterschneidungen entformen lassen. Solche Aufgabenstellungen sind sehr häufig und können einfach über standardisierte Bausätze gelöst werden.

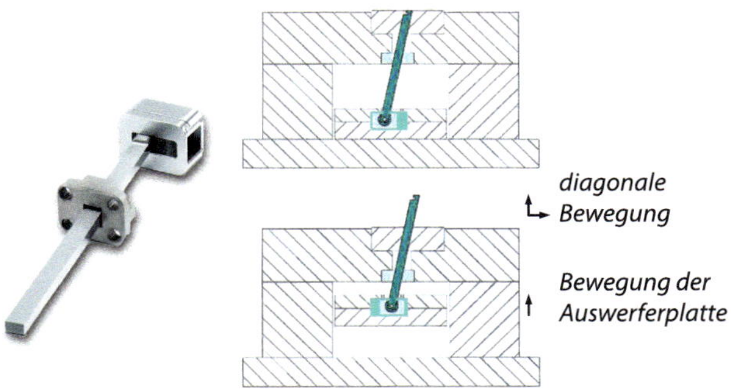

Bild 3.22 Schrägschiebereinheit [Bildquelle: Meusburger]

3.4 Schmelzeführung

Bezeichnungen für schmelzeführende Bereiche

Die Schmelze gelangt i.d.R. durch eine Bohrung im Zentrum der Düsenseite aus dem Spritzzylinder der Maschine in die Werkzeugkavität (Bild 3.23). Im einfachsten Fall geschieht dies nicht beheizt, sodass die Schmelze in den Bohrungen ebenfalls abkühlt und mit den Bauteilen entformt wird. Man bezeichnet bei diesen Systemen wie folgt:

- *Angussstange*: sie ist die direkte Verbindung zwischen Maschinendüse und Bauteil bzw. einem Angussverteiler. Wegen der notwendigen Entformbarkeit ist sie konisch und wird zum Bauteil hin dicker. Bei dicken Düsenseiten können Angussstangen an der Mündung in den Angusskanal erheblich dicker werden als die zu füllenden Bauteile, wodurch die Abkühlzeit sehr lang wird.
- *Angusskanal*: bei mehreren Kavitäten zweigt von der Angussstange in der Entformungsebene rechtwinklig mindestens ein Kanal ab.
- *Angussverteiler*: vom Angusskanal zweigen Zuführungskanäle in Richtung der Kavitäten ab, die das Bauteil bilden. Im Prinzip muss man nicht zwischen Kanal und Verteiler unterscheiden.
- *Anschnitt*: die Anbindung vom Verteiler in die Kavität ist häufig etwas kleiner ausgeführt, damit sich das Angusssystem nach dem Entformen einfacher von den Bauteilen trennen lässt.

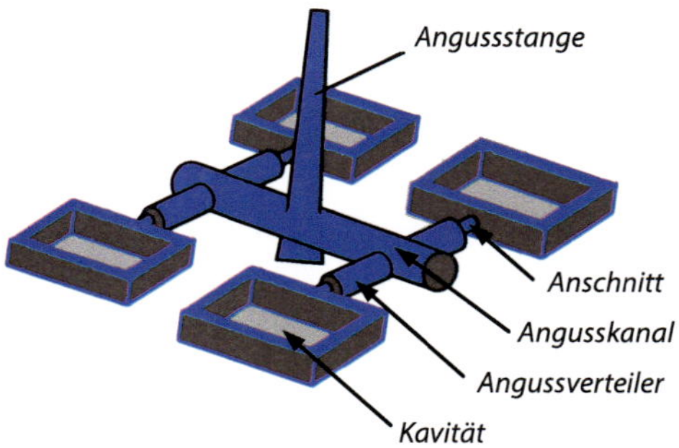

Bild 3.23
Schmelzezuführung über einen Kaltverteiler

Anforderungen an ein Angusssystem

Das gesamte Angusssystem muss unterschiedliche Forderungen erfüllen:

- *Saubere und leichte Trennung* des Angusssystems vom Formteil
- *Entformbarkeit muss gegeben sein:*

  Üblicherweise wird das gesamte System mit dem Öffnen des Werkzeugs aus der gleichen Trennebene wie die Bauteile entformt. Für die Entformung muss das Angusssystem ausreichend erkaltet sein, es könnte sonst z.B. am Übergang der Stange zum Verteiler reißen. Dann verbliebe die Stange im Werkzeug und würde eine Prozessstörung auslösen.

- *Nachdruckphase:* Eine ausreichende Zeit muss sichergestellt werden.
- *Geringer Druckverlust entlang des Angusssystems:*

  Besonders wenn viele Kavitäten über ein Angusssystem erreicht werden sollen, können die Fließwege lang werden. Damit noch ausreichend Druck für das Füllen der Kavitäten verfügbar ist, dürfen die Fließkanäle nicht zu dünn ausgelegt werden.
- *Geringer Wärmeverlust*: durch minimale Oberflächen
- *Balancierung der Schmelzeströme:*

  Bei Mehrkavitätenwerkzeugen sollte eine zeitgleiche Füllung der Kavitäten erfolgen. Das betrifft entweder den Zeitpunkt, zu dem die Schmelze in die jeweiligen Kavitäten einströmt, oder bei Werkzeugen mit unterschiedlich großen Kavitäten den Zeitpunkt, zu dem die Kavität vollständig gefüllt ist. Grundsätzlich geht es hierbei um den Druckaufbau, der mit dem Ende der Füllphase für eine möglichst gute Abbildung der Oberflächenstrukturen der Kavität durch die erkaltende Kunststoffschmelze sorgt.
- *Kleines Masseverhältnis: Angusssystem zu Formteilen*

  Ein Angusssystem bedeutet zwangsläufig einen Materialverlust, auch wenn thermoplastische Kunststoffe wieder aufgeschmolzen werden können und der verbleibende Kunststoff im Angusssystem einem nachfolgenden Prozess wieder zugeführt werden kann. Dies erzeugt Kosten und zusätzlich wird der Kunststoff erneut thermisch belastet, sodass sich ggf. die Farbe des Kunststoffs verändert.
- *Keine Schädigung der Schmelze:* durch zu hohe Scherung oder zu lange Verweilzeit

Zum Teil erfordern diese Wünsche gegensätzliche konstruktive Maßnahmen (Tabelle 3.1), sodass Kompromisslösungen gefunden werden müssen.

Teilweise gegensätzliche konstruktive Maßnahmen

Tabelle 3.1 Ziele und konstruktive Maßnahmen

Ziel	Maßnahme
Trennung vom Bauteil	Anschnitt klein
Nachdruck lang	Anschnitt groß
Entformbarkeit	Stange konisch, Dicke ähnlich wie Bauteildicke
Geringer Druckbedarf	Dicke möglichst groß
Balancierung gut	Gleiche Fließlängen zu allen Kavitäten
Geringe Masse	Möglichst kurze Fließlängen

Man unterscheidet bei den Angusssystemen zwischen Kalt- und Heißkanälen. Im einfachsten Fall kann ein Kaltkanal einen guten Kompromiss zwischen den genannten auseinanderdriftenden Zielen erreichen. Bei der Heißkanalvariante wird das Abkühlen der Schmelze im Angussverteiler über eine elektrische Beheizung verhindert. Dies erfordert neben zusätzlichen Kosten für Heizelemente und Regler auch Bauraum im Werkzeug. Ein Großteil der modernen Werkzeuge wird heute mit Heißkanälen ausgerüstet.

3.4.1 Kaltkanäle

Prinzip Kaltkanal

Ein Kaltkanal ist im Prinzip eine erweiterte Kavität. Diese Schmelzezuleitung muss mit entformt und somit auch gekühlt werden. Abgesehen von der einfachsten Form des Stangenangusses direkt auf ein Bauteil besteht die Möglichkeit, mehrere Bauteile über ein Verteilersystem anzubinden. Häufig ist dieser Anguss dicker als das Bauteil und bräuchte somit eine längere Abkühlzeit. Wenn es aber möglich ist, den Anguss sicher zu entformen, sollte sich die Abkühlzeit aus Gründen der Zykluszeit möglichst nur nach der Qualität des Bauteils richten. Das Angusssystem kann daher zum Zeitpunkt der Entformung noch recht warm und somit instabil sein, solange es sich sicher entformen lässt.

3.4.1.1 Anordnung der Kavitäten

Anordnung Sternverteiler

Hinsichtlich der Anordnung und der Anforderung, möglichst wenig Angussvolumen zu produzieren, ist ein Sternverteiler eine naheliegende Form (Bild 3.24). Hier gibt es zwei entscheidende Nachteile:

- Durch die kreisförmige Anordnung wird das Werkzeug zunächst rund, dies ist mit Blick auf die Handhabung und Lagerung nicht besonders sinnvoll, zumal Werkzeuge stehend gelagert werden. Andernfalls müssten sie gekippt werden, was bei großen Werkzeugen nicht einfach ist.
- Vielfach sind vor der Entformung seitliche Bewegungen von Werkzeugbereichen notwendig. Bei einer kreisförmigen Anordnung gleicher Bauteile ergeben sich unterschiedliche Bewegungsrichtungen. Damit wird zwangsläufig die Zahl der Antriebe groß und die Störanfälligkeit wird wahrscheinlicher.

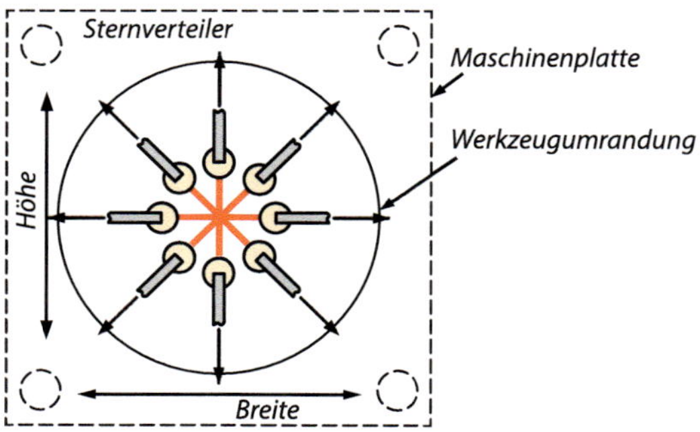

Bild 3.24
Sternverteiler eines Kaltkanals

Anordnung H-Verteiler

Überwiegend werden mehrere Kavitäten in Reihen nebeneinander angeordnet (Bild 3.25). Mögliche Zusatzbewegungen können mechanisch gekoppelt über einen gemeinsamen Antrieb erfolgen. Das Werkzeug wird auf diese Weise ggf. höher als breit, was für den Einbau in eine Spritzgießmaschine nicht problematisch ist. Vielfach werden Werkzeuge mit Hallenkränen von oben zwischen den Holmen in die Maschine eingebaut. Solange die Werkzeughöhe nicht größer als die Höhe der Maschinenplatte ist und solange die Breite bequem zwischen die Holme passt, ist alles in Ordnung.

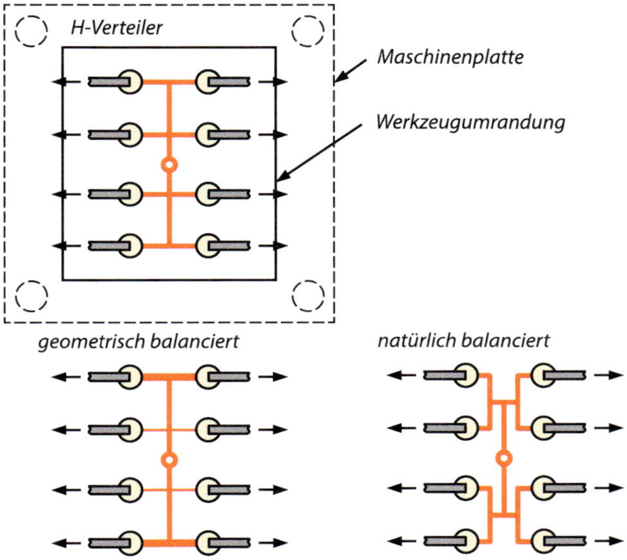

Bild 3.25 H-Verteiler eines Kaltkanals, unten balancierte Varianten

Eine reihenförmige Anordnung bezeichnet man als H-Verteiler, der Name erklärt sich zumindest aus der Form des Verteilersystems für die inneren vier Kavitäten. Wenn mehr als vier Kavitäten miteinander verbunden werden, sind die Wege aus dem Zentrum des Werkzeugs unterschiedlich lang. Als Folge erreicht die Schmelze die äußeren Kavitäten später, was für die Qualität der Bauteile nicht gut ist. Weil der Übergang vom Verteiler zur Kavität meistens eng ist, verlangsamt sich hier die Schmelzeströmung und die Schmelze könnte hier vorzeitig abfrieren. Auf jeden Fall wird der zeitliche Druckverlauf der Schmelze in den inneren und äußeren Kavitäten unterschiedlich sein, sodass möglicherweise die Abformung der Oberfläche nicht gleichmäßig ist.

Balancierung des Verteilers für gleichmäßiges Füllen der Kavitäten

Bild 3.25 zeigt für einen H-Verteiler mögliche Balancierungen. Das Ziel ist grundsätzlich eine zeitlich gleichmäßige Füllung aller Kavitäten. Man spricht von einer Balancierung, wenn die Querschnitte des Verteilers angepasst werden, wobei zunächst die Kanäle zu den inneren Kavitäten enger werden. Dadurch erhöht sich hier der Druckbedarf, sodass die Schmelze hier langsamer strömt. Eine weitere Möglichkeit besteht darin, den Anschnitt (Übergang in die Kavität) zu korrigieren. Diese Optimierung erfolgt direkt in der Produktion, wobei Anschnitte der zu langsam füllenden Kavitäten vorsichtig größer geschliffen werden.

Im Vergleich dazu ist die Anpassung der Fließweglängen eine natürliche Balancierung. Hierbei erhöhen sich das Angussgewicht und der Druckbedarf erheblich.

Fließquerschnitt des Verteilers

Die Form des Angusskanals beeinflusst den Druckbedarf. Ideal ist ein kreisrunder Querschnitt, er hat das günstigste Verhältnis aus Querschnittsfläche und Umfang (Bild 3.26). Damit ist die Oberfläche für einen Wärmeaustausch mit dem Werkzeug gering. Kreisrunde Querschnitte müssen in beide Werkzeughälften eingearbeitet werden, das ist aufwendig und teuer. Ein zusätzlicher Nachteil ist, dass ggf. Schieberbewegungen in der Trennebene behindert werden könnten. Überwiegend werden daher Kaltkanäle nur in die Auswerferseite eingearbeitet, das hat den Vorteil, dass so der Kaltkanal über zusätzliche Auswerfer zuverlässig entformt werden kann.

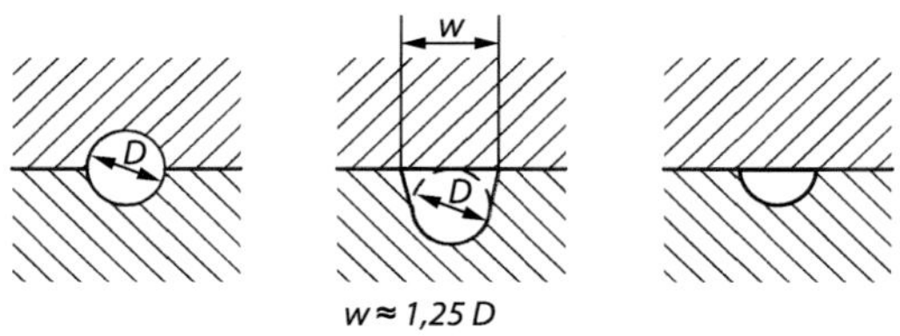

Bild 3.26
Querschnittsformen von Kaltkanälen

Übliche Formen für Kaltkanäle sind trapezförmig oder halbrund-trapezförmig (Bild 3.26, Mitte), über die Schrägfläche lässt sich der Kaltkanal gut entformen. Rechteckige oder halbrunde Querschnitte sind mit Blick auf die größere Oberfläche ungünstig.

Die Dicke des Kaltkanals hängt zunächst von der Bauteildicke s ab, bzw. dem dicksten Bauteilbereich. Der Kanaldurchmesser D ist ca. 1,5 s_{max}.

3.4.1.2 Anbindung an die Kavitäten

Anbindung ist der Übergang von Anguss zu Kavität, der Anschnitt

Wenn eine mechanische Nachbearbeitung jedes einzelnen Bauteils nicht vorgesehen bzw. gewünscht ist, stellt der Übergang vom Anguss zur Kavität einen kaum vermeidbaren Oberflächenfehler dar. Mit dem Blick auf Nacharbeitsfreiheit ist eine direkte Anbindung über eine konische Angussstange ausgeschlossen und es ergeben sich folgende Forderungen:

- Der Anguss soll sich leicht vom Bauteil trennen lassen, am besten durch einfaches Abbrechen.

- Die Anbindung soll optisch möglichst wenig auffallen.
- Der Querschnitt der Anbindung soll möglichst klein sein.

Mögliche Anspritzorte für Kaltkanalanbindungen

Bild 3.27 zeigt sinnvolle Anbindungsmöglichkeiten. Man beachte, dass die Anbindung natürlicherweise mit dem Angusssystem in derselben Trennebene liegt. Damit ist die Wahl der Anbindung an das Bauteil sehr eingeschränkt, denn bei Anwendungen mit mehreren Kavitäten kommt nur der umlaufende äußere Bauteilrand infrage. Ein Tunnelanguss taucht nahe der Kavität unter die Trennebene und bindet das Bauteil auf einer senkrechten Fläche zur Trennebene an. Diese Angussform ist selbstabtrennend. Mit der Auswerferbewegung schneidet die scharfe Kante das Angusssystem vom Bauteil ab. Mit einem Tunnelanguss kann auch ein Hilfszapfen hinter der eigentlichen Bauteilwand angebunden werden. Dieser Hilfszapfen wird später abgebrochen, somit liegt der optische Fehler der Anbindung nicht mehr auf der sichtbaren Oberfläche des Bauteils.

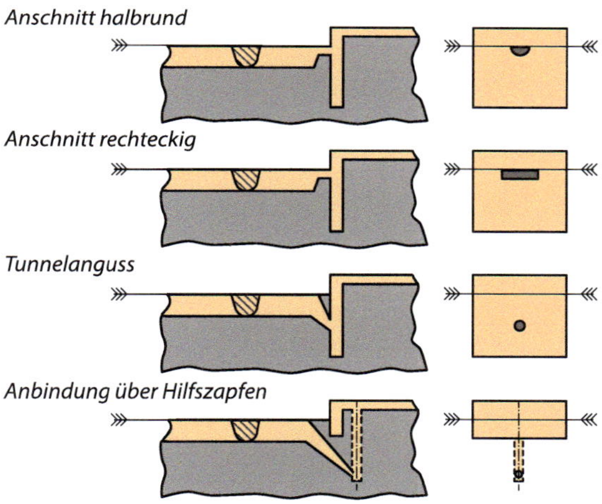

Bild 3.27 Anschnittformen und entsprechende Markierungen auf dem Bauteil

Ausführung einer Tunnelanbindung

Eine Tunnelanbindung wird möglichst mit einem Stauboden ausgeführt (Bild 3.28). Hierbei ist die Zuführung zum Bauteil etwas größer als der Durchbruch selbst. Der Name selbst ist irreführend, denn es geht hier weniger um einen Massestau als vielmehr um das Volumen heißer Schmelze während der Einspritz- und Nachdruckphase. Dadurch bleibt der Tunnel länger schmelzeflüssig und ermöglicht somit eine längere Nachdruckphase zur Schwindungskompensation. Ein weiterer Vorteil der Ausführung mit Stauboden ist die geringere Scherbelastung der Schmelze und somit die kleinere Gefahr von Schlierenbildung. Durch Scherung wird die strömende Schmelze erwärmt und ggf. lokal überhitzt. Die Scherbelastung ist immer dann groß, wenn die Schmelze in engen Kanälen schnell strömt, denn an den kälteren Kanalwänden erstarrt die Schmelze und so bildet sich eine

Scherung zwischen der fließenden Schmelze und der erstarrten nicht fließenden Randzone.

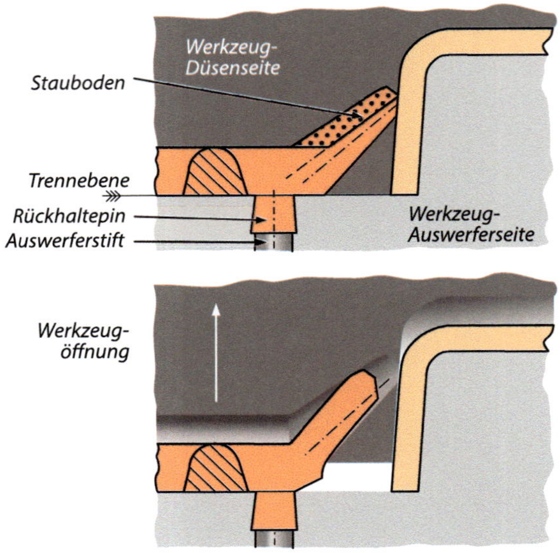

Bild 3.28
Tunnelanbindung mit und ohne Stauboden

Damit ein Angusssystem mit einer Tunnelanbindung sicher entformt werden kann, muss möglichst nah am Tunnel im Angussverteiler ein Rückhaltepin mit einem Auswerferstift platziert werden, weil das Angusssystem sonst beim Öffnen der Form mitgerissen und der Anschnitt nicht sicher abgetrennt wird.

Form des Anschnitts

Wegen einer einfachen Bearbeitung nur einer Werkzeughälfte kommt zunächst ein Halbkreis als Querschnittsform infrage (Bild 3.27). Vielfach wird der Querschnitt aber vergrößert und rechteckig ausgeformt. Bei sehr breiten Anschnitten spricht man auch von einem Band- bzw. Filmanguss. Sehr große Breiten haben den Vorteil, dass die Schmelze gleichmäßig über einen Flächenbereich einströmt, wodurch die Orientierungen von Kunststoffmolekülen und insbesondere Füllstofffasern stärker in Fließrichtung ausgerichtet werden. Man sollte aber bedenken, dass ein enger Querschnitt schneller einfrieren kann. Wenn bei einem sehr breiten Anschnitt die Strömung nicht kontinuierlich gleich groß an allen Stellen ist, frieren die Bereiche mit langsamerer Strömung ggf. ein und dann können ungewollt Bindenähte im Bauteil entstehen. Unterschiedliche Strömungsgeschwindigkeiten ergeben sich, wenn Bauteilbereiche hinter dem Anschnitt einen höheren Druckwiderstand bilden oder nach einer gewissen Zeit nach Einspritzbeginn bereits gefüllt sind.

Kaltkanalanspritzung auf Bauteiloberseite mit 3-Platten-Werkzeug

Über eine zusätzliche Trennebene kann ein Bauteil auch auf der Fläche der Düsenseite angebunden werden. Diese Werkzeugform wird als Dreiplattenwerkzeug bezeichnet (Bild 3.29), die Öffnung erfolgt über zwei Trennebenen, wobei über geeignete mechanische Elemente eine der beiden Trennebenen vor der zweiten Trennebene öffnet. Dabei wird zwangsläufig der Anguss vom Bauteil abreißen, wenn der Anguss sich zum Bauteil hin konisch verjüngt. Der Anschnitt ist in diesem Fall punktförmig. Das Angusssystem selbst muss über eine geeignete Vorrichtung aus der zweiten Trennebene vor dem nächsten Schließen des Werkzeugs entfernt werden.

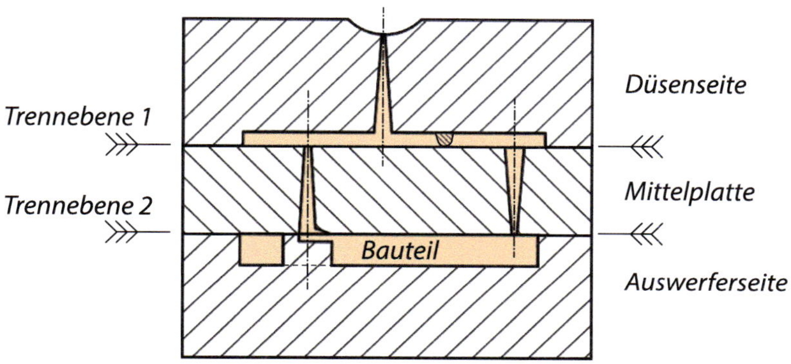

Bild 3.29 Anbindung über eine zusätzliche Trennebene (Dreiplattenwerkzeug)

Wenn der Anguss sich zum Bauteil hin verbreitert, kann die Anbindung an der Innenkante eines Durchbruchs erfolgen. Hierbei können die oben genannten Anschnittformen inklusive der Tunnelanbindung gewählt werden.

Dreiplattenwerkzeuge sind zwar aufwendig wegen der zusätzlichen Mittelplatte und der Mechanik für die Steuerung der Öffnungsbewegung, sie bieten aber einen größeren Gestaltungsspielraum:

- Es können mehrere Kavitäten angebunden werden, wobei die Anbindung nicht nur über den Bauteilrand erfolgen muss.
- Die Bauteile können auch außermittig angespritzt werden.
- Bei größeren Bauteilflächen können auf einem Bauteil mehrere Anspritzpunkte genutzt werden, sodass die Fülldrücke nicht in den Bereich der Maschinengrenze kommen.
- Es besteht die Möglichkeit, die Anbindung im Bereich von Bauteildurchbrüchen zu gestalten. In dem Fall müsste eine weitere Angussstange konisch von Trennebene 1 in Richtung der Bauteilöffnung in Trennebene 2 zulaufen und dort einen zusätzlichen Unterverteiler treffen. Die Anbindung an das Bauteil kann dann wie gewohnt über einen Anschnitt in der Trennebene oder über einen Tunnelanguss erfolgen.

3.4.1.3 Entformung des Angusssystems

Stangenangüsse können sehr dick und damit kühlzeitbestimmend werden

Der Angussverteiler liegt üblicherweise nur in der Auswerferseite des Werkzeugs. Hier müssen ausreichend Auswerferstifte vorgesehen werden, damit das Angusssystem zuverlässig entformt wird. Für die Angussstange ergibt sich bei einer Entformungsschräge von 1° und einer Länge von 100 mm eine Aufweitung des Durchmessers um ca. 3,5 mm. Im Extremfall kann die Angussstange im Bereich des Angusskanals so dick werden, dass sie nur sehr langsam erstarrt und ggf. für die Entformung nicht steif genug ist und hier abreißt. In dem Fall bleibt die Stange in der Düsenseite stecken und verursacht eine Prozessstörung.

Angusskrallen zur sicheren Entformung

Damit die Angussstange zuverlässig entformt werden kann, wird vielfach eine mechanische Verkrallung vorgesehen (Bild 3.30). Vielfach geschieht das über einen leicht konischen Hinterschnitt (oberster Bildabschnitt). Dieser Hohlraum nimmt beim Einspritzen das Material auf, das als erstes die Düse verlässt und ggf. wegen des Kontakts der Düse mit dem Werkzeug etwas kälter ist. Das nachfolgende „richtig temperierte“ Material strömt an diesem Material vorbei. Aus diesem Grund bezeichnet man den konischen Zapfen gegenüber der Angussstange auch als Propfenfänger. Diese konische Ausführung ist eher geeignet für zähe und nicht zu spröde Materialien.

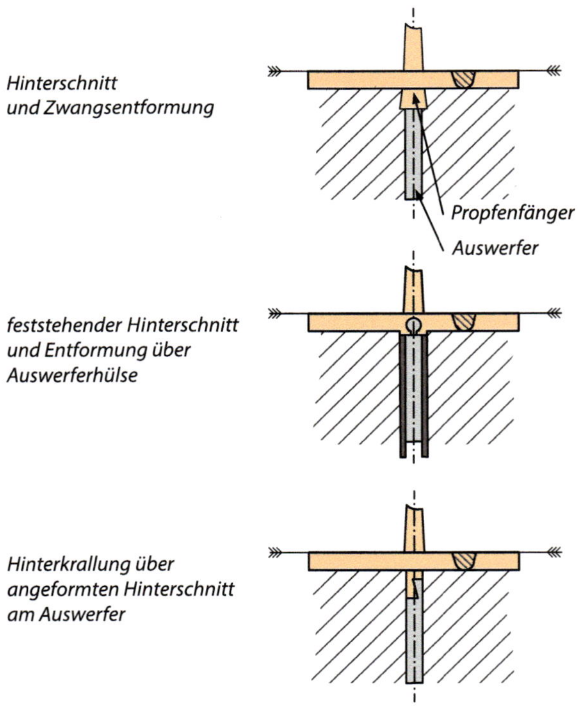

Bild 3.30 Entformung von Kaltkanalangüssen

Alternativ kann auch eine feststehende Hinterschneidung vorgesehen werden, die durch das Ende eines angeformten Auswerfers gebildet wird. Die Entformung erfolgt in diesem Fall über eine Auswerferhülse. Speziell bei dickeren Angussstangen kann diese Ausführung Vorteile bringen, denn der Auswerferstift steckt im dicken Teil des Angusses und reduziert somit hier die zu kühlende Wanddicke, sodass ein Abreißen der Stange weniger wahrscheinlich wird.

Ausführungsformen von Angusskrallen

Schließlich ist der Z-Pin eine gute Maßnahme zur Zwangsentformung der Angussstange. Ein Auswerferstift wird im vorderen Bereich Z-förmig angeschliffen, damit sich ein Hinterschnitt bildet. Dieser Hinterschnitt wird durch die Vorwärtsbewegung des Auswerfers freigegeben. Damit der Anguss nicht an der Kante hängen bleibt, sollte der Z-Pin-Auswerferstift ggf. so verdrehgesichert werden, dass die Verlängerung des Hinterschnitts im Einbauzustand des Werkzeugs nach unten gerichtet ist und damit das Bauteil ungehindert mit der Schwerkraft nach unten fallen kann.

Ein Nachteil von Angussstangen ist die zusätzliche Werkzeugöffnungsweite, denn die Angussstange muss mit dem Bauteil entfernt werden und vergrößert automatisch die Bauteilhöhe. Für das Öffnen der Maschine muss i. d. R. mindestens die doppelte Bauteilhöhe vorgesehen werden, denn das Bauteil muss an den Kernen vorbei entfernt werden (Bild 3.31). Bei einem Eimer mit einer Höhe von 300 mm würde bei einer Werkzeugöffnung von etwas mehr als 300 mm gerade einmal der komplette Eimer sichtbar sein, bei einer Entformung könnte er nur in die Düsenseite hinein entformt werden.

Stangenangüsse ziehen große Werkzeugöffnungsweiten nach sich

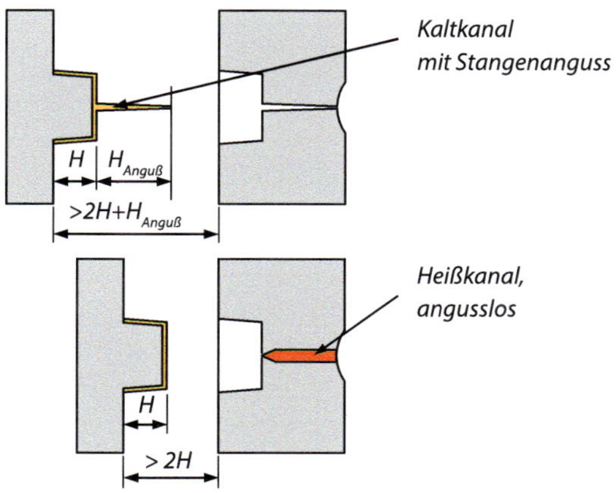

Bild 3.31
Notwendige Öffnungsweite zur Entformung von Bauteilen und ggf. Angüssen

Eine angusslose Fertigung erleichtert somit die Entformung. Es bieten sich drei mögliche Realisierungen an, bei denen jeweils Schmelze am vorzeitig kompletten Einfrieren gehindert wird:

- Werkzeug mit Vorkammerdüse
- Isolierkanalwerkzeug
- Heißkanalwerkzeug

3.4.2 Werkzeug mit Vorkammerdüse

Wärmeisolation am Beispiel Vorkammerdüse

Werkzeuge mit Vorkammerdüsen (Bild 3.32) sind kaum noch im Einsatz und werden hier nur für das weitere Verständnis behandelt. Sie eignen sich nur für relativ geringe Strecken zwischen der eigentlichen Maschinendüse und der Kavität. Zwischen der anliegenden Maschinendüse und dem Werkzeug wird ein Hohlraum gebildet, der beim ersten Zyklus mit Schmelze gefüllt wird. Anders als üblich hebt die Maschinendüse nicht nach jedem Einspritzvorgang ab, sondern sperrt den genannten Hohlraum ab. Die Schmelze erstarrt zum Werkzeugrand hin, wegen der geringen Wärmeleitfähigkeit der Kunststoffschmelze verbleibt aber im Kernbereich eine heiße plastische Seele. Konstruktiv kann ein Luftspalt um die eigentliche Vorkammerdüse als Isolator vorgesehen werden, damit ein zu schnelles Abfrieren des gesamten Schmelzevolumens verhindert wird. Eine Kühlung der Vorkammerdüse im vorderen Bereich soll dafür sorgen, dass hier der Übergang zur Kavität einfriert und nicht störende Fäden beim Entformen gezogen werden.

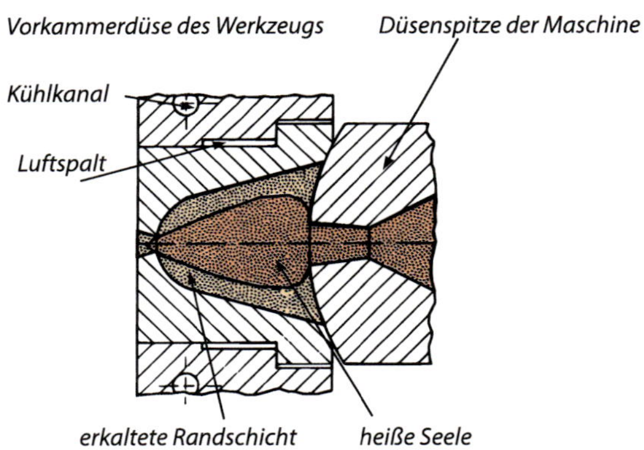

Bild 3.32 Vorkammerdüse für angussloses Spritzgießen
[Bildquelle: Kunststoffverarbeitung im Gespräch, BASF, 1979]

Ein Nachteil der Vorkammerdüsen ist das große Schmelzevolumen. Weil die Schmelzemenge für jeden Zyklus exakt auf die Kavität abgestimmt ist, wird zumindest im ersten Zyklus die Kavität nicht vollständig gefüllt. Somit ist das Anfahren des Werkzeugs nach einer Störung nicht unproblematisch.

Beheizte Vorkammerdüse (Prototyp des Heißkanals)

Der Einsatz hoch wärmeleitfähiger Düsenspitzen verbessert diesen Umstand (Bild 3.33). Wegen der guten Wärmeleitfähigkeit ist der Temperaturunterschied innerhalb der Düsenspitze sehr gering und somit kann die Schmelze sehr dicht bis kurz vor der Kavität flüssig und heiß gehalten werden. Auch hier bleibt die Düse permanent mit dem Werkzeug in Kontakt. Der Hohlraum zwischen Düsenspitze und Werkzeug wird beim ersten Mal mit Schmelze gefüllt, die dann überwiegend erstarrt und die heiße Düsenspitze gegen das kalte Werkzeug weitgehend isoliert.

Ein Teil des Kunststoffmaterials zersetzt sich mit der Zeit thermisch, das ist aber unproblematisch, denn nur die Schmelze im Bereich der Öffnung zur Kavität gelangt mit dem Einspritzen auch tatsächlich in den Formhohlraum. Dies geschieht mit jedem Zyklus, sodass keine Gefahr für ein Erscheinen von zersetztem Material auf der Bauteiloberfläche besteht.

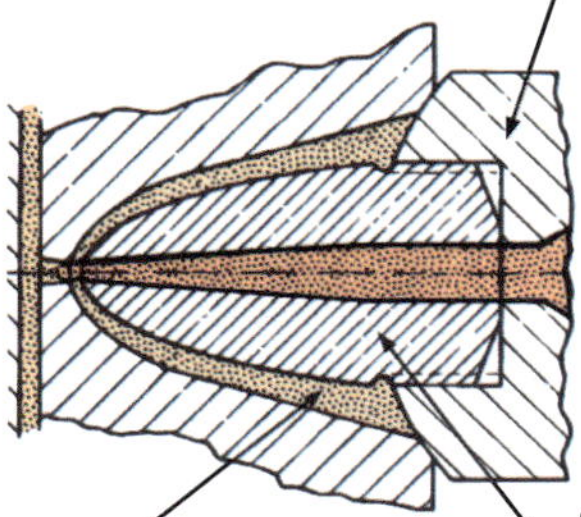

Bild 3.33 Beheizte Vorkammerdüse für angussloses Spritzgießen [Bildquelle: Kunststoffverarbeitung im Gespräch, BASF, 1979]

Ein Nachteil der Vorkammerdüsen ist die notwendige höhere Düsenanpresskraft. Wegen des großen Schmelzedurchmessers in Richtung der Düse und der hohen möglichen Einspritzdrücke – im Düsenbereich kann ein Druck von ca. 2000 bar herrschen – ergeben sich hohe Kräfte, die von den Anpresskräften der Maschinendüsen kompensiert werden müssen, damit das Spritzaggregat nicht zurückgedrückt wird.

Vorkammerdüsen mit beheizten Düsenspitzen kommen überwiegend in Kombination mit Heißkanälen vor, hier ist ein zyklisches Abheben der Düse wegen eines möglichen Materialaustritts von Schmelze aus dem Heißkanal unerwünscht.

3.4.3 Isolierkanäle

Isolierkanäle halten die Schmelze flüssig

Ein Isolierkanal ist prinzipiell eine erweiterte Vorkammerdüse und hat die gleichen Vor- und Nachteile. Die Schmelze bleibt zur Mitte hin plastisch, wenn der Durchmesser des Kanals groß genug ist (Bild 3.34). Eine Maßnahme der Isolation über Luftspalte ist nicht möglich. Das Hauptproblem von Isolierkanälen ist der Anfahrvorgang, denn wenn der Durchmesser sehr groß gewählt ist, nimmt der Isolierkanal bis zu zwei Schuss Schmelze auf. Man muss also bis zu zweimal einspritzen, bevor Schmelze in die Kavitäten gelangt.

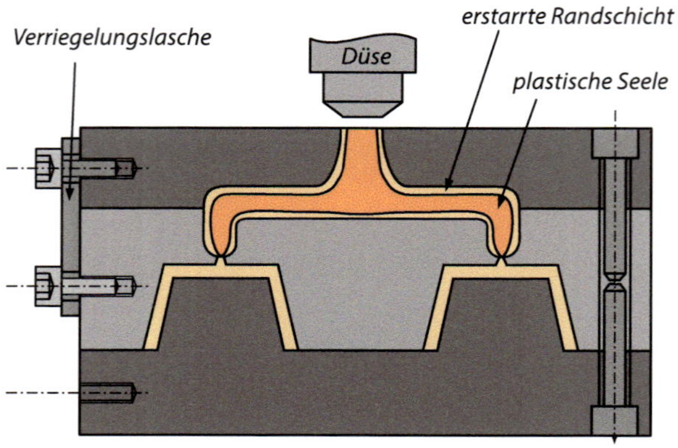

Bild 3.34 Isolierkanal für angussloses Spritzgießen

Nach längeren Störungszeiten kann der gesamte Isolierkanal eingefroren sein, dann muss der erkaltete Kunststoff entfernt werden. Hierfür muss die Ebene des Isolierkanals als zweite Trennebene ausgebildet sein, die für den zyklischen Betrieb mit einer Verriegelungslasche verschlossen bleibt. Durch ein Umlegen der Lasche wird das Öffnen der zweiten Trennebene ermöglicht.

Durchmesser von Isolierkanälen

Isolierkanäle sind so gut wie gar nicht im Einsatz, weil es schwierig ist, einen Kompromiss hinsichtlich des Durchmessers zu finden:

- Großer Durchmesser → Kanal friert nur langsam zu und somit wird das System unsensibel hinsichtlich möglicher Störzeiten während der Entformung.
- Kleiner Durchmesser → leichteres Anfahren und größeres verfügbares Schmelzevolumen aufgrund des geringeren Kompressionsvolumens.

Problematik: Kompressionsvolumen

Wenn der Durchmesser sehr groß ist, beinhaltet der Kanal ggf. zu viel komprimierbare Schmelze, sodass das maximal mögliche Schussvolumen der Schnecke nicht mehr ausreicht und ein größeres Spritzaggregat notwendig wird. Das Schussvolumen des Spritzaggregats errechnet sich aus dem Hub der Schnecke und dem Schneckendurchmesser, es sollte ca. 20 % größer als das Volumen der Kavität sein, denn einerseits schwindet die heiße Schmelze je nach Kunststoffart beim Abkühlen, und zusätzlich muss man berücksichtigen, dass die Schmelze bei einem Einspritzdruck von 2000 bar um ca. 10 % zusammengedrückt wird. Wenn nun der Isolierkanal sehr groß ist und z. B. dem doppelten Schussvolumen entspricht, erhöht sich das komprimierte Volumen auf 30 % (Bild 3.35). Das Kompressionsvolumen kann nicht in die Form gelangen. Es handelt sich gewissermaßen um nicht effektives Volumen, das nur für den Druckaufbau notwendig ist.

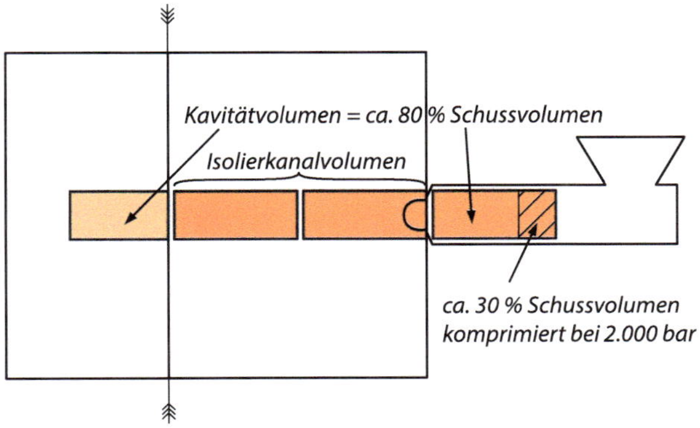

Bild 3.35 Kompressionsvolumen eines Isolierkanals

3.4.4 Heißkanäle

Vorteile von Heißkanälen

Die Nachteile der Isolierkanäle hinsichtlich des schwer kontrollierbaren Abfrierens der Schmelze lassen sich mit elektrischer Beheizung beheben. Trotz des zusätzlichen Aufwands für diese Beheizung in Form von Heizelementen und Regelung der Temperatur sind die Heißkanalsysteme weitgehend Standard bei Spritzgießmaschinen. Es ergeben sich diverse Vorteile und Möglichkeiten:

- *Kein Angussmaterial:* Das gesamte Schmelzeverteilersystem im Werkzeug wird beheizt, somit entsteht kein überflüssiger Abfall, der ggf. dem Prozess wieder zugeführt werden muss. Die Angussrückführung erfordert eine Zerkleinerungsmühle, die üblicherweise nicht direkt an der Maschine steht. Bei einer zentralen Materialaufbereitung mit Anguss- bzw. Ausschussteilemühlen besteht grundsätzlich die Gefahr einer Materialverschmutzung.
- *Kürzere Werkzeugöffnungswege:* Problematisch ist die Entformung der Angussstange. Für einen reibungslosen zyklischen Verlauf muss der Anguss sicher entformt werden. Das Werkzeug muss zusätzlich um die Länge der Angussstange geöffnet werden, damit das Bauteil sicher entformt werden kann (Bild 3.31). Die Öffnungsweite des Werkzeugs wird letztendlich durch die Maschinengröße beschränkt.
- *Reduzierte Druckverluste:* Ein Anguss-Kaltverteiler vergrößert die Fließweglänge, somit steigt der Druckbedarf. Mit Heißkanälen kann dieser Druckbedarf reduziert werden, sodass für den Füllvorgang der Kavität und die Abbildung der Oberflächenstruktur der Kavität höhere Drücke verfügbar werden.
- *Bessere Nachdruckwirkung:* Bei nicht beheizten Systemen friert der Anschnitt während der Nachdruckphase zügig ein. Aufgrund einer Beheizung der Düsen im Übergang zur Kavität kann der Nachdruck länger wirken, das hat eine positive Wirkung auf Schwindung und Verzug.

- *Bessere Optik der Anschnitte:* Je nach System können die Anschnitte sehr sauber ausgeführt werden. Bei Nadelverschlusssystemen bleibt ggf. nur ein Abdruck ähnlich einem Auswerferstift auf der Oberfläche sichtbar.
- *Etagen- und Tandemwerkzeuge:* Zur Leistungssteigerung können Werkzeuge mit mehreren Trennebenen für Bauteile zum Einsatz kommen.
- *Anspritzen von innen möglich:* Speziell für dekorierte Behälter, z. B. Margarinebecher, ist eine Anspritzung von der Innenseite interessant. Wenn eine Folie mit einem Druckbild für die Außenseite des Bauteils in das Werkzeug eingelegt und hinterspritzt werden soll, ist die Außenseite für die Anbindung nicht möglich. Je nach Behälterhöhe ergäbe sich eine große Angusslänge, die mit keiner Art von Vorkammerdüse leicht zu überbrücken wäre.
- *Kaskadentechnik möglich:* Speziell für langgestreckte Bauteile sind wegen der möglichen Fließweglängen mehrere Anspritzpunkte notwendig. Damit ergeben sich automatisch Bindenähte zwischen den Anschnitten. Man spricht von Kaskadentechnik, wenn über Verschließmechanismen die diversen Anschnitte unabhängig in zeitlicher Folge geöffnet werden können. Erfolgt die Öffnung einer Düse erst nach dem Überströmen mit Schmelze aus einer vorgelagerten Düse, entstehen zwangsläufig keine Bindenähte (siehe Kapitel 3.4.4.4).

Heißkanäle bestehen aus Angussbuchse, Verteiler und Düsen (Bild 3.36). Diese Elemente werden mit möglichst geringem direkten Kontakt in die Düsenseite eines Werkzeugs eingebaut, denn es soll möglichst wenig Wärme zwischen dem Heißkanal und dem Werkzeug ausgetauscht werden. Als Isolator eignet sich grundsätzlich am besten ein Luftspalt (Bild 3.37). Der Verteiler ist in einfachen Fällen ein einfacher langgestreckter Balken, er kann aber auch diverse Verzweigungen haben.

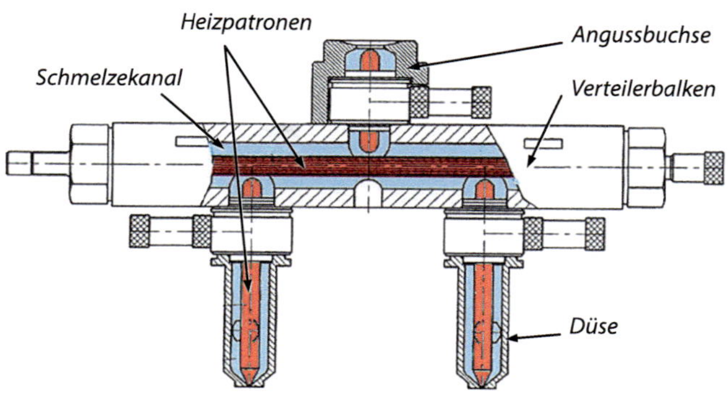

Bild 3.36 Heißkanal, innenbeheizt [Bildquelle: nach Mennig, Werkzeuge für die Kunststoffverarbeitung, Carl Hanser]

Wegen der Wärmedehnung ist der Balken im kalten (Einbau-)Zustand kürzer als im aufgeheizten Zustand. Daher gibt es für die Verbindung der Düsen mit dem Balken zwei Varianten:

Wärmedehnung von Heißkanalbalken

- Bei der gleitenden Pressverbindung liegen die Düsen flach am Balken an. Der Abstand der Düsen zueinander ist durch das Maß zwischen den diversen Anschnitten bestimmt und ändert sich nicht, wenn der Heißkanal aufgewärmt wird. Der Heißkanalbalken kann während des Aufheizens länger werden. Im aufgeheizten Zustand stimmt der Abstand der Öffnungen im Balken zu dem Stichmaß der Anschnitte. Durch die Aufheizung werden die Düsen etwas länger und erzeugen somit eine Presskraft auf den Balken, damit keine Schmelze aus dem Heißkanal in den Raum zwischen Heißkanal und Werkzeug gelangt.

Abdichtung der Heißkanaldüsen über Pressverbindung

- Eingeschraubte Düsen werden zwangsläufig aufgrund der Wärmedehnung des Balkens über die Länge verbogen. Daher müssen hier entweder geringe Balkenlängen vorliegen oder die Düsen müssen relativ lang sein. Für die Länge bei eingeschraubten Düsen gilt näherungsweise, dass sie mindestens doppelt so lang sind wie ihr Abstand zur Balkenmitte. Eine Düse mit einem Abstand von 150 mm zur Mitte des Werkzeugs sollte z. B. mindestens 300 mm lang sein.

3.4.4.1 Innenbeheizte Systeme

Als Beheizung kommen bei innenbeheizten Systemen elektrische Heizpatronen zum Einsatz, die von der Kunststoffschmelze umströmt werden (Bild 3.36). Nach außen hin sind diese Heißkanäle trotz eines Isolierspalts zum Werkzeug weitgehend kalt. Daher bildet sich hier eine erstarrte bzw. zumindest sehr zähe Randschicht an der Kanalwand. Es ergeben sich zwei *Vorteile*:

Innenbeheizte Heißkanäle erwärmen das umgebende Werkzeug wenig

- Die zähe Randschicht dichtet das System sehr gut ab, somit sind Undichtigkeiten beim Einsatz gleitender Düsen unwahrscheinlich.
- Wegen der geringen Außentemperatur ist der Wärmeeintrag in Richtung Werkzeug gering, damit ist auch der Bedarf für elektrische Leistung geringer.

Die *Nachteile* innenbeheizter Systeme sind:

- Farb- oder Materialwechsel sind besonders problematisch und ohne eine komplette mechanische Reinigung nicht zügig machbar.
- Der Druckwiderstand ist ziemlich hoch, wenn der Kanaldurchmesser nicht groß genug gewählt wird. Bei großen Durchmessern ergibt sich jedoch die Problematik des Kompressionsvolumens (siehe Bild 3.35).

3.4.4.2 Außenbeheizte Systeme

Außenbeheizte Systeme haben einen geringeren Druckbedarf und ein geringeres Schmelzevolumen. Der Schmelzeströmungskanal ist vollständig heiß, es gibt keine erstarrte Randschicht.

Außenbeheizte Heißkanäle haben einen vollständig heißen Schmelzekanal

Üblich sind biegsame Heizleiter, die auf der Außenseite des Verteilerbalkens in Nuten eingelassen werden. Bild 3.37 zeigt eine alternative Beheizung mit flächigen Heizplatten im eingebauten Zustand mit Isolationsspalten, den Druckstücken zur Abdichtung sowie der Zentrierung des Systems. Über die Mitte des Werkzeugs ist der Balken fixiert und kann sich über die Länge zu beiden Seiten ausdehnen. Entsprechend greifen die seitlichen Zentrierungen in Langlöcher ein und richten z. B. die Hochachse im eingebauten Zustand aus.

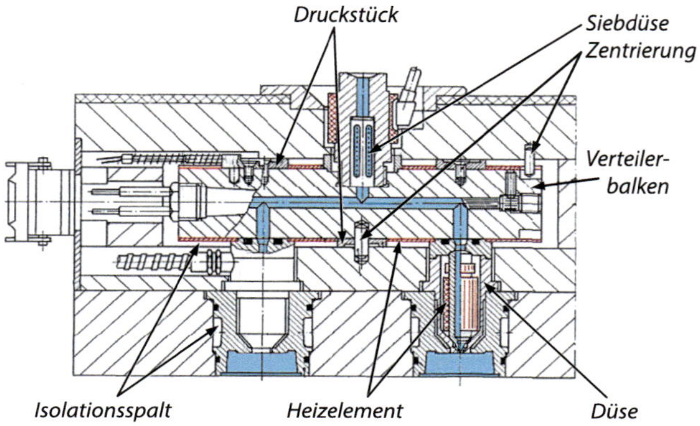

Bild 3.37 Heißkanal, außenbeheizt [Bildquelle: nach Mennig, Werkzeuge für die Kunststoffverarbeitung, Carl Hanser]

Weil es keine erstarrte Randschicht wie bei den innenbeheizten System gibt, und weil die Düsen wegen der Längenausdehnung des Heißkanalbalkens nicht dicht verschraubt werden können, muss die Abdichtung der Düsen über eine Flächenpressung im aufgeheizten Zustand erfolgen. Dafür sind gegenüber den Düsen Druckstücke notwendig. Diese Druckstücke sollen möglichst wenig Wärme zwischen dem Heißkanal und dem Werkzeug übertragen. Für eine geringe Wärmeübertragung sind die Druckstücke entweder aus einem schlecht wärmeleitenden Material oder sie haben Nuten in der Oberfläche, zur Verringerung der wärmeübergebenden Fläche.

3.4.4.3 Heißkanaldüsen

Eine wichtige Anforderung für Heißkanäle ist die thermische Trennung zum Werkzeug. Besonders schwierig wird dies im Bereich der Düsen, denn hier muss über sehr kurze Distanzen eine große Temperaturdifferenz ermöglicht werden.

Bei den Düsen unterscheidet man drei Typen:

- Offene Düsen
- Düsen mit Spitze
- Nadelverschlussdüsen

Bei einer offenen Düse (Bild 3.38) handelt es sich im Prinzip um eine Vorkammerdüse (siehe Bild 3.32). Der Öffnungsquerschnitt ist relativ groß, sodass der Verschleiß auch bei Kunststoffen mit abrasiven Füllstoffen eher gering ist. Nachteilig ist eine starke und oft unsaubere Abzeichnung auf dem Bauteil in Form eines gut spürbaren von Zyklus zu Zyklus unregelmäßigen Kunststoffabrisses. Zweckmäßig ist hier die Ausformung einer Kalotte auf dem Bauteil. Damit ist eine Mulde um den Abrisspunkt herum gemeint, die die Anschnitterhebung aufnimmt. Vielfach wird z. B. ein Behälter über den Bodenbereich angespritzt. Über die Ausbuchtung der Oberfläche wird sichergestellt, dass der Behälterboden später auf einer ebenen Unterlage gut aufliegt und das Bauteil nicht auf dem Abrissmaterial kippelt.

Offene Düsen für zähfließende, gefüllte Kunststoffe

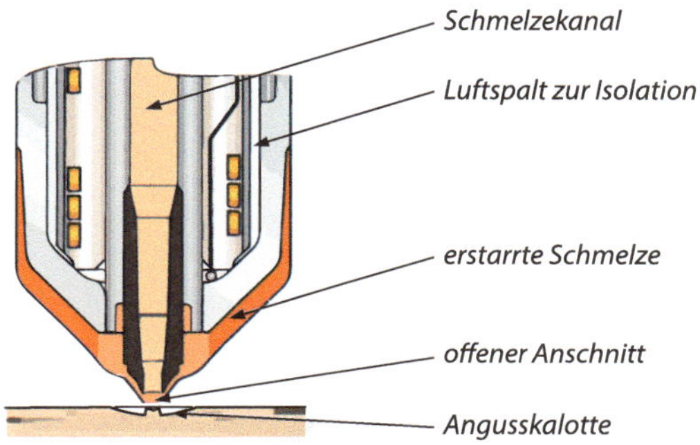

Bild 3.38
Heißkanaldüse, Version offen
[Bildquelle: Günter Heißkanaltechnik, Frankenberg]

Teilkristalline Kunststoffe können im Bereich der thermischen Trennung zwischen Düse und Kavität schnell erstarren und somit Prozessstörungen bewirken. In dem Fall können beheizte Spitzen für die offene Düse eingesetzt werden (Bild 3.39). Die Schmelze muss in diesem Fall durch den Düseneinsatz strömen und am vorderen Ende über eine seitliche Öffnung in den eigentlichen Anschnittbereich. Dabei entstehen zwangsläufig Bindenähte, die speziell bei Einsatz von Farbpigmenten sichtbare linienförmige Spuren hinterlassen.

Offene Düsen mit Spitze für schnell erstarrende Kunststoffe

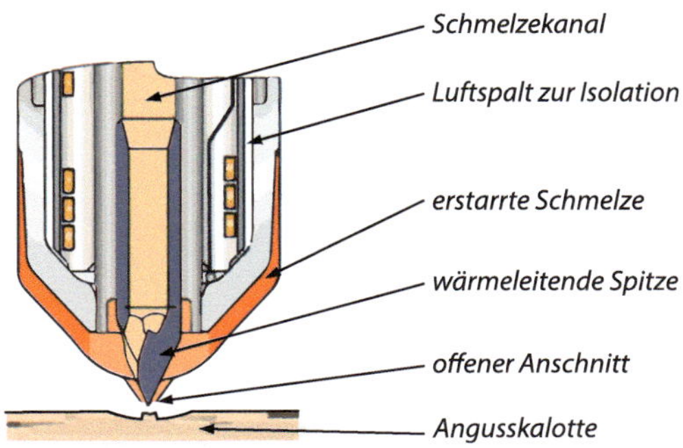

Bild 3.39
Heißkanaldüse, Version mit Spitze
[Bildquelle: Günter Heißkanaltechnik, Frankenberg]

Nadelverschlussdüsen und ihre Vorteile

Heißkanaldüsen lassen sich mit extern betätigten Nadeln verschließen (Bild 3.40). Das hat mehrere Vorteile:

- Einige Kunststoffe sind als Schmelze sehr dünnflüssig und neigen dazu, aus dem Heißkanal auszutreten, wenn das Bauteil entformt wird. Solange das Bauteil noch in der Kavität ist, verschließt es selbst den Düsenanschnitt.
- Gelegentlich werden treibmittelhaltige Kunststoffe eingesetzt, z. B. wenn man den Kunststoff zur Dichtereduktion und somit Gewichtseinsparung aufschäumen will. Dabei entsteht in der heißen Schmelze ein Druck von ungefähr 30 bar, der den Kunststoff aus der Düse treiben würde, wenn das Werkzeug geöffnet wird. Verschlussdüsen verhindern dies.
- Bei sehr kurzen Zykluszeiten, das ist bei dünnwandigen Verpackungen der Fall, muss die Maschine noch Schmelze erzeugen, während das Werkzeug bereits öffnet und das Bauteil entformt. Dabei entsteht ein erheblicher Druck im Schneckenvorraum, der sich in den Heißkanal fortpflanzt. Nur mit Verschlussdüsen kann man dann ein Auslaufen der Schmelze verhindern.
- Offene Heißkanaldüsen hinterlassen nicht immer einen gleichen Schmelzeabriss, meistens als leichte Erhebung. Mit Verschlussdüsen wird diese Markierung sozusagen eingeebnet. Je nach Qualität des Nadelverschlusssystems bleibt ein Abdruck, der sehr ähnlich dem eines Auswerfers ist.

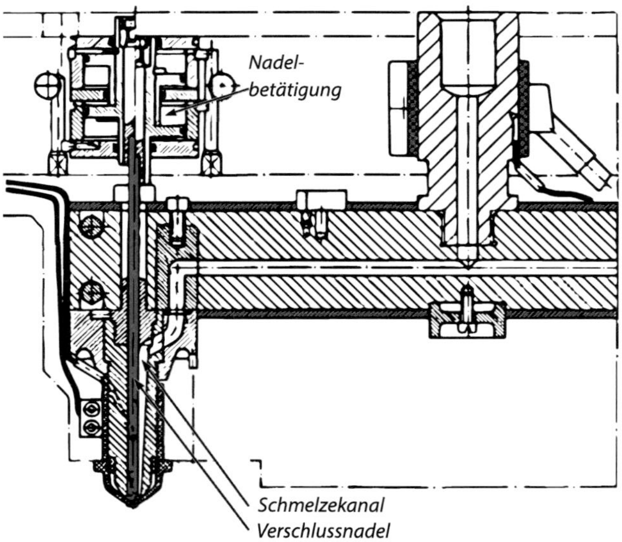

Bild 3.40 Nadelverschlussdüse eines Heißkanals

Die Nadelverschlusssysteme sind aufwendig und benötigen zusätzlichen Bauraum für die Nadelbetätigung. Diese Nadelbetätigung muss einerseits zum Heißkanal selbst thermisch isoliert sein. Als Betätigung bietet sich Pneumatik an, da eine Erwärmung des Betätigungssystems durch den Heißkanal weniger kritisch ist im Vergleich zu hydraulischen Betätigungen. Der Nachteil der pneumatischen Systeme ist die schlechte Feinabstimmbarkeit der Geschwindigkeit. Elektrische Antriebe sind hier sehr vorteilhaft, dafür sind sie aber auch recht teuer.

Antrieb von Nadelverschlusssystemen

Eine Siebdüse ist optional für Heißkanäle. Grundsätzlich besteht immer die Gefahr, dass Verunreinigungen über die Materialversorgung in die Maschine gelangen. Diese Verunreinigungen können enge Düsenspalte verstopfen und Störungen verursachen. Siebdüsen halten Verunreinigungen vor dem Heißkanal und erleichtern die Wartung im Fall einer Störung.

Siebdüsen schützen Heißkanalsysteme vor Verunreinigungen

3.4.4.4 Kaskadentechnik

Für große bzw. sehr langgestreckte Bauteile müssen häufig mehrere Anspritzpunkte festgelegt werden, wenn das Fließweg-Wanddicken-Verhältnis von 150 : 1 bei Weitem überschritten wird. Damit würden sich zwangsläufig Bindenähte ergeben, wenn die Schmelzeströme aus unterschiedlichen Düsen zusammenkommen.

Heißkanalkaskade öffnet mehrere Düsen zeitlich versetzt

Mit unabhängig ansteuerbaren Heißkanal-Nadelverschlussdüsen können die Düsen nun zeitlich versetzt geöffnet werden, sodass eine zweite Düse erst Schmelze in die Kavität lässt, wenn die Fließfront diesen Anschnitt ca. 5 cm weit überströmt hat (Bild 3.41). Auf diese Weise lassen sich Bindenähte durch den Zusammenfluss zweier Schmelzeströme gut vermeiden.

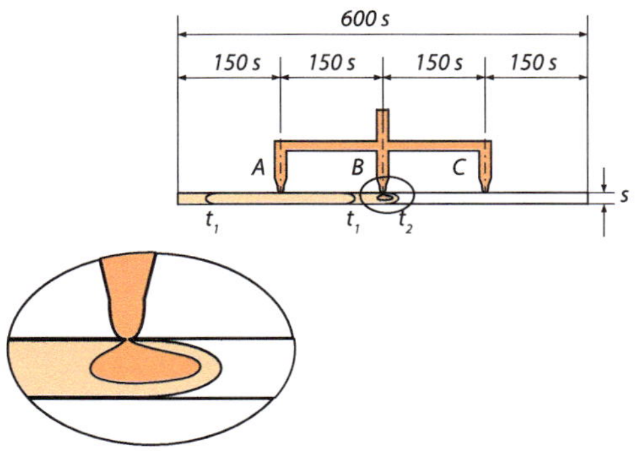

Bild 3.41
Heißkanalkaskadentechnik mit drei unabhängigen Verschlussdüsen

Das Beispiel zeigt ein Bauteil mit einer Länge von 600-mal der Wanddicke, das wäre bei einem realistischen Fließweg-Wanddicken-Verhältnis von 150 : 1 zu groß. Mit zwei Düsen (A und C) ließe sich das Bauteil herstellen, es ergäbe sich aber zwangsläufig an der Stelle B eine Bindenaht. Mit drei Nadelverschlussdüsen ließe sich dieses Bauteil bindenahtfrei herstellen. Bei der Wahl der Verschlussdüsen

Heißkanaldüsen öffnen erst nachdem die Schmelze darüber hinweggeflossen ist sollte auf eine regelbare Öffnungsgeschwindigkeit des Düsenverschlusses geachtet werden. Im Heißkanal baut sich zunächst Druck vor den noch verschlossenen Düsen B und C auf, solange allein Schmelze durch die Düse A strömt. Mit der Öffnung einer weiteren Düse dicht hinter der Fließfront entlädt sich der Druck mit der Folge, dass eine gewisse Beschleunigung der Schmelzefließfront erfolgt. Dadurch können schattenähnliche Markierungen an der Bauteiloberfläche entstehen. Wenn die Düsen etwas langsamer geöffnet werden, lässt sich dieser Oberflächenfehler gut vermeiden.

3.5 Temperierung

Ziele einer Temperierung

Die Temperatur des Spritzgießwerkzeugs im Bereich der Kavität hat Einfluss auf:

- Zykluszeit
- Qualität der Oberfläche von Spritzgussteilen
- Verzug und Dimension von Spritzgussteilen

Je kühler das Werkzeug, desto schneller der Zyklus

Für kurze Zyklen sollte das Werkzeug möglichst kalt sein. Je höher eine Temperaturdifferenz ist, desto höher ist auch der Wärmestrom. Die Wärme des schmelzeflüssigen Kunststoffs muss möglichst schnell an das Werkzeug abgeführt werden, daher sind geringe Temperaturen vorteilhaft. Grob geschätzt bewirkt eine um 10 °C abgesenkte Werkzeugtemperatur eine Kühlzeitverkürzung von ca. 10 %.

Wärmere Werkzeuge ermöglichen bessere Oberflächenqualität

Für eine gute Oberflächenabformung sollte das Werkzeug möglichst heiß sein. Unmittelbar mit dem ersten Werkzeugkontakt bildet die Schmelzeströmung eine erstarrte Randschicht, die so zäh ist, dass sie kleine Vertiefungen der Oberfläche nicht mehr abbilden kann. Je wärmer das Werkzeug ist, desto besser kann der Kunststoff die Oberfläche abbilden. Wie hoch die Werkzeugtemperatur sein muss, hängt ab von der Sorte des Kunststoffs, ggf. den zugesetzten Füllstoffen und der Art der Oberflächenstruktur.

Abkühlgeschwindigkeit beeinflusst die mögliche Kristallisation

Die Maße von Spritzgussteilen werden ebenfalls von der Werkzeugtemperatur beeinflusst. Ein Spritzgussteil ist zum Zeitpunkt der Entformung nicht vollständig erkaltet, vielmehr ist es im Inneren noch recht heiß. Beim weiteren Abkühlen ohne Werkzeugkontakt werden die wärmeren Bereiche des Kunststoffs sich noch etwas zusammenziehen. Je nach Struktur und Steifigkeit des Spritzgussteils kann es nun zum Verzug kommen. Häufig beobachtet man diesen Verzug an den Innenflanken ebener kastenförmiger Bauteile (siehe Bild 1.37). Bei teilkristallinen Kunststoffen kann die Temperatur zudem die Kristallisation beeinflussen. Mit kalten Werkzeugen wird dem Kunststoff schnell Wärme entzogen, sodass der Kunststoff nicht so gut kristallisieren kann. Kristallisation erhöht die Dichte und reduziert das Volumen, mit kälteren Werkzeugen ist daher mit einer geringeren Schwindung zu rechnen. Grundsätzlich kann ein Kunststoff noch lange Zeit nach der Produktion weiterkristallisieren, insbesondere wenn er höheren Temperaturen ausgesetzt wird. In dem Fall kann sich das Bauteil auch später noch verziehen.

Welche Temperatur letztendlich für die Produktion gewählt wird, hängt von der Kunststoffsorte ab, speziell die technischen Kunststoffe (PA, ABS, PC, ...) sollten mit höheren Werkzeugtemperaturen verarbeitet werden.

Das Werkzeug ist gewissermaßen ein Wärmetauscher

Die Temperatur des Werkzeugs wird sich im zyklischen Betrieb nach ca. 20 Zyklen einstellen, sie ist das Resultat unterschiedlicher Wärmeströme ($\dot{Q}$), die zu- bzw. abgeführt werden (Bild 3.42). Ob Wärme mit dem Temperiermittel zu- oder abgeführt wird ($\dot{Q}_{Temperierung}$), hängt stark von der Gesamtwerkzeugtemperatur ab. Bei niedrigen Temperaturen fallen Konvektion und Strahlung ($\dot{Q}_{Konvektion/Strahlung}$) kaum ins Gewicht, oberhalb ca. 80 °C wird schon eine große Wärmemenge an die Umgebung abgegeben. Dann wird das Temperiermittel ggf. zusätzlich Wärme in das Werkzeug leiten, damit die für die Qualität notwendige Temperatur eingehalten werden kann.

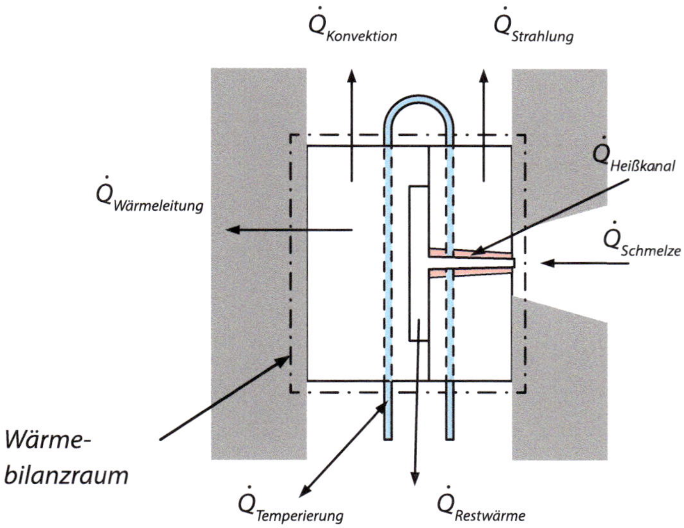

Bild 3.42 Wärmebilanz eines Spritzgießwerkzeugs

Werkzeugtemperaturen steigen innerhalb der ersten 20 Zyklen

Die Werkzeugtemperatur ist wegen der zyklisch zugeführten Wärme der Schmelze nicht konstant. Beim Produktionsstart hat das Werkzeug die Temperatur des Temperiermittels. Innerhalb von ca. 20 Zyklen stellt sich im Bereich der Kavität eine etwas höhere Ist-Temperatur ein. Bild 3.43 zeigt schematisch die Temperatur der Kavitätoberfläche. Unmittelbar mit dem Kontakt der Schmelze kommt es zu einem Temperaturanstieg, in der Nachdruck- und Kühlphase kommt es wieder zum Temperaturausgleich. Die untere Temperatur dieser Schwingung ist in einem insgesamt gleichmäßigen Zyklus die für die Qualität mindestens notwendige Temperatur. Wenn sich diese Temperatur im zyklischen Betrieb nicht wesentlich ändert, spricht man von einem quasistationären Zustand.

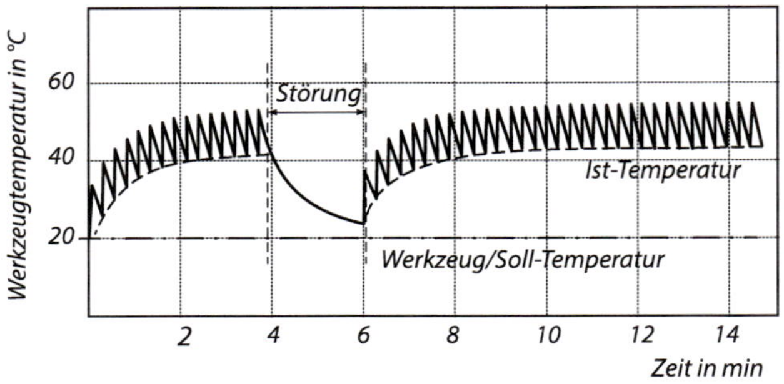

Bild 3.43 Temperatur eines Werkzeugs während des Anfahrens bzw. nach einer Prozessstörung

Im Zyklus schwankt die Temperatur um bis zu 10 °C

Die zeitliche Darstellung der Temperaturunterschiede bezieht sich nur auf einen Ort im Werkzeug. Wegen der begrenzten Wärmeleitfähigkeit des Werkzeugstahls ist die Temperaturschwingung direkt an der Kavitätoberfläche am größten und direkt am Temperierkanal vernachlässigbar klein (Bild 3.44). Die Größe des zyklischen Temperaturunterschieds an der Oberfläche ist abhängig vom Temperaturunterschied zwischen der Schmelze und dem Werkzeug.

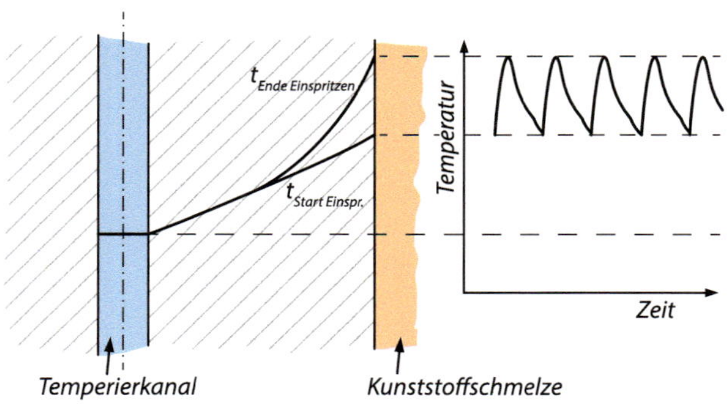

Bild 3.44 Temperaturunterschiede im zyklischen Betrieb in einem Spritzgießwerkzeug [Bildquelle: nach Thienel]

Ist- und Solltemperaturen weichen voreinander ab

Zum Beginn des Einspritzvorgangs muss eine definierte Mindesttemperatur des Werkzeugs herrschen, das ist in der zyklischen Temperaturschwingung der untere Wert. Diese Ist-Temperatur ist für die Qualität der Oberfläche entscheidend. Sie stimmt nicht überein mit der eingestellten Soll-Temperatur, denn für die Wärmeleitung ist eine Temperaturdifferenz notwendig. Daher ist die Temperatur an der Kavitätoberfläche im laufenden zyklischen Betrieb immer größer als die Temperatur des Temperierkanals. Theoretisch könnte man die Temperiermitteltemperatur so nachregeln, dass die Ist- und die Solltemperatur gleich sind. Praktisch aber ist es kaum möglich, an jeder Stelle der Kavitätoberfläche die gewünschte Solltemperatur zu haben, denn die Lage der Kühlkanäle lässt eine optimale Temperierung in der Regel gar nicht zu. Man sollte daher berücksichtigen, dass nach dem Prozessstart erst einige Zyklen vergehen, bis das Werkzeug für die gewünschte Oberflächenqualität die richtige Temperatur hat.

Sowie die Schmelze beim Einspritzen Kontakt mit dem Werkzeug hat, ergibt sich eine kurzer Temperaturpeak von bis zu 10 °C und mit dem Einspritzende wird keine weitere Wärme in das Werkzeug eingebracht, sodass die Temperatur wieder fällt. Mit zunehmendem Abstand zur Kavitätwand wird dieser Temperaturpeak kleiner, unmittelbar im Bereich des Temperierkanals herrschen über der Zeit aufgetragen konstante Bedingungen.

Bild 3.45 zeigt den Unterschied zwischen einem Werkzeugstahl und einer Legierung aus Kupfer-Beryllium mit einer sehr guten Wärmeleitfähigkeit. Hier wird deutlich, dass mit einem schlecht wärmeleitenden Stahl im zyklischen Betrieb lokale Temperaturunterschiede von ca. 1 °C/mm herrschen können. Es wird auch klar, dass die Temperiermitteltemperatur bei einem besser wärmeleitenden Material für eine definierte Werkzeugtemperatur verändert werden muss. Wenn man das Werkzeug auf einer definierten höheren Temperatur fahren möchte, müssen daher beim Einsatz besser leitender Stähle die Temperaturen des Temperiermediums höher eingestellt werden.

Temperaturdifferenzen von 1 °C/mm sind möglich

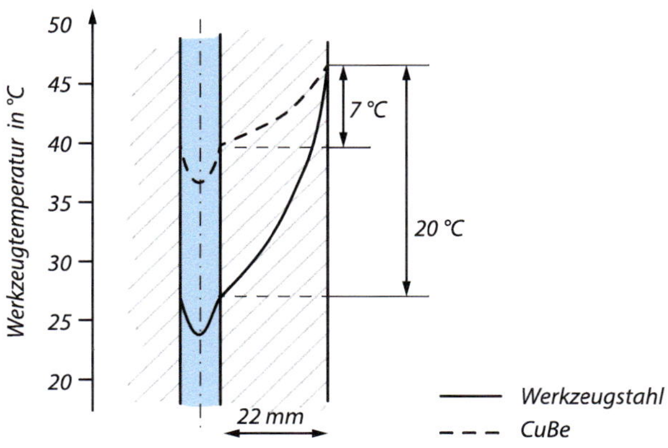

Bild 3.45 Einfluss des Werkzeugstahls auf örtliche Temperaturunterschiede im Werkzeug [Bildquelle: nach Wübken]

Konturnahe Temperierung verkürzt nicht die Zykluszeit

Es ist ein weitverbreiteter Irrglaube, dass eine schnellere Wärmeleitung im Werkzeug durch dicht an der Kontur liegende Temperierkanäle oder höher wärmeleitfähige Materialien die Kühlzeiten verkürzt. Die Wärmeleitfähigkeit des Kunststoffs ist erheblich geringer als die des Werkzeugstahls. Die Ableitung der Wärme aus dem Bauteilinneren ist also die physikalische Grenze, die sich nicht verschieben lässt, solange man nicht die Wärmeleitfähigkeit des Kunststoffs selbst z. B. über Füllstoffe ändert.

Wichtig ist die Gleichmäßigkeit der Temperaturen an der Kavitätoberfläche. Wenn hier große Unterschiede auftreten, weil in Teilbereichen des Werkzeugs die Wärme nicht abgeleitet werden kann, verlängern sich die Zyklen. So gesehen sind gut wärmeleitende Werkzeugmaterialien sehr sinnvoll, um die Temperaturunterschiede zwischen Temperierkanälen an der Kavitätoberfläche zu verringern.

Effektivität der Temperierung steigt mit turbulenter Strömung

Hinsichtlich des Temperiermittels zeigt die Abbildung unterschiedliche Temperaturen über den Querschnitt des Temperiermittelkanals. Das ist der Fall, wenn das Temperiermittel laminar strömt. Bei einer turbulenten Strömung kommt es zur Vermischung des Temperiermittels und gleichen Temperaturen über dem Kanalquerschnitt. Bei Kanalquerschnitten unterhalb ca. 3 mm und geringen Strömungsgeschwindigkeiten ist eine turbulente Strömung eher unwahrscheinlich, dann sinkt die Effektivität der Temperierung.

Stähle mit höherer Wärmeleitfähigkeit führen zu geringeren Temperaturdifferenzen auf der Oberfläche

Lokale Temperaturunterschiede liegen auch an der Oberfläche vor, wenn die Temperierkanäle einen weiten Abstand B haben und wenn die Entfernung s zur Kavitätoberfläche gering ist (Bild 3.46). Der Werkzeugstahl ist ein Wärmestromwiderstand, je kleiner der Abstand der Kühlkanäle zur Kavitätoberfläche ist, desto größer sind die lokalen Temperaturunterschiede. Man spricht hier von einem Temperierfehler, jedoch gibt es keine allgemeingültigen Aussagen, welche Temperaturunterschiede zulässig sind. Bei sehr hohen Temperaturdifferenzen kann es zu unterschiedlich gut abgebildeter Oberflächenstruktur kommen, d. h. die Glanzwirkung der Oberfläche ist nicht gleichmäßig. Zusätzlich wird die notwendige Zeit bis zur Entformung ggf. länger.

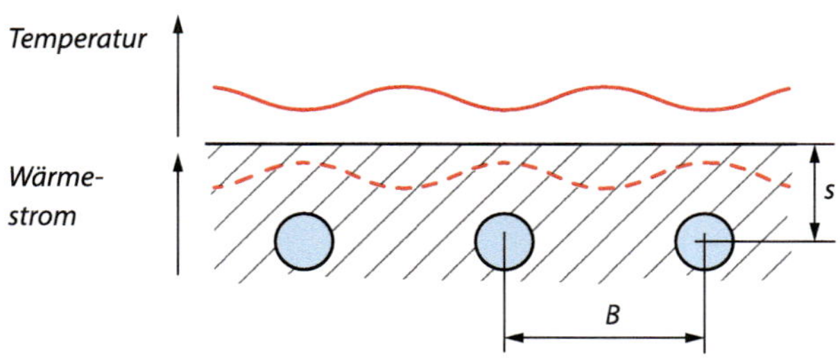

Bild 3.46 Temperierfehler sind unzulässige Temperaturunterschiede an der Kavitätoberfläche

Diese Informationen haben für die Konstruktion und die Entwicklung eines Werkzeugs die folgenden Konsequenzen:

- Eine Bauteilgestaltung mit einer zerklüfteten Oberfläche, also z. B. eine sehr enge Verrippung, wird größere Temperaturunterschiede nach sich ziehen. Möglicherweise wird das die erwartete Zykluszeit und damit die kalkulierten Produktionskosten negativ beeinflussen.
- Eine ebene Bauteiloberfläche wird einen geringeren Temperierfehler haben:
  - Der Abstand der Kühlkanäle sollte eher weiter von der Kavitätwand entfernt sein und in der Größenordnung des Abstands der Kühlkanäle untereinander sein ($B \approx s$). Allgemein wird zwar genau gegensätzlich eine Temperierung möglichst dicht unterhalb der Oberfläche empfohlen, damit die Kühlung rasch erfolgt. Mit Blick auf eine Gleichmäßigkeit der Oberflächentemperatur ist es aber eher sinnvoll, den Kanalabstand zu vergrößern und die Temperiermitteltemperatur zu verringern.
  - Wenn enge Kühlkanalabstände aus geometrischen Gründen nicht möglich sind, kann ein Werkzeugeinsatz aus einem besser wärmeleitenden Material den Temperierfehler verringern.
- Wenn das Werkzeug mit höheren Temperaturen betrieben werden soll, sollten die Kühlkanäle nicht konturnah liegen. In dem Fall würden zu den oben genannten Temperierfehlern noch die Regelungsschwankungen eines Temperiergeräts zyklische Temperaturschwankungen erzeugen. Bei einem größeren Abstand der Temperierkanäle wird das Werkzeug thermisch etwas träger, Änderungen der Temperatur werden langsamer und schwächer und mit Blick auf eine gleichbleibende Qualität der Spritzgussteile ist das besser.
- Wenn das Werkzeug möglichst kalt betrieben werden soll, sind Kühlkanäle möglichst dicht unterhalb der Kavitätoberfläche besser. Zusätzlich sollte möglichst gut wärmeleitfähiges Material für die Werkzeugeinsätze verwendet werden.

3.5.1 Konzepte für die Temperierung

Man unterscheidet bei der Temperierung von Spritzgießwerkzeugen:

- Kontinuierliche Durchflusstemperierung
- Impulskühlung bzw. diskontinuierliche Temperierung
- Variotherme Konzepte bzw. intermittierende Temperierung

Der Konstrukteur sollte diese Konzepte und die speziellen Ziele kennen, denn sie können die oben beschriebenen Schwierigkeiten teilweise lösen.

3.5.1.1 Kontinuierliche Durchflusstemperierung

Durchflusstemperierung: Zu- und Ablauftemperatur sollten gleich sein

Das Temperiermittel strömt mit einer konstanten Geschwindigkeit durch das Werkzeug. Es sollte beachtet werden, dass das Temperiermittel auf dem Weg durch das Werkzeug nicht merklich erwärmt wird, damit das Werkzeug selbst im Bereich des Temperiermittelauslasses nicht wärmer ist als im Bereich des Temperiermitteleintritts. Eine geringe Temperaturerhöhung wird auf folgende Weise erreicht:

- Der Volumenstrom des Temperiermittels sollte groß sein. Querschnittsverengungen sollten möglichst vermieden werden.
- Ggf. sind höhere Pumpleistungen der Temperiergeräte notwendig.
- Die Temperierkanallänge innerhalb des Werkzeugs sollte nicht zu lang sein. Im Produktionsbetrieb werden häufig mehrere Temperierkanäle mittels Schlauchbrücken in Reihe geschaltet, das ist nicht hilfreich mit Blick auf die Temperaturerhöhung.

Temperierkanäle im Werkzeug möglichst in Reihenschaltung

Ein Temperierkanal kann im Werkzeug durchaus mehrere benachbarte Kavitäten temperieren, insbesondere wenn nicht genügend Platz für jeweils unabhängige Temperierkanäle vorhanden ist. In dem Fall sollte der Temperierkanal die Kavitäten in Reihe nacheinander versorgen (Bild 3.47). Bei einer Parallelschaltung der Temperierung mehrerer Kerne eines Temperierkreislaufs sind Störungen im laufenden Betrieb nur sehr schwer zu erfassen. Wenn beispielsweise der Durchfluss an einer Kavität verstopft ist - das kann durch Verkalken, Rost oder Verunreinigungen des Temperiermittels geschehen - wird diese Kavität immer wärmer, wobei der Prozess nicht zwingend gestört und unterbrochen wird. Qualitätsfehler (Oberfläche, Dimension) fallen erst sehr spät auf, ggf. erst wenn die Teile bereits verpackt oder beim Kunden sind. Bei einer Reihenschaltung führt eine Blockade des Durchflusses zu einer eher sichtbaren Störung, weil direkt viele Bauteile betroffen sind.

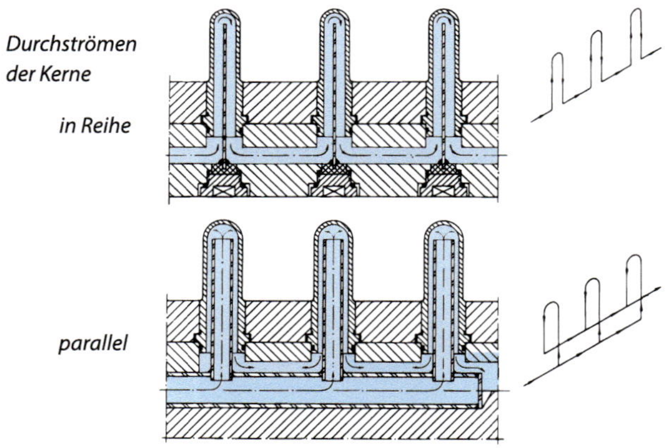

Bild 3.47 Durchflusstemperierung oben in Reihenschaltung unten in Parallelschaltung [Bildquelle: Mörwald]

Wenn mehrere Kreisläufe am Werkzeug vorhanden sind, sollten diese immer parallel angeströmt werden. Der Durchfluss jedes einzelnen Kreislaufs lässt sich mit einfachen Mitteln überwachen. Durch die Parallelanströmung bleiben die Kreisläufe kurz, sodass eine merkliche Temperaturerhöhung des Temperiermediums gering ausfällt.

Mehrere Kreisläufe immer parallel (einzeln) anströmen

3.5.1.2 Impulskühlung/diskontinuierliche Temperierung

Der über das Temperiermittel abgeführte Wärmestrom ist:

Temperierung mit nicht kontinuierlichem Temperiermittelstrom

$$\dot{Q}_{Temperiermittel} = \dot{m} c_p \Delta T \qquad (3.2)$$

worin die Temperiermittelmenge in einer bestimmten Zeit ($\dot{m}$) mit ihrer spezifischen Wärmekapazität (c_p) eine bestimmte Temperaturdifferenz ΔT hat. Grundsätzlich kann man den Durchfluss zeitlich takten und somit die Temperiermittelmenge reduzieren. Wenn man gleichzeitig die Temperatur des Temperiermittels verringert, bleibt der Wärmestrom gleich.

Diese Art der Temperierungen wird für zwei unterschiedliche Zwecke eingesetzt.

Verringerter Aufwand für die Peripherie

Der Aufwand für die Peripherie wird verringert durch Werkzeuge, die auf einem höheren Temperaturniveau gehalten werden. Meistens werden die Werkzeughälften bzw. die jeweiligen Temperierkreisläufe mit unterschiedlichen Temperaturen gefahren. Das ist notwendig, weil sich in unterschiedlichen Werkzeugbereichen nach dem Anfahrprozess auch unterschiedliche Temperaturen einstellen werden. Wenn ein Kern sich beispielsweise schlecht kühlen lässt, wird er mit einer geringeren Temperiermitteltemperatur versorgt, damit er nicht unzulässig heiß wird. Bei einer Durchflusstemperierung sind dann so viele Temperiergeräte notwendig, wie unterschiedlich hohe Temperaturen gewünscht werden. Mit einer diskontinuierlichen Temperierung sind nur entsprechend viele Schaltventile notwendig, die über die Impulslänge die Wärmemenge regeln können. Zusätzlich lässt sich Energie einsparen, weil das Temperiermittel nicht zwingend auf eine höhere Temperatur geheizt werden muss. Prinzipiell kann ein kaltes Temperiermittel mit einer Temperatur von 20 °C auf diese Weise definierte Werkzeugtemperaturen von z. B. 80 °C ermöglichen.

Kühlung mit Kältemittel-Impulsen

Eine sehr gute Kühlung für schlanke Kerne ist möglich, wenn das Temperiermedium einen Phasenübergang von flüssig nach gasförmig durchläuft. Hier wird das Prinzip der Kältemaschinen (Kühlschrank) genutzt. Ein geeignetes Kühlmedium wird so weit komprimiert, dass es bei Raumtemperatur flüssig ist. Diese Flüssigkeit wird unter Druck in einen Kern geleitet und dort entspannt, wobei sie verdampft und der Umgebung, also dem Werkzeug, Wärme entzieht. Als Kältemittel ist z. B. CO_2 bekannt, das nach der Verdampfung an die Umgebung abgegeben wird. Weiterhin kommt übliches Klimaanlagen-Kältemittel zum Einsatz, das aber in einem geschlossenen Kreislauf gehalten wird und über einen Kompressor wieder verflüssigt wird. Mit diesen Kältemitteln sind lokale Werkzeugtemperaturen von unter 0 °C möglich. Mit entsprechend kurzen Impulsen kann die Menge sehr gut bemessen und damit die Temperatur in sonst kaum temperierbaren Bereichen geregelt werden.

3.5.1.3 Variotherme Konzepte bzw. intermittierende Temperierung

Temperierung mit abwechselnd hohen und tiefen Temperaturen

Werkzeuge sollten im Zyklus für eine rasche Abkühlung der Schmelze möglichst kalt sein und mit Blick auf die Abzeichnung der Oberfläche möglichst heiß. Diesen Widerspruch löst eine variotherme Temperierung. Das hat diverse Vorteile:

- Bindenähte können optisch vollkommen verschwinden, wenn die Werkzeugtemperatur zum Zeitpunkt des ersten Schmelzekontakts ungefähr so hoch wie die Glastemperatur des Kunststoffs ist.
- Bei faserverstärkten Kunststoffen bildet sich eine sehr glatte Oberfläche. Üblicherweise haben faserverstärkte Kunststoffteile eine raue und unruhige Oberfläche.
- Hochglanzpolierte Werkzeugoberflächen werden auch mit ABS so gut abgebildet, dass die Bauteiloberfläche nachträglich nicht mehr lackiert werden muss. Das betrifft nur den Glanz, für einen Kratzschutz wäre eine zusätzliche Lackierung weiterhin notwendig, wobei weitere Vorbehandlungen weitgehend entfallen können.
- Sehr feine Strukturen im Mikrobereich mit einem großen Breiten-Höhen-Verhältnis lassen sich nur mit Werkzeugtemperaturen im Bereich der Schmelzetemperatur abbilden.

Variotherme Temperierung ist energieintensiv

Grundsätzlich ist eine variotherme Temperierung energieintensiv, denn mindestens Teile des Werkzeugs müssen aktiv beheizt und wieder gekühlt werden. Hierfür gibt es unterschiedliche Konzepte, die sich im technischen Aufwand und im Energiebedarf sehr unterscheiden.

Tabelle 3.2 Konzepte der variothermen Temperierung

Art	Technischer Aufwand	Energiebedarf
Zwei-Kreis-Technik	++	–
Widerstandsheizung	+	+
Induktive Erwärmung	–	+ +

Konzepte mit zwei Kreisläufen

Bei der Zwei-Kreis-Technik werden abwechselnd unterschiedlich warme Temperiermedien durch den Temperierkanal geleitet. Je nach Temperiergerät kann das warme Medium nicht ausreichend gut vom kalten Medium getrennt werden. Zwei unabhängige Temperierkreisläufe sind meistens aus Platzgründen nicht möglich. Der Temperaturwechsel des Werkzeugs ist relativ langsam und kann durchaus zu längeren Zykluszeiten führen. Relativ große Bereiche des Werkzeugs durchlaufen den Temperaturwechsel, sodass hierfür der Energiebedarf sehr hoch wird.

Elektrische Erwärmung und Wasserkühlung

Mit einer elektrischen Widerstandsheizung wird der technische Aufwand etwas größer. Bei großflächigen Kavitätkonturen ist es aber möglich, die elektrische Heizung zum Werkzeug hin zu isolieren, sodass weitgehend nur die Bereiche zwischen Kavitätwand und dem Heizelement den Temperaturwechsel mitbekommen. Damit wird der Energiebedarf geringer. Zum Einsatz kommen sowohl gewöhnliche gewickelte Heizpatronen als auch Keramikheizungen. Der Vorteil der Keramikheizungen ist die sehr hohe Heizleistung auf kleiner Fläche. Ihr Nachteil ist die Sprödigkeit und damit die Bruchanfälligkeit.

Induktionserwärmung und Wasserkühlung

Bei einer induktiven Erwärmung wird wie bei einem Kochfeld die Wärme über eine von Wechselstrom durchflossene Spule (den Induktor) erzeugt. Ein magnetisches Wechselfeld induziert Wirbelströme im Material, wobei Wärme direkt im Material entsteht, die Eindringtiefe hängt ab von der Frequenz des Wechselstroms. Der Vorteil dieser Technik ist die sehr präzise Regelung der zu erwärmenden Schicht, d. h. nur sehr geringe Bereiche des Werkzeugs durchlaufen unterschiedliche Temperaturen. Nachteilig ist der hohe technische Aufwand, weil die Induktoren in das Werkzeug integriert werden müssen und leistungsstarke Generatoren für den Wechselstrom als Peripherie neben der Produktionsanlage notwendig werden.

3.5.2 Realisierung

Konventionell gebohrte Temperierkreisläufe

Die Temperierung erfolgt meistens über ein System von sich schneidenden Bohrungen. Eingeschraubte Verschlussstopfen sorgen für gewünschte Richtungswechsel. Bild 3.48 zeigt die prinzipielle Möglichkeit der Kühlung eines ovalen Behälters. Im Gesenk folgen die Bohrungen dem Verlauf der Kontur und werden jeweils seitlich verstopft. Es wird deutlich, dass die Kanäle nicht einen optimalen Abstand zur Kavitätwand haben können. Der Kern könnte ähnlich temperiert werden. Hier wird es aber problematisch, weil die Stopfen Teil der Kavitätoberfläche sind. Mit hoher Wahrscheinlichkeit werden sie auf der Bauteiloberfläche Glanzunterschiede hervorrufen, weil sie nicht aus dem gleichen Material wie der Werkzeugkern sind und somit andere Abkühlbedingungen vorliegen werden. Der Verlauf der Kerntemperierung wird über senkrechte Steigbohrungen über eine darunterliegende Ebene gespeist.

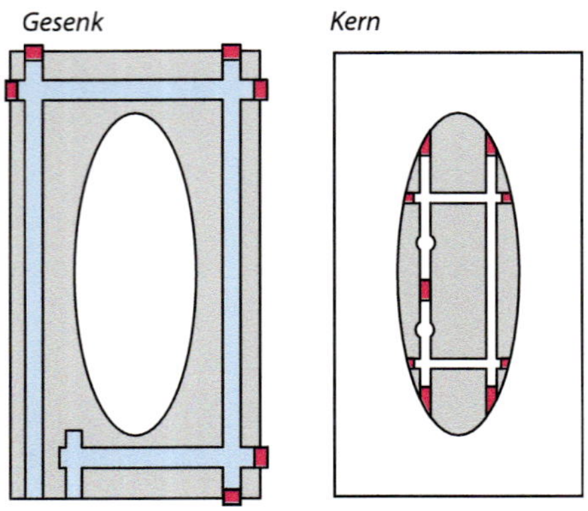

Bild 3.48
Kühlkreislauf über verzweigte und verstopfte Tieflochbohrungen

Normalien für Kühlung schlanker Kerne

Je kleiner die Kerne werden, desto schwieriger wird die Kühlung über sich kreuzende Bohrungen. Hilfreich sind hier Standardnormalien, mit denen einfache Bohrungen zu einem zwangsgefluteten Temperierkanal werden (Bild 3.49).

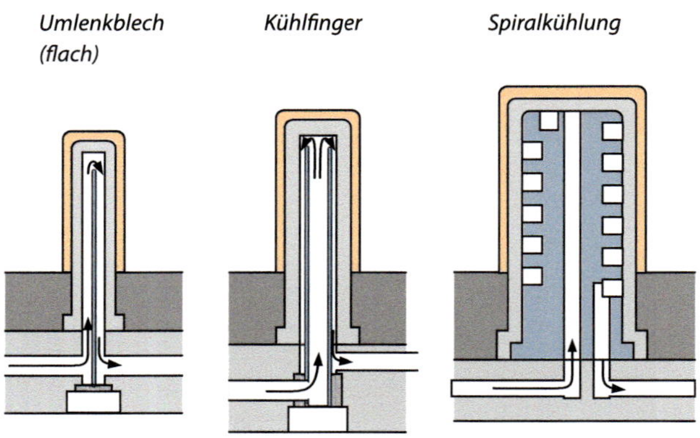

Bild 3.49 Kernkühlungen mittels Spiralkernen oder Umlenkungen

Spiralkerne sind in Durchmessern von 12 bis ca. 50 mm verfügbar, somit können Kerne bis ca. 60 mm Durchmesser so temperiert werden. Es sollte jedoch klar sein, dass der Strömungsquerschnitt eine Verengung darstellt und somit den Durchfluss verringert. Die Spiralkerne haben zwangsläufig etwas Spiel in der Bohrung, sodass ein Teil des Temperiermittels auch über die Flanken der Wendel strömen kann.

Für Kerne mit einem Durchmesser kleiner als 12 mm eignen sich Fingerkühlungen, bei denen das Temperiermittel durch eine Steigbohrung in die Spitze des Kerns gelangt und an der Außenseite zurückfließt. Oder man verwendet Kühlbleche, die sowohl in gerader und auch in gewendelter Form das Temperiermittel durch den Kern leiten. Man sollte sich grundsätzlich über den verbleibenden Strömungsquerschnitt im Klaren sein.

Für schwierige Konturen kann ein Kern mit Spezialverfahren hergestellt werden, durch:

- Vakuumlöten
- Diffusionsschweißen
- Lasersintern

Mehrteilige Kühlkanalaufbauten

Beim Vakuumlöten wird ein Kern aus mehreren Einzelteilen zusammengelötet. Zum Beispiel kann man die gewünschten Kühlkanäle in eine Oberfläche einfräsen und mit dem konturbildenden Gegenstück zusammenlöten (Bild 3.50). Der Vergleich mit konventionell gebohrten Temperierkanälen zeigt:

- Die Anordnung der Kanäle kann viel freier gestaltet werden, die zu verbindenden Kernelemente müssen nicht zwingend flächig sein (Bild 3.51).
- Der Kanalquerschnitt muss nicht zwingend rund sein, eine rechteckige Kontur hat eine größere Oberfläche und damit für den Wärmetausch eine günstigere Form. Man sollte aber auch bedenken, dass eine Strömung in einem Eckenbereich etwas langsamer als in der Mitte eines Strömungskanals ist, und dadurch wird der Wärmeübergang bzw. die Wirksamkeit vermindert.

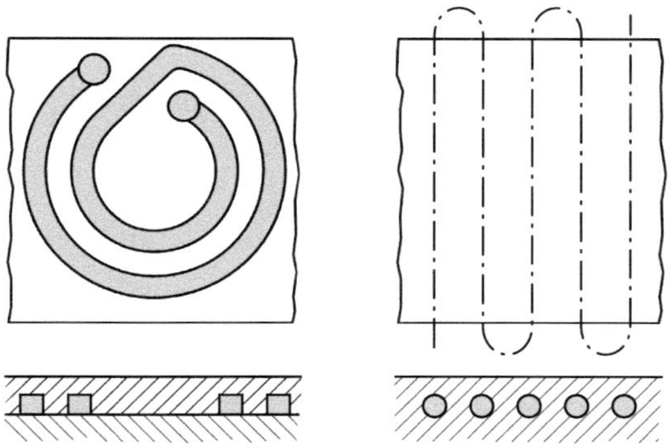

Bild 3.50 Konventionelle gebohrte Temperierkanäle (rechts) im Vergleich zu einer gefrästen mehrteiligen Kühlkanalgestaltung (links)

Nachteilig beim Löten kann die Trennung der verlöteten Einzelteile sein, wenn diese im Bereich der konturbildenden Kavität liegt. Das Lot ist zu geringen Anteilen zumindest an der Schnittkante auch an der Oberfläche und wird sich bei abschließenden Strukturierungen mit einem Ätzverfahren anders als das Grundmaterial verhalten, sodass auch hier ggf. mit Oberflächenfehlern zu rechnen ist. Es besteht aber die Möglichkeit, zusätzlich zu den gefrästen Kühlkanälen Stifte aus Kupfer einzubringen, damit die Wärme aus schlecht zugänglichen Bereichen abgeleitet werden kann. Auf diese Weise können sehr schlanke Kerne oder Werkzeugschieber temperiert werden (Bild 3.51).

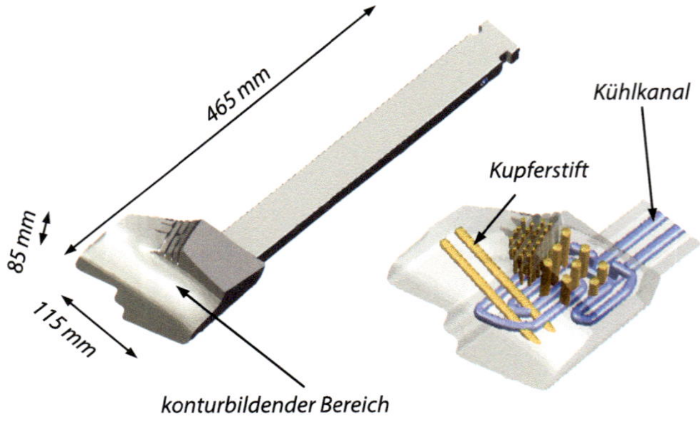

Bild 3.51 Vakuumgelöteter Kern [Bildquelle: Contura, Menden]

Beim Diffusionsschweißen werden vergleichbar zum Vakuumlöten Kernkonturen aus mehreren Elementen im Diffusionsschweißverfahren zusammengeschweißt. Dieser Schweißvorgang erfolgt im Vakuum bei Temperaturen dicht unterhalb der Solidustemperatur des Werkzeugstahls ohne Zusatzmaterial. Dadurch kommt es zu einer sehr guten Verbindung, die kaum noch von den Eigenschaften des Grundmaterials unterscheidbar ist. Die Endbearbeitung der konturbildenden Werkzeugbereiche erfolgt nach dem Schweißvorgang.

Lasersintern (3D-Druck)

Beim Lasersintern wird ein Werkzeugkern „3D-gedruckt". Hierbei wird eine Schicht aus Metallpulver mit einem Laserstrahl punktuell aufgeschmolzen und verschweißt (Bild 3.52). Alle Bereiche, die der Laser nicht trifft, bleiben pulverig. Der Aufbau eines Werkzeugkerns erfolgt schichtweise. Das nicht verschmolzene Pulver dient als Stützmaterial für die darüber entstehenden festen Bereiche. Abschließend kann das Pulver herausgerüttelt und herausgeblasen werden. Der Nachteil dieses Verfahrens sind die hohen Kosten von ca. 8 €/cm^3. Es ist möglich, auf bestehende gefräste Konturen weitere Formen zu drucken und damit die Kosten gering zu halten.

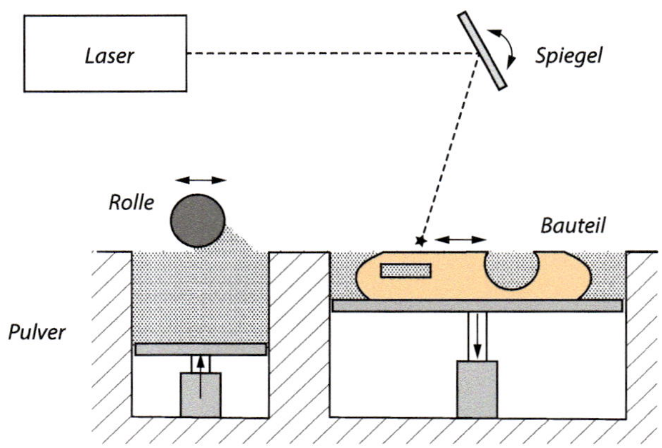

Bild 3.52 Generativer Aufbau von Kernen mittels Lasersintern

Die Gestaltungsfreiheit ist beim Lasersintern sehr hoch (Bild 3.53), man sollte aber im Blick haben, ob die Strömung des Temperiermediums alle Temperierkanalbereiche durchflutet. Je kleiner die zu durchflutenden Querschnitte sind, desto höher ist der Druckbedarf, und zusätzlich wird die Wahrscheinlichkeit einer turbulenten Strömung mit einem guten Wärmeübergangsverhalten geringer.

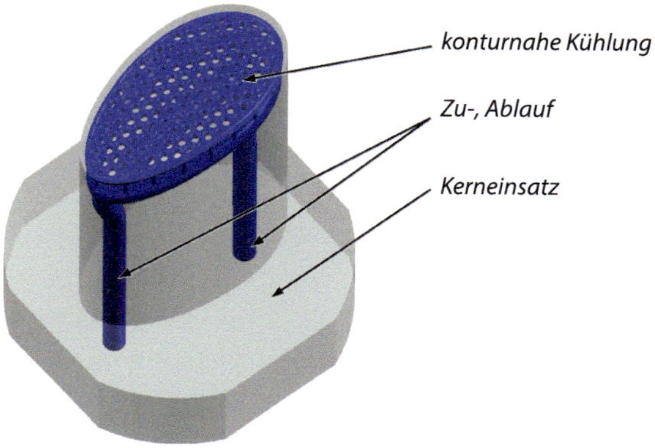

Bild 3.53
Werkzeugkern mit generativ hergestellter konturnaher Kühlung [Bildquelle: Werkzeugbau Siegfried Hofmann GmbH, Lichtenfels]

3.6 Entformung

Seitens der Konstruktion ist zu beachten, dass das Bauteil beim Öffnen des Werkzeugs auf der Auswerferseite des Werkzeugs verbleibt, das lässt sich auch erreichen, indem z. B. die Entformungsschrägen auf der Auswerferseite geringfügig kleiner gewählt werden.

Bauteil muss beim Entformen auf der Auswerferseite verbleiben

Eine sichere Entformung erfordert neben einer geeigneten Bauteilgestaltung mit möglichst großen Entformungsschrägen eine in das Werkzeug integrierte bewegliche Mechanik. Ein Grundproblem ist hier der verfügbare Bauraum, auch vor dem Hintergrund der ebenfalls vorhandenen Kühlung.

Üblicherweise ist die bewegliche Werkzeughälfte die Auswerferseite, d. h. hier ist die Mechanik innerhalb des Werkzeugs für das Auswerfen vorzusehen. Seitens der Maschine ist auf der beweglichen Seite ein Auswerfer vorgesehen, üblicherweise eine parallel zur Bewegungsachse des Werkzeugs verfahrbare Stange, die auf das werkzeugseitige Auswerfersystem trifft.

Für den Konstrukteur ist es sehr wichtig zu bedenken, dass das Bauteil mit dem Öffnen der Maschine zunächst auf der beweglichen Werkzeugseite verbleibt, andernfalls verbliebe es in der Düsenseite des Werkzeugs und würde eine Prozessunterbrechung hervorrufen, wobei das Bauteil mit der Hand entformt werden müsste.

Einsatz von Robotern und Handlingsystemen

Grundsätzlich gibt es auch Handlingsysteme und Roboter für die Teileentnahme aus dem Werkzeugraum, diese können aber nicht die unmittelbare Entformung sicherstellen. Weil Kunststoffe beim Abkühlen merklich kleiner werden, schwinden sie auf Kerne auf. Bei größeren Bauteilen mit einer gewissen Bauteilhöhe erfordert die Loslösung vom Werkzeugkern eine zur Kavität senkrechte Bewegung, ohne zu kippen oder zu verkanten.

Die ersten Millimeter der Entformung benötigen je nach Entformungsschräge recht hohe Kräfte, wobei die Auswerfer bei schlechter Auslegung des Entformungssystems durch das Bauteil hindurchstoßen und dadurch eine Prozessunterbrechung auslösen. Dies passiert auch, wenn die Kühlzeit zu gering gewählt wurde und der Kunststoff für die Entformung noch nicht steif genug ist.

Auswerfersicherung

Für eine sichere Funktion eines Spritzgießwerkzeugs muss immer sichergestellt sein, dass die Mechanik für die Entformung vor dem Schließen des Werkzeugs in ihrer Nulllage ist, die Auswerfer müssen zurückgezogen sein. Andernfalls könnten sie auf die Kavitätoberfläche der Düsenseite treffen und diese beschädigen. Diese Absicherung kann erfolgen über:

- Abfrage von Endschaltern an der Auswerferplatte
- Mechanische Kopplung mit dem maschinenseitigen Auswerfer, der selbst von der Maschine abgesichert wird
- Eine Kombination von Federbetätigung und Rückdrückstiften, wobei eine Feder den Auswerferbolzen in die hintere Endlage drückt und zusätzliche meist große Auswerfer neben der Kavität positioniert sind und auf die Düsenseite treffen. Die Auswerferstifte sind um die Bauteildicke kürzer als die Rückdrückstifte und können somit nicht auf die Kavitätoberfläche der Düsenseite treffen (siehe Bild 3.17).

Für die Entformung des Spritzgussteils gibt es je nach Bauteilgestaltung unterschiedliche Konzepte. Der Konstrukteur sollte sich bewusst machen:

- Der Aufwand für die Entformung aus dem Werkzeug hängt entscheidend von der Gestalt des Bauteils ab.
- Die Entformung erfolgt über eine im Werkzeug integrierte Mechanik und benötigt Bauraum, der ggf. für den Aufbau einer effektiven Kühlung fehlt.

Die nachfolgende Klassifizierung sollte die üblichen Fragestellungen abdecken.

3.6.1 Geradlinige Entformung in der Achsrichtung der Öffnungsbewegung

Entformung in einer Achse

Einfache Bauteile ohne Hinterschnitte können mit einem Normalwerkzeug (Zweiplattenwerkzeug) hergestellt werden (Bild 3.54). Das Auswerfersystem besteht aus mehreren Stiften, die auf die Oberfläche des Bauteils drücken. Für einen Entformhub zur vollständigen Entformung des Bauteils muss innerhalb des Werkzeugs ein freier Bewegungsraum für die Auswerferplatte vorhanden sein (Auswerferkasten). Dadurch wird die Kavität in Richtung des Auswerfersystems ggf. nur schlecht abgestützt. Es besteht natürlich die Möglichkeit, Druckbolzen durch die Auswerferplatte zu führen, sodass die Kavitätplatte über die Werkzeuggrundplatte abgestützt wird.

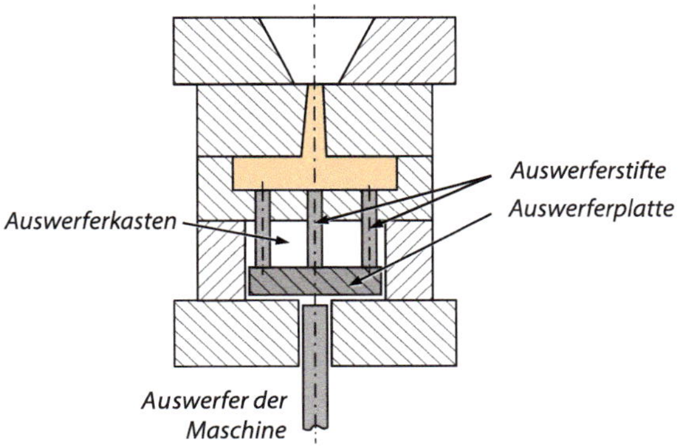

Bild 3.54 Zweiplattenwerkzeug mit Auswerfersystem

Auswerferstifte, Besonderheiten beim Einbau

Auswerferstifte werden im vorderen Bereich eng toleriert geführt (Bild 3.55), damit keine Schmelze in den Spalt zwischen Kavitätplatte und Auswerfer dringen kann. Im hinteren Bereich und auch in der Auswerferhalteplatte sind die Auswerfer mit ausreichend Spiel zu versehen, damit sie sich auch bei einer ggf. ungleichmäßigen Erwärmung des Werkzeugs leicht bewegen lassen.

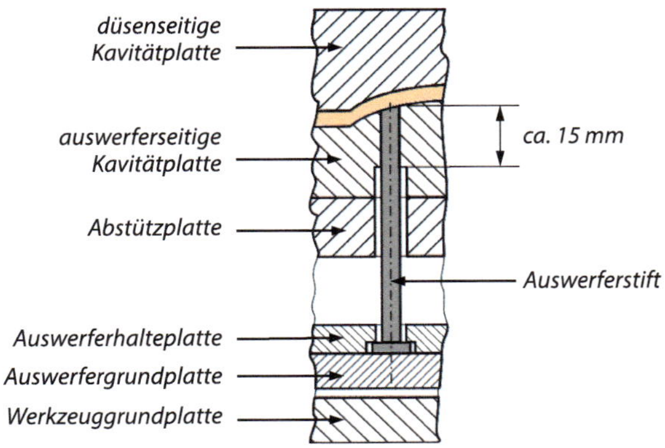

Bild 3.55 Auswerferstift mit Führung

Anzahl der Auswerfer

Die Anzahl und Position der Auswerferstifte ist nur schwierig festlegbar, denn die Kräfte auf einen einzelnen Auswerfer sind nur schwer berechenbar. Wichtig ist, dass das Bauteil an allen Stellen gleichzeitig vom Werkzeug gelöst wird, denn andernfalls wird es sich in der Werkzeugkontur verkanten und gar nicht entformen lassen. Auch die Größe (Durchmesser) der Auswerferstifte wird weitgehend mit Erfahrung gewählt. Zu kleine Auswerfer können speziell bei höheren Entformungstemperaturen das Bauteil durchstoßen, statt es vom Kern zu schieben. Auswerferstifte gibt es mit rundem und mit rechteckigem Querschnitt. Die rechteckige, flache Form (Flachauswerfer) wird häufig gewählt, wenn schmale Rippen entformt werden müssen. Ggf. sollte die Rippe lokal zur Vergrößerung der Andruckfläche aufgedickt werden und Rundauswerfer zum Einsatz kommen können, denn eine rechteckige Aussparung in der Werkzeugplatte ist aufwendiger und teurer als eine einfache Bohrung für einen Rundauswerfer.

Verdrehsicherung

Auswerferstifte sind durchgehärtet und auf ein enges Toleranzmaß geschliffen. Wenn die Kontaktfläche des Auswerfers nicht parallel zur Fläche der Auswerfergrundplatte ist, muss der Stift der Kontur der Kavität angepasst werden und er muss verdrehgesichert werden. Eine Verdrehsicherung ist z. B. möglich, indem die hintere Verdickung des Stifts einseitig flachgeschliffen wird und eine entsprechende Gegenkontur in die Auswerferhalteplatte eingearbeitet wird.

Auswerferhülsen

Zur Entformung von Anschraubdomen werden Auswerferhülsen in Kombination mit feststehenden Konturstiften verwendet. Konturstifte sind nicht gehärtet und dienen der Abformung von Sackbohrungen (Bild 3.56). Konturstifte und Auswerferhülsen sind sehr eng toleriert und als Einheitsnormalien verfügbar. Die Hülse schiebt die Wand des Domes vom Konturstift, dadurch können auch längere Einschraublöcher realisiert werden, ohne das Risiko, dass das Bauteil im Bereich des Einschraublochs zu fest in der Auswerferseite des Werkzeugs sitzt und sich nicht gut entformen lässt.

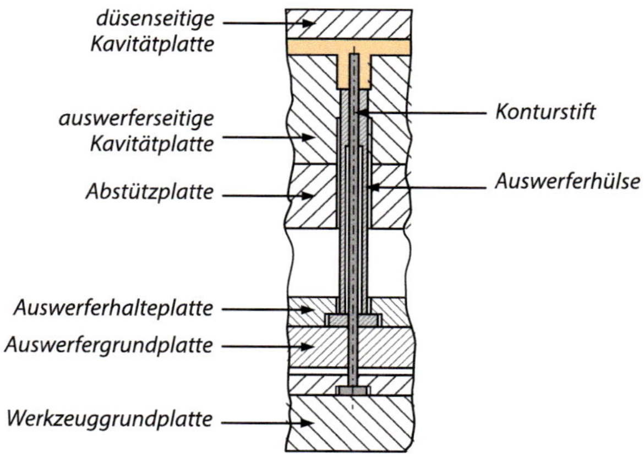

Bild 3.56 Auswerferhülse in Kombination mit Konturstift

Abstreiferwerkzeug

Gut entformbare weitgehend ebene Bauteile mit großen Entformungsschrägen und ohne Rippen oder Bereiche, auf die Kunststoff aufschwinden kann, lassen sich mit einem Abstreiferwerkzeug entformen (Bild 3.57). Die Entformung erfolgt hier über eine Abstreiferplatte, die auf den Rand des Bauteils drückt, und nicht über Auswerferstifte, die auf diverse Oberflächenbereiche des Werkzeugs treffen. Im Vergleich zum Normalwerkzeug hat dieses Werkzeugkonzept eine höhere Steifigkeit, das Bauteil wird in Richtung Auswerferseite besser abgestützt.

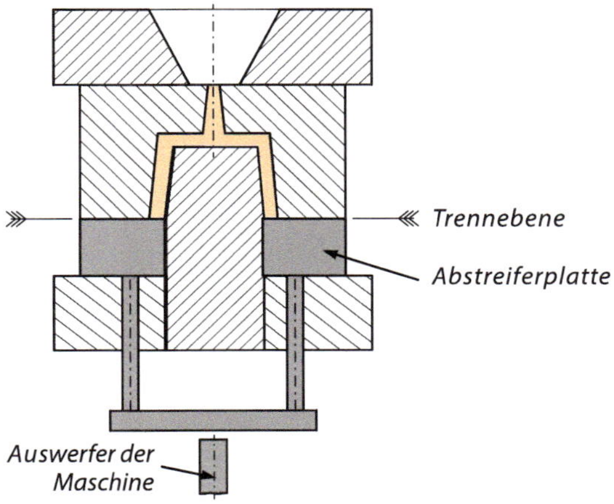

Bild 3.57 Abstreiferwerkzeug

Doppelauswerfer ermöglichen zwei Bewegungen

Bei einer komplizierteren Bauteilgestaltung kann eine mehrstufige Entformung notwendig werden. Das Bauteil in Bild 3.58 zeigt den Rand eines Deckels, der einen Hinterschnitt am Rand aufweist. Wenn der eingesetzte Kunststoff gut dehnbar ist, kann das Bauteil über eine Zwangsentformung vom Kern geschoben werden. Dies ist aber erst möglich, wenn der äußere Rand freigestellt wird, denn die umliegende Werkzeugkontur würde eine elastische Verformung des Kunststoffs verhindern. In diesem Fall kann ein Zweistufenauswerfer zwei axiale Bewegungen im Werkzeug mit nur einem einzigen gleichförmigen Hub des Maschinenauswerfers erzeugen. Im ersten Schritt wird das Bauteil mit dem Kern angehoben, wobei der äußere Rand freigestellt wird. Im zweiten Schritt bleibt der Kern stehen und die Auswerfer fahren weiter und erzwingen die Entformung. Zweistufenauswerfer sind als Normalien verfügbar.

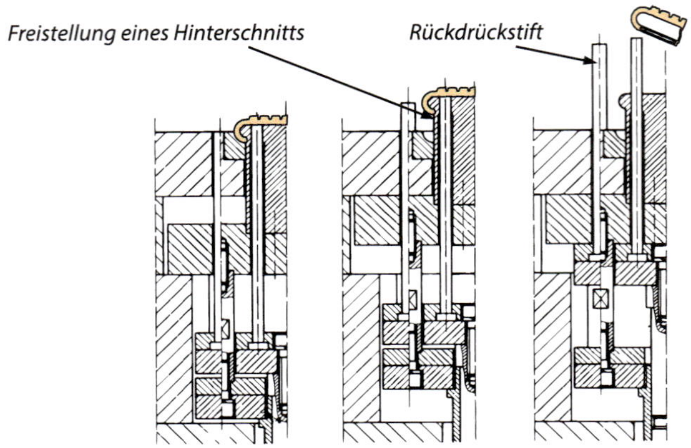

Bild 3.58 Zweistufenauswerfer

Klinkenzüge steuern die Bewegung mehrerer Platten

Eine zweistufige Bewegung ermöglicht auch Klinkenzüge, die üblicherweise für die gesteuerte Bewegung von zwei Trennebenen zum Einsatz kommen. Diese Anwendung wird nötig, wenn z. B. ein Bauteil ohne Heißkanal nicht nur am Rand, sondern auch an beliebigen Stellen auf der Bauteiloberfläche angespritzt werden soll. Das Kaltkanalsystem kann dann aus einer zweiten Trennebene entformt werden.

Der Klinkenzug in Bild 3.59 öffnet nacheinander erst die Trennebene B und danach die Trennebene A, indem die Klinke 3 nach einem ersten Öffnungshub über die Kulisse auf der Gegenlasche 6 angehoben wird. Klinkenzüge sind in unterschiedlichen Ausführungen als Normalien verfügbar.

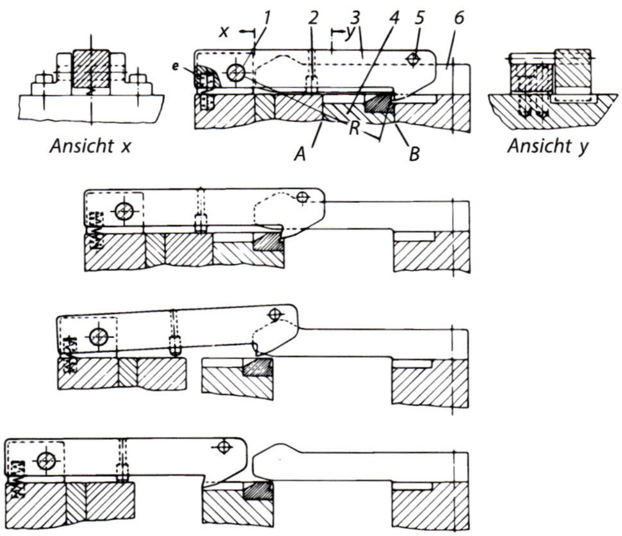

Bild 3.59 Klinkenzug zur Steuerung der Öffnung von zwei Trennebenen [Bildquelle: Mörwald]

Luftauswerfer

Sehr leicht entformbare Bauteile können auch weitgehend ohne Mechanik pneumatisch entformt werden. Bild 3.60 zeigt die Entformung einer Zitronenpresse mittels Luftauswerfer. Ein federbetätigter Stößel wird mit Druckluft vorgefahren, wobei es weniger um den Hub als um den Luftaustritt geht. Die Feder hat in diesem Fall nur die Aufgabe, den Stößel für die Einspritzphase sicher in die zurückgezogene und geschlossene Position zu drücken. Luftauswerfer werden häufig auch in Kombination mit den bereits genannten Entformungsmöglichkeiten eingesetzt, insbesondere bei relativ hohen und steilwandigen Behältnissen. Bei einer zügigen Entformung kann nicht genügend Luft zwischen den Kern und das Bauteil strömen, sodass sich ein gewisser Unterdruck aufbaut. Mit den genannten Luftauswerfern wird dieses Problem einfach gelöst.

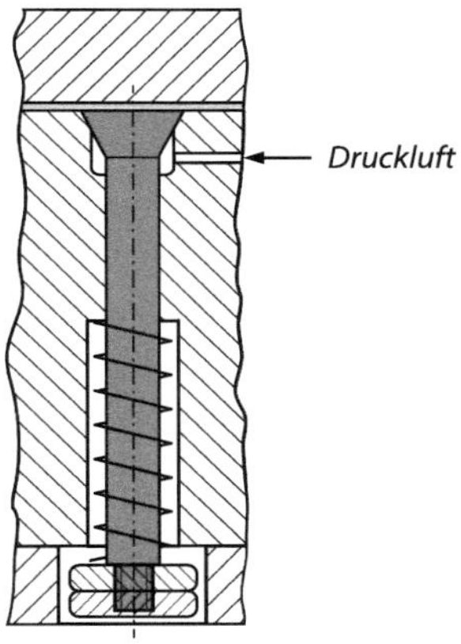

Bild 3.60
Luftauswerfer [Bildquelle: nach Mörwald]

3.6.2 Entformung von Konturbereichen, die nicht parallel zur Öffnungsbewegung sind

Schrägbolzen führen Schieber in seitliche Bewegung

Bei einer komplizierten Bauteilgestaltung entstehen auch Hinterschneidungen, das sind nicht direkt entformbare Bereiche. Diese Bauteilkonturen müssen über separate Werkzeugelemente gebildet werden, wobei diese Elemente quer zur Öffnungsrichtung des Werkzeugs verfahrbar sind. Ein Standardelement ist ein Schieber, der während der Werkzeugöffnung über einen Schrägbolzen geführt und so seitlich verschoben wird (Bild 3.61).

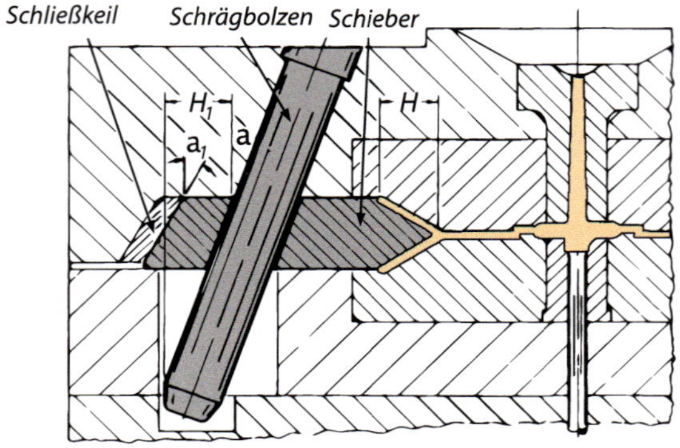

Bild 3.61 Mittels Schrägbolzen seitlich verfahrbarer Schieber [Bildquelle: Mörwald]

Bei der Ausführung ist zu beachten:

- Der Schieber selbst muss gut im Werkzeug abgestützt werden, denn der Spritzdruck wirkt auf die gesamte konturbildende Fläche, wodurch recht hohe Querkräfte entstehen können. Die Abstützung erfolgt über den Schließkeil.
- Der Schrägbolzen darf unter Schließkraft keinen Kontakt zum Schieber haben. Die Bolzen sind gehärtet und würden bei einer Querbelastung brechen können. Daher hat die Schieberbohrung bezogen auf den Bolzen ein sehr großes Übermaß. In Bild 3.61 wird der Bolzen mit der rechten Fläche während der Öffnung im Kontakt sein und seitlich verschoben. Beim Schließen verlagert sich der Kontakt auf die linke Seite des Bolzens. Der Winkel des Schließkeils ist etwas größer als der des Schrägbolzens. Beim Schließen übernimmt der Schließkeil den Kontakt und schiebt den Schieber etwas vom Schrägbolzen weg.

Ein Schrägschieber benötigt Platz im Werkzeug und je nach Tiefe des Hinterschnitts einen Öffnungshub. Ggf. kann es notwendig werden, die Bewegung einer Entformung über einen Kernzug zu realisieren. Kernzüge sind unabhängig von der Werkzeugöffungsbewegung verfahrbare Konturbereiche, üblicherweise geschieht das mit hydraulisch verfahrbaren Zylindern (Bild 3.62).

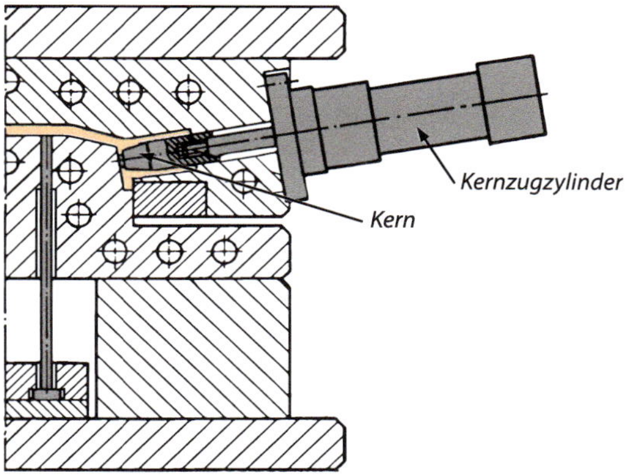

Bild 3.62 Kernzug zur seitlichen Fahrbewegung eines Kerns [Bildquelle: nach Mennig]

Bei Kernzügen ist zu berücksichtigen:

- Es müssen Verriegelungszylinder zum Einsatz kommen, denn auch hier würde der Spritzdruck den Zylinder leicht wieder zurückdrücken können.
- Die Endlagen der Kernzüge müssen mit Endschaltern abgesichert werden, denn ein Schließen des Werkzeugs kann leicht zu einer Beschädigung eines nicht in der richtigen Position sitzenden Kerns führen.
- Bei mehreren Kernzügen ist eine entsprechende Steuerung seitens der Maschine notwendig, denn häufig müssen die Kernzüge in einer bestimmten Reihenfolge betätigt werden.
- Jede Art von Kernzug oder Schieber muss ausreichend temperierbar sein. Besonders bei schlanken Kernen kann die Abfuhr der Schmelzwärme des Kunststoffs problematisch sein.

Vor diesem Hintergrund sollte bei der Konstruktion gut überlegt werden, ob vielleicht eine Änderung der Bauteilgestalt möglich ist, wodurch der Werkzeugbau einfacher wird und Querbewegungen entfallen können.

3.6.3 Entformung von Innenhinterschneidungen

Entformung von Innenhinterschneidungen

Grundsätzlich lassen sich Schieber auch für Innenhinterschneidungen einsetzen. Damit sind Konturbereiche im Inneren eines Bauteils gemeint, die über den Kern gebildet werden. Je kleiner die Bauteile werden, desto schwieriger wird dies, denn ein Schieber muss über einen Schließkeil abgefangen werden und er muss Platz haben, nach innen zu fahren (Bild 3.63). Auch hier ist zu bedenken, dass der für die Mechanik notwendige Raum den effektiven Aufbau einer Temperierung des Kerns einschränkt.

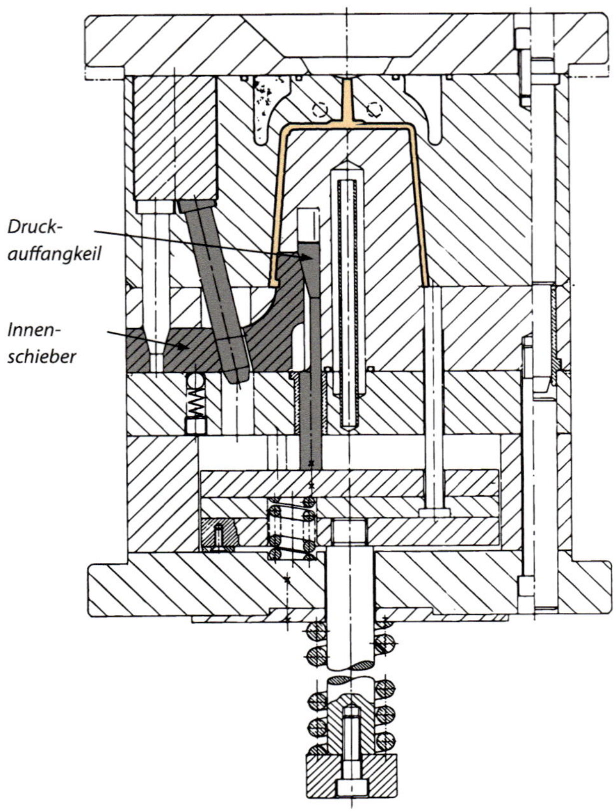

Bild 3.63 Innenschieber zur Entformung von Innenkonturen [Bildquelle: nach Gastrow]

Spezialauswerfer zur Entformung kleiner Hinterschneidungen

Für kleine Hinterschneidungen stehen vielfach standardisierte Lösungen in Form von Normalien zur Verfügung. Bild 3.64 zeigt als Beispiel einen Auswerfer mit einer Klappmechanik. Der obere Teil wird mit einer hier nicht dargestellten Blattfeder nach rechts gedrückt, wenn der Auswerfer ausgefahren wird. Der Spritzdruck wird bei diesem System über einen Absatz abgestützt, der in der zurückgefahrenen Position auf einer Stützkante anliegt.

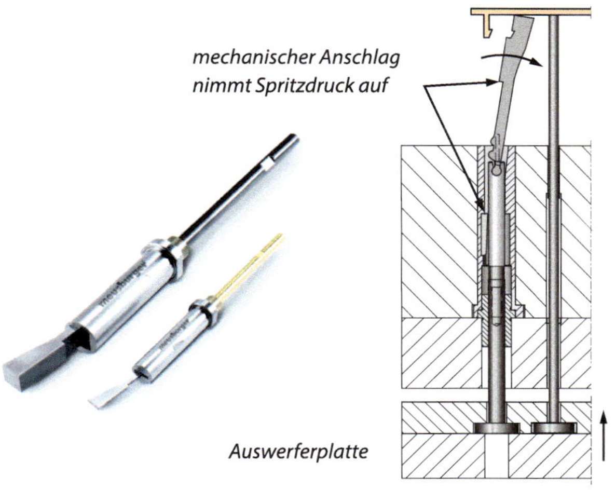

Bild 3.64
Auswerfer mit beweglichem Federgelenk zur Freistellung von Hinterschnitten [Bildquelle: nach Meusburger]

Fallkerne

Größere, auch umlaufende Innenhinterschneidungen lassen sich auch mit Fallkernen entformen. Hierbei besteht der Kern aus einer Vielzahl von Segmenten, die jeweils über einen Steuerkern geführt werden. Bild 3.65 zeigt einen Fallkern zur Entformung eines Gewindes. Die dunkelgrau markierten schmaleren Segmente werden mit einem flacheren Winkel in einer T-Nut geführt als die breiteren Segmente. Dadurch fahren die schmaleren Segmente schneller nach innen, wenn der Steuerkern nach unten verfährt, und machen Platz für die breiteren Segmente.

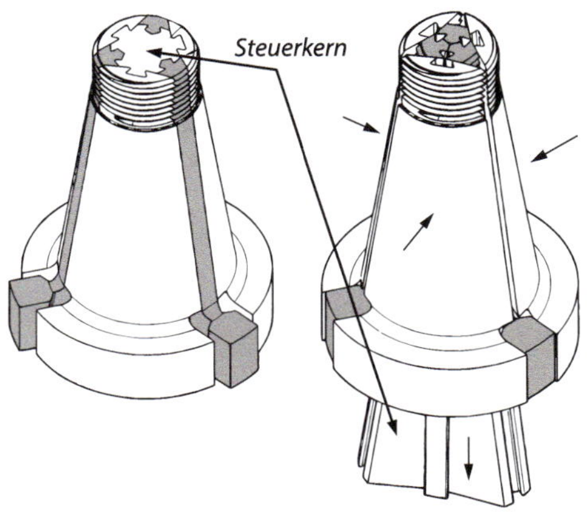

Bild 3.65
Fallkern, dessen Segmente durch Verfahren des Steuerkerns nach innen verfahren können

Fallkerne ermöglichen sehr zügige Bewegungen, weil der Steuerkern bereits mit der Öffnungsbewegung des Werkzeugs verfahren werden kann. Bei großen Hinterschnitten wird jedoch ein langer Weg für den Steuerkern notwendig, d.h. das Werkzeug wird eine große Einbauhöhe haben. Auch hier ist zu bedenken, dass die Segmente ausreichend temperiert werden müssen.

3.6.4 Entformung von Innengewinden

Ausdrehwerkzeuge

Innengewinde lassen sich mit Fallkernen entformen, oder sie müssen vor dem Entformen ausgeschraubt werden (Bild 3.66). Der Drehantrieb kann über separate Antriebsmotoren oder auch über Steilgewindespindeln oder Zahnstangen erfolgen, wobei die genannten mechanischen Lösungen auch mit der Öffnungsbewegung der Maschine gekoppelt werden können.

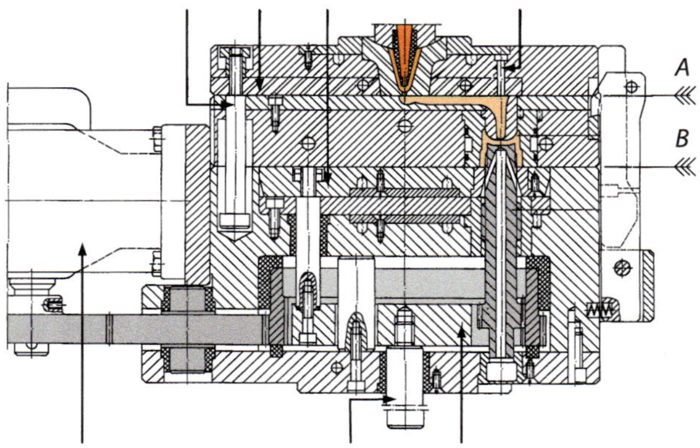

Bild 3.66 Ausschraubwerkzeug (4-fach-Verschlusskappe)

3.7 Effizienzsteigerung mit zwei Trennebenen

Zusammensetzung der Herstellkosten und Abhängigkeit von Zykluszeit

Die Herstellkosten für ein Bauteil beinhalten Kosten für Material, Maschine, Werkzeug und Lohn. Für Standardbauteile machen die Materialkosten ungefähr die Hälfte der Herstellkosten aus. Bei dünnwandigen Bauteilen sind die Kühlzeiten und damit die Zykluszeiten kurz. Dadurch steigt die Produktionsleistung einer Spritzgießmaschine, was der pro Stunde hergestellten Stückzahl entspricht. Die Kosten für die Maschine, das Werkzeug und den Lohn werden in Kalkulationen jeweils auf eine Stunde bezogen. Je mehr Teile erzeugt werden, desto geringer ist der entsprechende Stundensatzanteil. Für Hochleistungsanwendungen wie z. B. dünnwandige Verpackungen kann der Materialkostenanteil durchaus auf bis zu 80 % steigen (Bild 3.67).

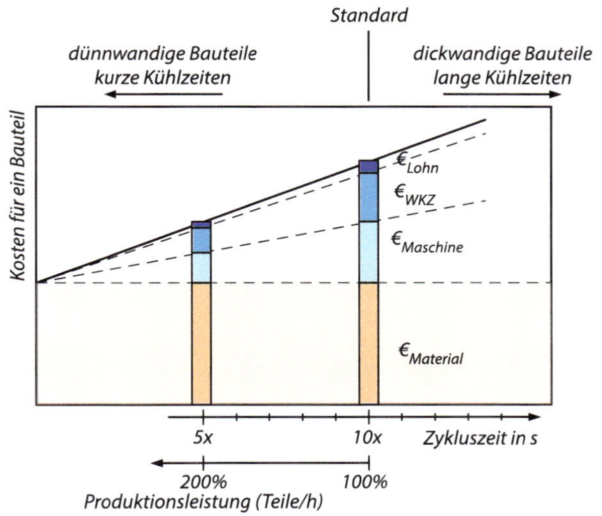

Bild 3.67 Abhängigkeit der Herstellkosten von der Zykluszeit

Höhere Effizienz durch kürzere Zykluszeiten

Für eine Verringerung der Herstellkosten wird üblicherweise versucht, möglichst kurze Zykluszeiten zu ermöglichen. Aus konstruktiver Sicht bedeutet das einerseits die Wahl geringer Wanddicken, was bei vielen Anwendungen nicht direkt umsetzbar ist. Eine weitere Option ist die Wahl einer Werkzeugtechnik, die eine schnelle Abkühlung der Schmelze zulässt. Die physikalischen Grenzen bieten hier auch nur wenig Spielraum.

Anwendungen mit zusätzlichen Trennebenen

In Kapitel 3.4.1.2 ist eine Werkzeugbauart mit einer zusätzlichen Trennebene gezeigt. Aufgrund der ergänzenden Trennebene kann über einen Kaltkanall die Angussposition an beliebige Stellen auf der Bauteilfläche oder auch zusätzliche Angussstellen gesetzt werden. In diesem Kapitel wird gezeigt, wie die Effizienz mit einer zusätzlichen Trennebene gesteigert werden kann. Hier gibt es zwei unterschiedliche Techniken mit jeweils eigenen Vorteilen:

- **Etagenwerkzeuge** haben zwei identische Trennebenen, die zeitgleich gefüllt und geöffnet werden. So können mit der gleichbleibenden Werkzeuggröße hinsichtlich der Aufspannfläche doppelt so viele Teile hergestellt werden, wie mit einem Standardwerkzeug der selben Werkzeuggröße.

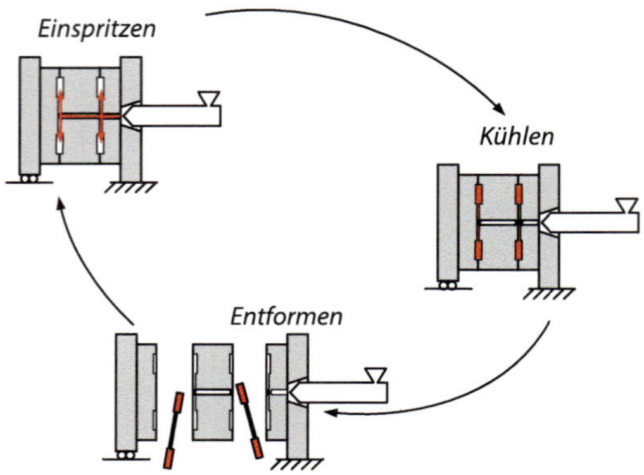

Bild 3.68
Mit dem Öffnen des Werkzeugs öffnen sich bei Etagenwerkzeugen zwei Trennebenen gleichzeitig

- **Tandemwerkzeuge** haben zwei Trennebenen, die zeitversetzt befüllt und geöffnet werden. Es ist möglich, wenn die jeweiligen Trennebenen unterschiedliche Bauteile einer Baugruppe enthalten. Auf diese Weise lassen sich besonders effizient Familienanwendungen realisieren (siehe S. 180).

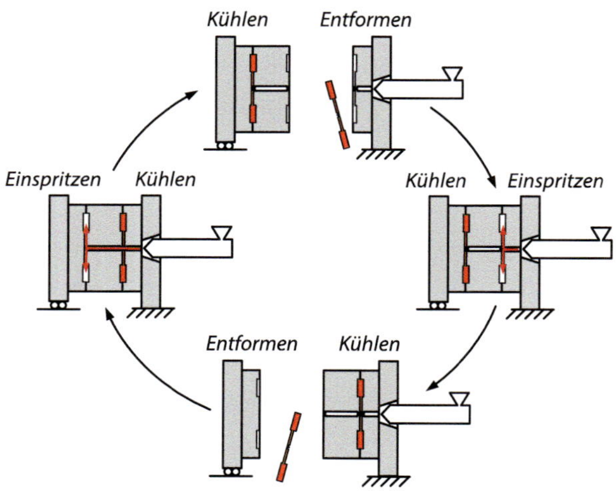

Bild 3.69 Bei Tandemwerkzeugen öffnen sich die zwei Trennebenen abwechselnd in jedem zweiten Zyklus

Höhere Effizienz mit mehreren Trennebenen

Die zusätzlichen Trennebenen erhöhen die Produktionsleistung der Maschine. Wird bei einem Etagenwerkzeug eine zweite identische Trennebene eingesetzt, erhöht sich der Werkzeugpreis um ca. den Faktor zwei, den die Herstellkosten für ein Werkzeug sind näherungsweise direkt proportional zur Kavitätenanzahl. Wenn die Spritzgießmaschine sehr leistungsfähig ist, also genügend Schmelze für den Zyklus in kurzer Zeit erzeugen und alle Kavitäten in derselben Zeit füllen kann, verdoppelt sich die Produktionsleistung. Wenn man somit insgesamt die Kosten pro Bauteil und die pro Zeit hergestellte Teilemenge betrachtet, ist eine Verdoppelung der Produktionsleistung gleichbedeutend mit der Halbierung der Zykluszeit (Bild 3.67).

Vor diesem Hintergrund werden die Maschinen mit einer zweiten Trennebene bis 200 % stärker ausgelastet. Auf diese Weise lassen sich auch dickwandige Produkte im Hochleistungsbetrieb herstellen, wobei die anteiligen Kosten für Maschine, Werkzeug und Lohn weniger stark ins Gewicht fallen. Für Bauteile mit insgesamt dünneren Wanddicken, die ohnehin schon kurze Kühlzeiten haben, wird eine zusätzliche Trennebene zwangsläufig einer Verdoppelung der Produktionsleistung führen. Schon geringe Leistungssteigerungen ab 30 % verringern die Kosten spürbar.

3.7.1 Etagenwerkzeuge

Schließkraft bei gegenüberliegenden Kavitäten wird nicht größer

Die Schließkraft einer Spritzgießanwendung ergibt sich aus dem Innendruck und der projizierten Bauteilfläche. Wenn in Richtung der Schließbewegung zwei Kavitäten hintereinanderliegen, ist nur die rechnerisch notwendige Schließkraft für eine Kavität notwendig, damit die Maschine unter den hohen Prozessdrücken geschlossen bleiben kann.

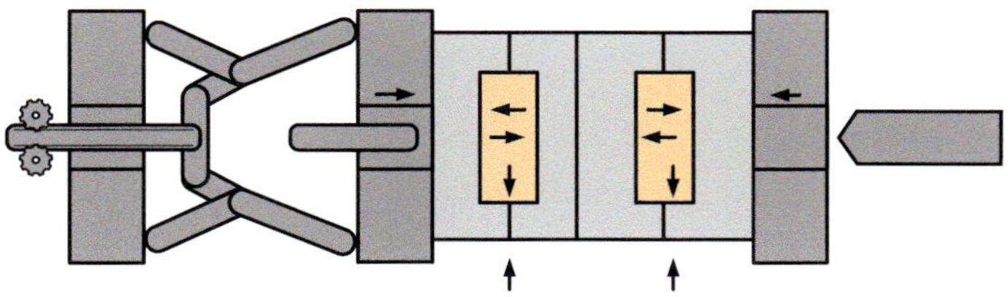

Bild 3.70 Die Kräfte in sich gegenüberliegenden Kavitäten heben sich auf

Ein Druck wirkt immer in alle Richtungen, ein Druck senkrecht auf eine Fläche bewirkt eine Kraft. Wenn zwei Bauteile sich in ihrer Fläche exakt überdecken, heben sich die zueinander gerichteten Kräfte auf. Daher ist nur noch der nach außen gerichtete Druck für die Schließkraft zu berücksichtigen.

Auf diese Weise ist die doppelte Produktionsmenge mit einer Maschine einer bestimmten Schließkraft möglich. Wenn also eine Maschine 4 Deckel für eine Verpackung mit einer Schließkraft von z. B. 1000 kN produzieren kann, wird ein Etagenwerkzeug bei gleicher Schließkraft 8 Deckel herstellen können. Dieses gilt aber nur dann, wenn die Position der Kavitäten in den beiden Trennebenen exakt übereinstimmen.

Steigerung der Produktionsleistung hängt von Maschinenausrüstung ab

Die Steigerung der Produktionsleistung ist in derselben Zykluszeit möglich, wenn die eingesetzte Spritzgießmaschine folgende Merkmale erfüllt:

- Die Plastifizierleistung muss so hoch sein, dass die pro Zyklus benötigte Schmelze innerhalb der Kühlzeit und ggf. der anschließenden Werkzeugbewegung und Bauteilentformung bereitgestellt werden kann.
- Die Einspritzleistung muss so hoch sein, dass das Schmelzevolumen in derselben Einspritzzeit wie in einem vergleichbaren Standardwerkzeug eingespritzt werden kann. Konkret bedeutet dies, dass die Einspritzgeschwindigkeit doppelt so hoch gewählt sein muss. Man sollte auch bedenken, dass der Einspritzvolumenstrom in die einzelne Kavität im Vergleich zum Standardzyklus identisch ist, der Volumenstrom in der Schmelzezuführung, also im Heißkanal, muss aber doppelt so hoch sein.
- Die Öffnungsweite der Maschine muss so groß sein, dass sich beim Öffnen des Werkzeuges beide Trennebenen öffnen lassen und eine problemlose Entformung möglich ist. Etagenwerkzeuge werden fast ausschließlich für flache Anwendungen im Verpackungsbereich eingesetzt. Mit zunehmender Bauteilhöhe vergrößert sich der Öffnungshub. Für die Entformung ist auf jeden Fall ein Hub notwendig, der größer ist als die doppelte Bauteilhöhe. Aus diesem Grund sind Etagenwerkzeuge besonders vorteilhaft bei flachen Bauteilen.

3.7.2 Tandemwerkzeuge

Während der Kühlphase ist keine Schließkraft notwendig

Für das Verständnis der Tandemwerkzeuge ist es wichtig zu wissen, dass die Schließkraft der Maschine nur für einen kurzen Moment hoch sein muss. Während des Einspritzens steigt der mittlere Forminnendruck, je mehr Schmelze in der Form ist. Während der Nachdruckphase kühlt die Schmelze ab, sodass der Nachdruck nicht mehr bis zum Fließwegende wirken kann und schließlich nicht mehr in der Kavität ankommt. Berechnungen mit Simulationsprogrammen haben gezeigt, dass die Schließkraft nur für ca. die Hälfte der Zykluszeit notwendig ist, und zwar nur während des Einspritzens und des Nachdrückens. Während der Kühlphase kann das Werkzeug auch ohne Schließkraft geschlossen bleiben und die Wärme der Kunststoffschmelze aufnehmen. Ein Werkzeug mit Kavitäten in zwei Trennebenen kann daher einseitig geöffnet werden, wobei ein einfacher Verriegelungsmechanismus die zweite Trennebene verschlossen hält (Bild 3.71).

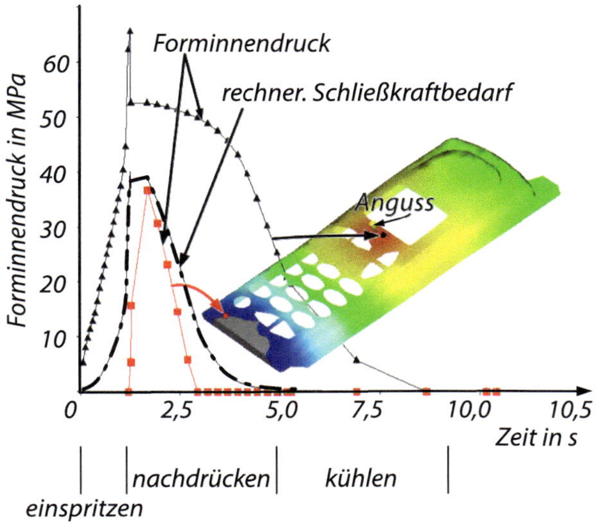

Bild 3.71 rechnerischer Schließkraftbedarf beim Spritzgießen

Mit einem einfachen Verschlusssystem lässt sich abwechselnd eine von zwei Trennebenen verriegeln, sodass die jeweils unverriegelte Trennebene geöffnet werden kann. Ähnlich einer Klinkenzugmechanik fährt ein Verriegelungsschieber nach dem Schließen des Werkzeugs zwischen zwei Endlagen in die jeweils zweite Position und drückt zwei Röllchen in einen Hinterschnitt. Auf diese Weise wird eine Trennebene entriegelt und die zweite Trennebene verriegelt.

Verschlusssystem von Tandemwerkzeugen muss keine Schließkräfte aushalten

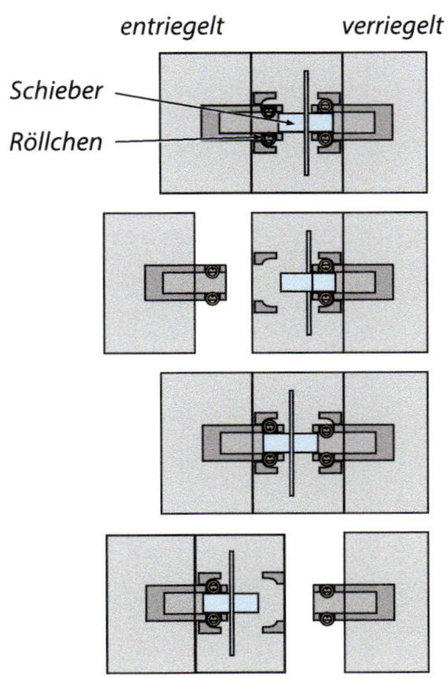

Bild 3.72
Verschlusssystem eines Tandemwerkzeugs mit einem horizontal beweglichen Verschlussschieber

Schmelze wird immer in Kavitäten der nicht verriegelten Trennebene eingespritzt

Die Schmelze wird grundsätzlich in die nicht verriegelte Trennebene eingespritzt., Das ist wichtig, weil im Falle einer Fehlfunktion und damit einhergehenden Überspritzen der Kavität die Form ungehindert atmen kann und das Verriegelungssystem keinen Schaden nimmt. Nach der Nachdruckphase in dieser Ebene kann der Verschlussschieber die Position wechseln. Weil nun die Ebene mit der soeben eingespritzten, noch nicht abgekühlten Schmelze verriegelt ist, öffnet sich nur die zweite entriegelte Ebene und die Bauteile hier können entformt werden.

Die Anwendungsmöglichkeiten der Tandemwerkzeuge sind

Familienwerkzeuge beinhalten unterschiedlich große Elemente einer Baugruppe

- **Familienanwendungen** - häufig gibt es mehrere Kunststoffteile, die zu einer Baugruppe gehören, z.B. ein Gehäuse aus einem Ober- und einem Unterteil. Bei solchen Bauteilfamilien sind die unterschiedlichen Einzelelemente meistens ungleich und benötigen jeweils individuell abgestimmte Prozesseinstellungen. Familienanwendungen sind zunächst einmal aus der Sicht der Produktion unbeliebt, weil unabhängige Prozesseinstellungen mit einem Standardwerkzeug nicht ohne weiteres möglich sind. Bei Tandemwerkzeugen können die Einzelteile jeweils im zyklischen Wechsel nacheinander mit jeweils eigenen Prozesseinstellungen gespritzt werden. Hieraus ergeben sich mehrere Vorteile:
  - Teile einer Baugruppe kommen immer direkt nacheinander aus der Maschine und können entweder direkt gefügt oder zumindest passend zusammen weitertransportiert oder gelagert werden. Ohne Tandemwerkzeug müssten die Bauteile auf unabhängigen Maschinen an unterschiedlichen Orten oder aber - wesentlich häufiger - auf derselben Maschine nach entsprechendem Werkzeugwechsel mit zeitlichem Versatz gespritzt werden.
  - Wenn Kunststoffe während des Plastifiziervorgangs mit Flüssigfarben oder Masterbatches eingefärbt werden, sind geringe Farbabweichungen nicht auszuschließen. Wenn die Losgrößen gleichfarbiger Bauteile einer Baugruppe mit mehreren Werkzeugen zeitversetzt auf einer Spriitzgießmaschine hergestellt werden, sind solche geringfügig unterschiedlich farbigen Bauteile einer Baugruppe oft genug ein Reklamationsgrund. Mit Tandemwerkzeugen können solche Farbunterschiede ausgeschlossen werden, denn von Zyklus zu Zyklus ist ein Farbunterschied nicht sichtbar.

Spiegelsymmetrische Anwendungen

- **Rechts-/Links-Anwendungen** – speziell bei Bauteilen für den Automobilbereich kommen häufig spiegelsymmetrische Konturen zum Einsatz. Weil für ein Automobil immer beidseitige Formteile notwendig sind, benötigt man für die Produktion zwei Werkzeuge und zwei Spritzgießmaschinen, oder man nutzt ein Tandemwerkzeug auf einer Spritzgießmaschine. Für den Fall der Ersatzteilproduktion ist es möglich, mit einem Tandemwerkzeug nur mit einer der beiden Trennebenen zu arbeiten und die zweite durchgängig verriegelt zu lassen.

- **Dickwandige Bauteile** – je dicker die Bauteile werden, desto länger wird die notwendige Kühlzeit und damit ein Zyklus. In Standardanwendungen ist die Summe aus Kühlzeit und Maschinenbewegungszeit (Öffnen, Entformen, Schließen) ca. halb so lang wie die Gesamtzykluszeit. In diesem Fall verdoppelt sich die Produktionsleistung der Maschine beim Einsatz eines Tandemwerkzeugs.

Bauteile mit langen Kühlzeiten

Tandemwerkzeuge können die Produktionskosten um 25 % reduzieren, wenn man nicht die Gemeinkosten, sondern nur die notwendigen direkten Produktionskosten berücksichtigt. Hierzu zählen die Materialkosten (ca. 50 %), die Lohnkosten (ca. 5 %), die Maschinenkosten (ca. 25 %) und die Werkzeugkosten (ca. 20 %). Die Einsparung ergibt sich, weil für die gleiche Teilemenge lediglich eine Maschine benötigt wird. Ein Tandemwerkzeug kostet ungefähr so viel wie zwei Standardwerkzeuge, denn das notwendige Verschlusssystem ist im Vergleich zu den Bearbeitungskosten für die beiden Kavitäten vernachlässigbar klein.

Tandemwerkzeuge können den Bedarf einer Spritzgießmaschine einsparen

Interessant ist, dass auch für dünnwandige Bauteile ein Kostenvorteil entsteht und die Bauteilqualität eher gesteigert wird. Das hängt mit der zusätzlichen Kühlzeit zusammen. Die Maschine kann erst öffnen, wenn die Plastifizierzeit für den nächsten Schuss in die zweite Trennebene beendet ist. Damit bleibt die erste Trennebene für diese Differenzzeit (Plastifizierzeit abzüglich Kühlzeit) geschlossen und die Bauteile kommen zwangsläufig etwas weiter abgekühlt zur Entformung und sind somit tendenziell formstabiler.

Üblicherweise ist man in der Produktion bemüht, die Kühlzeit zu kürzen und damit die Leistungsfähigkeit der Produktion zu steigern. Das führt oft schon beim Bau der Werkzeuge zu einem erhöhten Aufwand und höheren Kosten für eine effektive Kühlung. Beim Einsatz von Tandemwerkzeugen führt die zusätzliche Kühlzeit auch bei dünnwandigen Bauteilen im Bereich schnell laufender Maschinen zu einer Leistungssteigerung von 30 % und mehr.

Wie schnell ein Tandemzyklus ist, lässt sich abschätzen, wenn man die Zykluszeitanteile für die wesentlichen Funktionen kennt. Hier muss man unterscheiden zwischen Maschinen mit bzw. ohne Parallelbewegungen, denn speziell hydraulisch angetriebene Maschinen können häufig die Werkzeugbewegungen (Öffnen, Entformen, Schließen) nicht zeitgleich mit der Drehbewegung der Schnecke während des Plastifizierens erledigen. Vielfach werden daher leistungsfähige Spritzgießmaschinen mit einer höheren Plastifizierleistung und parallelen Antrieben eingesetzt.

Zykluszeit bei Tandemwerkzeugen hängt ab von der Antriebsart der Spritzgießmaschine

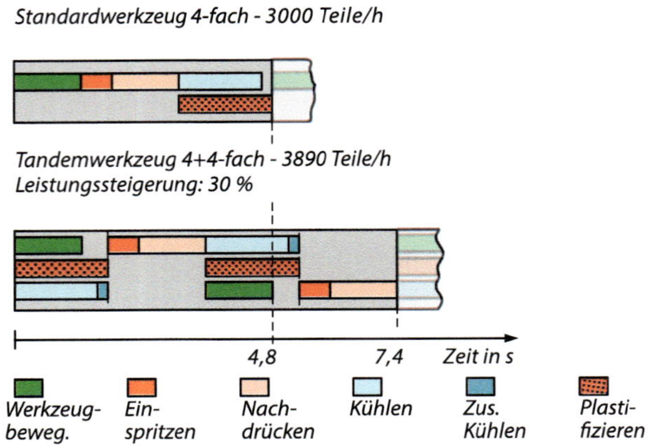

Bild 3.73 Gleichzeitige Prozessanteile bei Tandemwerkzeugen in Abhängigkeit von der Antriebsart der Spritzgießmaschine (oben: Plastifizieren und Werkzeugbewegung zeitlich nacheinander, unten: Parallelbetrieb für Plastifizieren und Werkzeugbewegung)

Maschine ohne Parallelbewegung

$$t_{Zyklus} = t_{Einspr.} + t_{Nachdr.} + max \begin{pmatrix} t_{Kühlen} + t_{WKZ\,Beweg.} \\ t_{WKZ\,Beweg.} + t_{Einspr.} + t_{Nachdr.} + 2t_{Plastif.} \end{pmatrix}$$

Maschine mit Parallelbewegung

Berechnung der Zykluszeit von Tandemwerkzeugen

$$t_{Zyklus} = t_{Einspr.} + t_{Nachdr.} + max \begin{pmatrix} t_{Kühlen} + t_{WKZ\,Beweg.} \\ max \begin{pmatrix} t_{WKZ\,Beweg.} \\ t_{Plastif.} \end{pmatrix} + t_{Einspr.} + t_{Nachdr.} + 2t_{Plastif.} \end{pmatrix}$$

Bild 3.74 Zykluszeitberechnung für Tandemwerkzeuge

3.7.3 Anforderungen an Spritzgießmaschinen für den Einsatz von Etagen- und Tandemwerkzeugen

Notwendige Ausrüstung der Antriebe für den Einsatz von Tandemwerkzeugen

Die Maschinen für den Einsatz von Etagenwerkzeugen müssen für eine sehr große Leistungsfähigkeit ausgelegt sein, das betrifft:

Öffnungsweite der Schließeinheit

- Schließeinheit mit vergrößerter Öffnungsweite (Abstand zwischen der festen und beweglichen Formaufspannplatte in maximal möglicher Öffnungsposition). Wenn zwei Trennebenen hintereinanderliegen, wird automatisch die Werkzeugeinbauhöhe größer. Daher haben die Maschinen für solche Werkzeuge meistens eine vergrößerte Öffnungsweite.

- Einspritzeinheiten mit größeren Schnecken ermöglichen eine höhere Plastifizier- und Einspritzleistung (Schmelze pro Zeit). Bei Tandemwerkzeugen muss nur die Plastifizierleistung größer sein, denn speziell bei Maschinen ohne Parallelantrieb kann die Maschine erst öffnen, wenn der Dosiervorgang abgeschlossen ist. Bei Etagenwerkzeugen werden zwei Trennebenen gleichzeitig gefüllt, damit wird automatisch auch die doppelte Einspritzleistung notwendig.

Plastifizier- und Einspritzleistung

- Die Antriebsleistung muss groß sein und es sollten Parallelbewegungen möglich sein. Speziell bei Anwendungen im Verpackungsbereich sind die Wanddicken der Bauteile klein und somit auch die notwendigen Kühlzeiten. Damit die Plastifizierzeit nicht den gesamten Zyklus verlangsamt, sollten solche Maschinen mehrere Bewegungen zeitgleich ermöglichen, das betrifft hier die Drehbewegung der Schnecke für die Plastifizierung und Bewegungen der Schließeinheit für das Öffnen und Entformen.

Parallele Bewegungen für Dosieren und Werkzeugbewegungen

Für den Betrieb von Tandemwerkzeugen benötigen die Spritzgießmaschinen eine zusätzliche Ausrüstung:

- Es müssen im zyklischen Wechsel die Prozessparameter für die Einspritzgeschwindigkeit, die Nachdruckhöhe und die Nachdruckzeit gewechselt werden können. Nur dann ist es möglich, für unterschiedlich große Bauteile einer Bauteilfamilie jeweils die für die Qualität beste Prozesseinstellung zu ermöglichen.

Schnell wechselbare Einspritzparameter

- Das Verriegelungssystem des Tandemwerkzeugs wird wie ein Kernzug über die Bedieneinheit der Maschine gesteuert. Es muss jeweils der Prozessparametersatz für die nicht verriegelte Trennebene aktiv sein.
- Die Steuerung des Verriegelungssystems muss deaktivierbar sein. Dann kann ein Bediener sich während des Einrichtvorgangs auf die Optimierung der Prozesseinstellung eines Bauteils konzentrieren. Wenn die Prozessparameter für die erste Trennebene eingestellt sind, kann diese verriegelt werden und der Bediener kann den Prozess für die zweite Trennebene optimieren. Wenn es nötig wird, nur Bauteile einer Trennebene zu produzieren, z. B. im Falle einer Ersatzteilherstellung, kann jeweils die andere Ebene komplett stillgelegt werden.

Ansteuerung des Verriegelungssystems

- Die Öffnungsweite der Maschine muss groß sein, denn die Werkzeuge haben erheblich größere Formeinbauhöhe. Anders als bei Etagenwerkzeugen sind nicht nur flache Bauteile für den Einsatz in Tandemwerkzeugen geeignet. Im Prinzip ist ein Tandemwerkzeug doppelt so hoch verglichen mit einem Standardwerkzeug. Der Öffnungshub muss nicht vergrößert werden, denn es wird immer nur der Hub für das Entformen einer Ebene benötigt.

Größtmögliche Öffnungsweiten der Schließeinheit

3.7.4 Konstruktive Besonderheiten von Etagen- und Tandemwerkzeugen

Lage der Auswerfer bei zwei Trennebenen

Die Auswerfereinheit von Werkzeugen mit zwei Trennebenen für die Bauteile ist nach außen gerichtet, weil so der Weg der Schmelze für beide Trennebenen symmetrisch verlaufen kann. Das ist besonders für Etagenwerkzeuge wichtig, denn hier werden beide Trennebenen zeitgleich gefüllt. Wenn die Schmelze von der Düse zunächst in die Mittelplatte geleitet wird, sind die Wege von hier in die erste und die zweite Trennebene gleich lang. Bei unterschiedlich langen Fließwegen in die Kavitäten würden unterschiedliche Prozessparameter notwendig.

Die Auswerfer auf der Düsenseite werden über separate Kurzhubzylinder betätigt, die im einfachsten Fall seitlich am Werkzeug angebracht sind und eine in der Düsenseite befindliche Auswerferplatte bewegen. Hier ist zu beachten, dass durch das Zentrum dieser Auswerfereinheit die Schmelzezuführung verläuft. Wenn die Schmelze über einen Heißkanal zugeführt wird, muss man bedenken, dass hier die Wärme des Heißkanals ggf. zum Auswerfer hin isoliert werden muss.

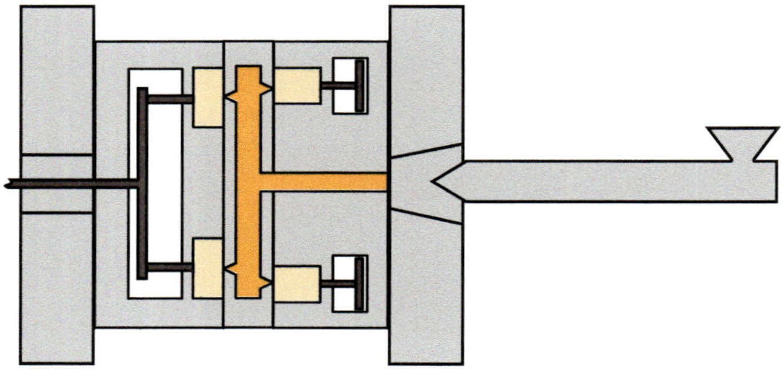

Bild 3.75 Lage der Auswerferseiten bei Werkzeugen mit zwei Kavitätenebenen

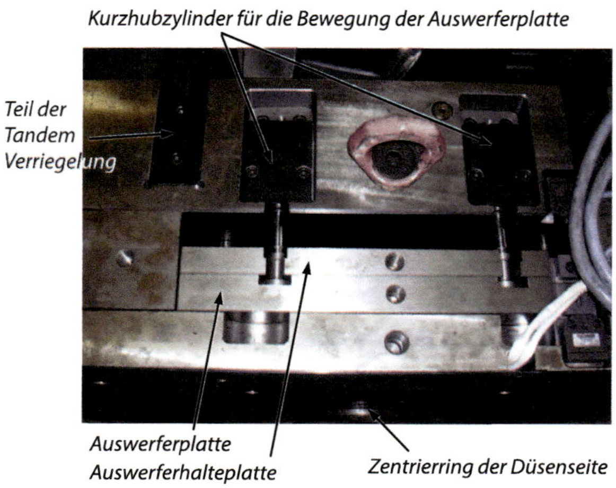

Bild 3.76 Antrieb der Auswerferplatte mit seitlich angebrachten hydraulischen Kurzhubzylindern

Etagenwerkzeuge haben einige Besonderheiten:

Abstützung der Mittelplatte

- Die Mittelplatte muss abgestützt werden, da sie in der Werkzeug-Offenposition zunächst ohne Kontakt zu den an der Maschine befestigten Werkzeughälften ist. Diese Abstützung erfolgt entweder über eine Gleitführung in einem Joch, das das Gewicht der Mittelplatte an die Holme der Schließeinheit weiterleitet. Oder die Abstützung erfolgt über eine Gleitführung auf dem Maschinenbett unterhalb der Holme.
- Während der Öffnungsbewegung öffnen sich die beiden Trennebenen synchron mit gleicher Geschwindigkeit. Hierfür ist eine Mechanik notwendig, die die Mittelplatte mit der halben Öffnungsgeschwindigkeit der zu öffnenden Maschinenplatte bewegt. Das ist möglich mit einer Hebelmechanik oder einem seitlich am Werkzeug angebrachten Zahnstangenantrieb.

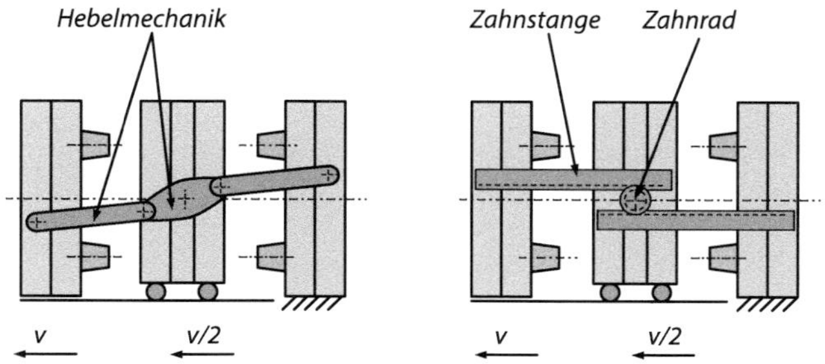

Bild 3.77 Mechanische Synchronisierung der Öffnungsbewegung der mittleren Werkzeugplatte

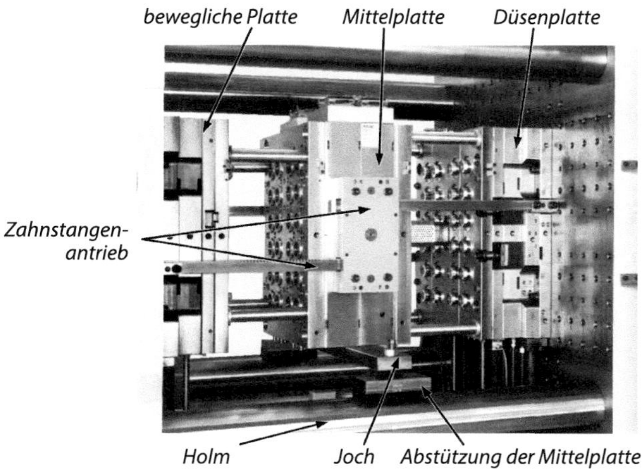

Bild 3.78 Abstützung der mittleren Werkzeugplatte auf den Holmen

Die Besonderheiten bei Tandemwerkzeugen sind:

Abstützung der Mittelplatte bei Tandemwerkzeugen

- Die Mittelplatte muss nicht zwingend auf den Holmen oder dem Maschinenbett abgestützt werden. Vorteilhaft sind seitlich angebrachte Flachführungen, die die verriegelte Mittelplatte immer auf einem der beiden außen liegenden Plattenpakete tragen. Damit öffnet sich das Tandemwerkzeug genauso wie ein gewöhnliches Zweiplattenwerkzeug.

Bild 3.79
Abstützung der Mittelplatte eines Tandemwerkzeugs über seitliche Flachführungen

3.7.5 Heißkanaltechnik für Etagen- und Tandemwerkzeuge

Für Werkzeuge mit zwei Trennebenen wird üblicherweise die Schmelze über einen Heißkanal in der Mittelplatte in die Kavitäten geleitet. Hierzu sind drei Varianten möglich.

Heißkanalschnorchel mit permanenter Anbindung an den Verteiler

- Die Verbindung des Heißkanals zur Düse erfolgt über einen Schnorchel, der fest mit dem Heißkanal verbunden ist. Mit jeder Bewegung der Mittelplatte löst sich der Kontakt zur Maschinendüse. Dabei kann ein wenig Schmelze aus dem Heißkanal der Mittelplatte in Richtung Düse entweichen und über viele Zyklen hinweg so viel Material zwischen Düse und Schnorchel aufbauen, dass es zu einer Störung kommt. Daher ist diese Version für sehr dünnflüssige Schmelzen eher weniger geeignet.

Heißkanalschnorchel mit Trennung zum Heißkanalverteiler

- Die Verbindung zwischen dem Heißkanal in der Mittelplatte und einer beheizten langen Düse in der Düsenplatte ist trennbar. Mit jeder Bewegung der Mittelplatte löst sich der Kontakt. Hier besteht die Möglichkeit, Kontaktstellen über einen Nadelverschluss zu dichten. Eine Leckage der beheizten langen Düse kann unterbunden werden, indem die Schnecke vor dem Plastifiziervorgang ein wenig zurückgezogen wird und damit den Heißkanal insgesamt entlastet. Diese Variante hat den Vorteil, dass beim Entformen Formteile aus der düsennahen Trennebene nicht mit einem Heißkanalschnorchel in Kontakt kommen und möglicherweise beschädigt werden können.

- Die Schmelze kann in der Düsenplatte zur Seite hin umgelenkt werden. Das ist ggf. notwendig, wenn die Bauteile so groß sind, dass eine direkte Passage von der Düse zum Heißkanal in der Mittelplatte nicht möglich ist. Auch besteht die Möglichkeit, die Kontaktstelle der beiden Heißkanäle der Düsenseite und der Mittelplatte mit einem Verschlusssystem abzudichten. Nachteilig ist hier die insgesamt größere Länge des Heißkanals.

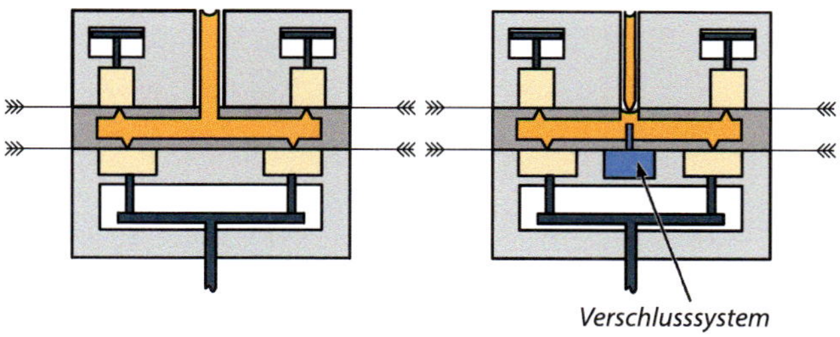

Bild 3.80 Heißkanalvarianten bei Tandemwerkzeugen; links: ungeteilt, rechts: geteilt – die Verbindung zur Maschinendüse (Angussschnorchel) ist feststehend

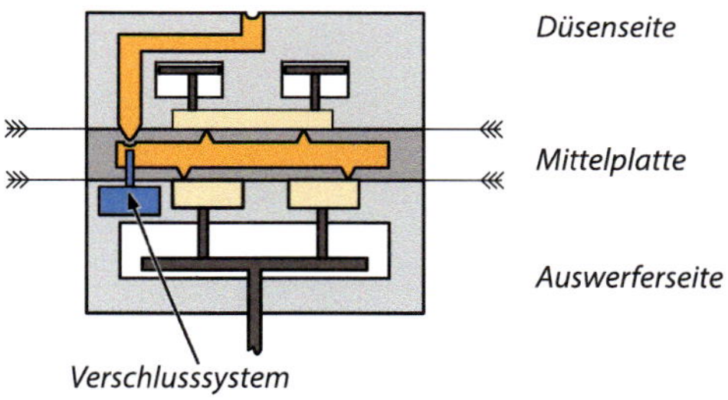

Bild 3.81 Seitliche Heißkanalabbindung bei großflächigen Bauteilen

Die Trennung zweier Heißkanäle in einem Werkzeug ist speziell für Etagenwerkzeuge problematisch, da die Schmelze während der Öffnung des Werkzeugs aus dem dann nicht mehr direkt aneinanderliegenden Teilbereichen des Heißkanals austreten kann. Beim erneuten Schließen wird dann ein direkter Kontakt der Düsen und damit die Dichtigkeit erschwert. Hier ist zu bedenken, dass die Dichtigkeit allein mit einem metallischen Kontakt der Düsen zueinander erfolgen muss.

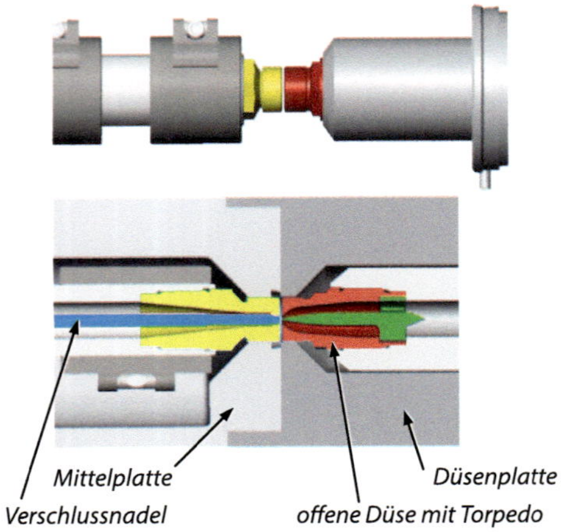

Bild 3.82
Abdichtung der Heißkanaltrennung über metallischen Kontakt der beteiligten Düsen

Abdichtung der Heißkanaltrennung bei Tandemwerkzeugen

Bei Tandemwerkzeugen kann der direkte Kontakt der Düsen über eine Kunststoff-Verschlussplatte erfolgen, die gleichzeitig als Kalt-Unterverteiler fungiert. Die Düsen haben im eingebauten Zustand einen Abstand zueinander und der Spalt dazwischen ist quasi eine Kavität. Diese Verschlussplatte wird in jedem zweiten Zyklus mit dem Entformen der Formteile der düsenseitigen Trennebene mit ausgeworfen. Im nachfolgenden Zyklus verbleibt dieses Teil in der geschlossenen düsenseitigen Trennebene, und die dahinterliegende Trennebene wird geöffnet. Mit dem anschließenden Einspritzvorgang wird dieses erkaltende Verschlussplättchen von der strömenden Schmelze durchbrochen.

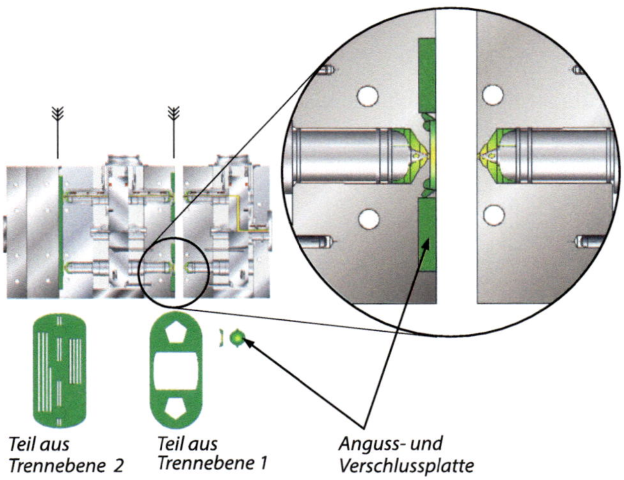

Bild 3.83 Abdichtung der Schmelzeübergabestelle über eine zusätzlich gespritzte Verschlussplatte

Durchspritzen bei großflächigen Bauteilen anstelle einer Heißkanalumlenkung

Die einströmende Schmelze baut beim Einspritzen einen sehr hohen Druck von über 1000 bar auf. Diese Energie reicht aus, Wanddicken von über 2 mm bei einer Düsenbohrung von ca. 1 mm zu durchstoßen. Die bereits erkaltete Masse des Verschlussplättchens von diesen Abmessungen ist so gering, dass sie auf dem Weg durch den Heißkanal in der Mittelplatte vollständig aufschmilzt und ohne Qualitätseinbußen in die Kavitäten gelangen kann.

Bei Tandemanwendungen kann bei großflächigen Bauteilen die Umlenkung des Heißkanals um das Bauteil herum entfallen, wenn man die Technik des Verschlussplättchens auf das Bauteil in der vorderen Trennebene überträgt. Hier ist der Kunststoff zwar in der Abkühlphase, während die dahinterliegende Kavität gefüllt wird. Das kleine Schmelzevolumen an der Stelle des Durchbruchs ist aber so gering, dass es selbst bei hohen Temperaturen mit dem Bauteil der vorderen Kavität entformt werden kann. Die Bauteilqualität wird davon nicht beeinflusst.

4 Simulation

Die Zeit für die Entwicklung von Bauteilen und Baugruppen wird zunehmend kürzer, auch weil der Produktlebenszyklus kürzer und die Produktvielfalt größer wird. Mit Simulationen kann Zeit gespart werden, weil sich die Wirkung von Maßnahmen so vorhersagen lässt.

Simulation verkürzt Entwicklungzeit

Häufig sind bei der Produktentwicklung unterschiedliche Partner beteiligt, die jeweils sehr verschiedene Kompetenzen und Blickwinkel haben und nicht zwingend im gleichen Unternehmen sind (Bild 4.1). Ein Kunde möchte ein Produkt, das er ggf. weiterverkaufen möchte. Er formuliert die Wünsche und Anforderungen in einem Lastenheft. Ein Lieferant wird aus dem Lastenheft ein Pflichtenheft machen, das die vertragliche Grundlage für den Auftrag ist. Die Aussagen dieses Pflichtenhefts sind verpflichtend, konkret wird der Lieferant eine definierte Produktqualität zusichern.

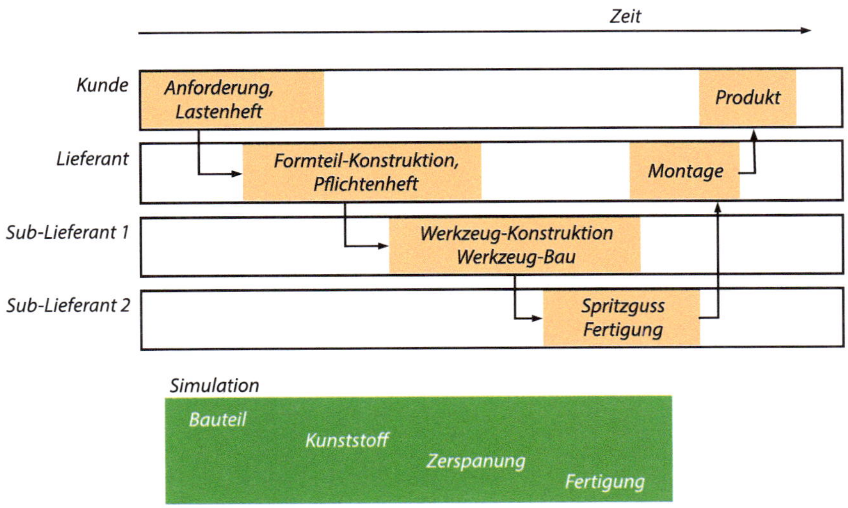

Bild 4.1 Entwicklungsschritte und Simulationen in zeitlicher Abfolge

Unterschiedliche Ziele zwischen Kunde und (Sub-)Lieferant

Die Konstruktionsabteilung des Lieferanten wird das Produkt möglicherweise modifizieren und detailliert konstruieren. Während der Kunde z. B. die Optik und die Form eines Bauteils im Sinn hat, wird der Lieferant auch die Herstellbarkeit und mögliche Qualitätsminderungen durch beispielsweise Bindenähte oder Bauteilverzug berücksichtigen. In gleicher Weise verhält es sich mit den Sublieferanten, die das Spritzgießwerkzeug bauen und das Bauteil selbst herstellen. Der Werkzeugbauer wird speziell die Umsetzbarkeit der Konstruktion mit einem Spritzgießwerkzeug im Blick haben.

In allen Abschnitten sind Simulationen möglich und sinnvoll. Beim Kunden geht es möglicherweise um das Verhalten des Bauteils oder der Baugruppe unter Belastung, bei den verschieden Lieferanten steht eher die Spritzgießsimulation (rheologische Simulation) und die Berechnung von Zerspanungsvorgängen (CAM) im Vordergrund.

Differenz zwischen Simulation und Praxis durch unterschiedliche Prozesseinstellungen

Die Grundproblematik im Bereich der Spritzgießsimulation ist in Bild 4.2 verdeutlicht. Für die Spritzgießsimulation müssen dem Berechnungsprogramm Produktionseinstellgrößen (a_1, b_1, c_1, ...) gegeben werden. Das Berechnungsergebnis liefert Erkenntnisse über z. B. einen sehr wahrscheinlichen Verzug. Der Konstrukteur wird Änderungen an der Bauteilgestaltung vornehmen und nach einigen Entwicklungsschleifen wird ein Werkzeug in Auftrag gegeben. In der Produktion werden garantiert andere Einstellwerte (a_2, b_2, c_2, ...) für die Maschine gewählt, denn Einstellwerte lassen sich zwar schätzen, nicht aber exakt vorhersagen. Oberflächendefekte wird erst ein Einrichter durch einige Versuche während des Anfahrvorgangs optimieren können.

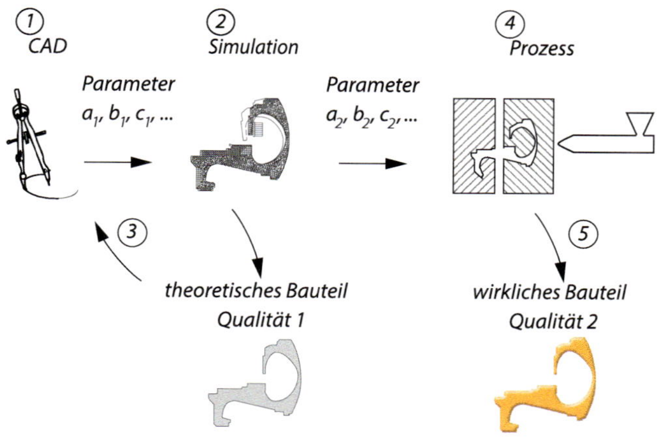

Bild 4.2 Die Ergebnisse von Simulation und Produktion stimmen nicht unbedingt überein

Im Prinzip sollte der Konstrukteur gemeinsam mit dem Simulationsfachmann eine Bauteilstruktur entwerfen, die völlig unabhängig von den Produktionsparametern (Einstellung der Maschine, z. B. Temperatur, Geschwindigkeit, ...) immer die gleiche Qualität ermöglicht.

Bauteile sollten unabhängig von Prozesseinstellungen eine gleiche Qualität haben

4.1 Ziele der Simulation

Die Qualität eines Bauteils beinhaltet aus der Sicht eines Kunden bzw. auch der des Lieferanten drei Merkmale. Nachfolgend sind nur die berechenbaren Merkmale berücksichtigt. Solange keine Theorie für den Zusammenhang von Glanz und Prozesseinstellung formuliert ist, gibt es keine Formel für die Berechnung des Glanzes, dieser lässt sich also nicht berechnen. Die Ziele für eine Simulation sind folglich:

Vorhersage der Qualität von Bauteilen

- gute Oberfläche ohne Beeinträchtigungen durch Bindenähte oder mögliche Verbrennungen durch Dieseleffekt,
- exakte Bauteilmaße ohne Verzug,
- möglichst kurze Zykluszeiten, wobei in der Simulation der Abkühlvorgang eine wichtige Rolle spielt.

Im Folgenden werden diese Ziele etwas detaillierter betrachtet und jeweils die Art der notwendigen Simulation erläutert.

4.1.1 Füllsimulation (rheologische Simulation) für gute Oberflächen

Die Qualität einer Oberfläche ist nicht nur durch den Glanz bestimmt. Es ist schon von Vorteil, wenn keine Bindenähte oder Fließlinien auf der Oberfläche sichtbar sind. Hierfür ist es sehr zweckmäßig, den Verlauf der Schmelze während der Formfüllung zu simulieren.

Simulation des Einspritzvorgangs

Der eigentliche Einspritzvorgang ist hinsichtlich der Simulation einfach und sehr zuverlässig. Nach Hagen-Poiseuille ist der Druckbedarf abhängig von Strömungsgeschwindigkeit v, Schmelzeviskosität η und der Bauteilgestalt, die mit der Fließlänge L und der Bauteildicke s festgelegt und K eine hier nicht näher erklärte Konstante ist.

Hagen-Poiseuille

$$p = \frac{KLv\eta}{s^2} \tag{4.1}$$

Schmelze fließt in dickeren Formteilbereichen schneller

Bei unterschiedlichen Bauteildicken wird die Schmelze vom Anspritzpunkt aus in alle Fließrichtungen den gleichen Druckbedarf haben und in die dickeren Bereiche mit einer anderen Länge und Geschwindigkeit strömen (Bild 4.3).

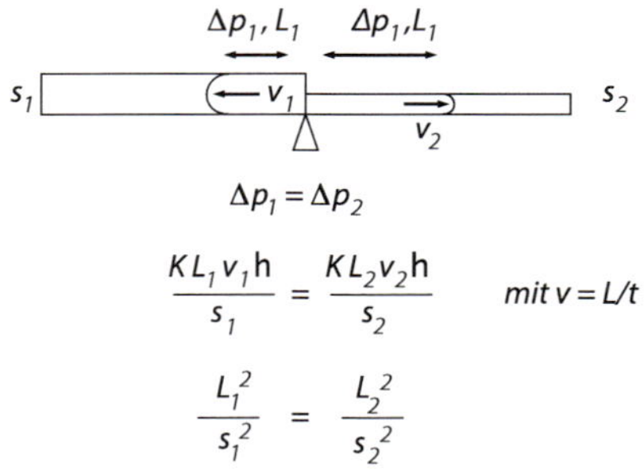

Bild 4.3
Physikalische Grundlagen für die Füllsimulation

Die Geschwindigkeit v ist das Verhältnis von Weg L und Zeit t, und weil die Fließfront in den unterschiedlich dicken Bereichen immer zur gleichen Zeit die unterschiedlichen Fließlängen erreicht, ergibt sich die sehr einfache Formel:

$$\frac{L_1}{s_1} = \frac{L_2}{s_2} \qquad (4.2)$$

Grafische Füllbilderermittlung

Hiermit ist es möglich, den Füllvorgang grafisch zu ermitteln (Bild 4.4). Von einem Anschnitt aus quillt die Schmelze entsprechend der Dicke zum Zeitpunkt 1 unterschiedlich weit. Die beiden Kreisbögen lassen sich vereinfacht mit einer Tangente verbinden. Analog geht es für weitere Zeitschritte (für weiterführende Erklärungen siehe Menges et al., Spritzgießwerkzeuge, Carl Hanser).

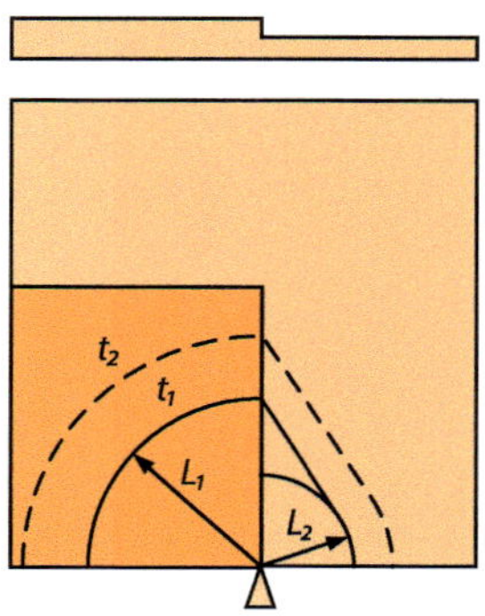

Bild 4.4
Grafische Ermittlung eines Füllverlaufs

Voraussetzung ist eine konstante Viskosität, was bei höheren Einspritzgeschwindigkeiten gegeben ist. Bei geringen Geschwindigkeiten würde die Schmelze in den dünneren Bereichen wegen der geringeren Strömungsgeschwindigkeit schneller abkühlen, die Viskosität würde steigen und die einfache Formel würde nicht mehr gelten.

Diese grafische Methode ist natürlich für den Konstruktionsprozess nicht zeitgemäß. Simulationsprogramme erledigen diese Arbeit sehr zuverlässig und sie können den Temperatureinfluss auf die Viskosität mitberücksichtigen. Die Füllsimulation wird hier sehr vereinfacht dargestellt. Tatsächlich ist die Vorhersage des Füllverlaufs recht anspruchslos und sehr zuverlässig.

Sehr große Zuverlässigkeit der Füllberechnung

Die für den Konstrukteur wichtigen Ergebnisse sind:

Vorhersage von Bindenähten

- Vorhersage der *Lage von Bindenähten*. Bindenähte entstehen nicht nur an Zusammenflussstellen hinter Kernen, die die Schmelze umströmen muss. Auch wenn Schmelze in dickeren Bereichen voreilt, kann es mit benachbarten Fließfronten zu Zusammenflüssen kommen. Die Lage des Zusammenflusses kann ein Programm ziemlich zuverlässig vorhersagen, nicht aber die Auswirkung auf die Optik. Hierfür interpretieren Softwareprogramme die Berechnungsergebnisse der Fließfronttemperatur und des Winkels, in dem die Fließfronten zusammentreffen.

Lufteinschlüsse

- *Vorhersage von Lufteinschlüssen*, die zum Dieseleffekt (Verbrennung) führen können. Wenn Schmelzefronten nicht im Bereich einer Trennebene zusammenfließen, kann die Luft nicht mehr verdrängt werden. Die Lage des Lufteinschlusses kann präzise vorhergesagt werden, sodass der Konstrukteur über leichte Wanddickenkorrekturen das Füllbild verändern kann oder der Formenbauer Maßnahmen zur Entlüftung vorsehen kann.

Einfallstellen

- Die *Lage von Einfallstellen* kann ein Programm ebenfalls anzeigen, wobei dieses Ergebnis weniger zuverlässig als das Füllbild selbst ist. Grundsätzlich ist für eine Vorhersage nicht nur das lokale Schwindungspotential notwendig, sondern auch die Steifigkeit der Bauteiloberfläche, denn bei einer hohen Steifigkeit kommt es eher zu Lunkern. Man sollte berücksichtigen, dass die Auswirkung, also die Tiefe, einer Einfallstelle nur mit einer gewissen Wahrscheinlichkeit angegeben werden kann.

Berechnungsergebnis lokale Schmelzetemperatur

- Interessant ist die Berechnung der *Schmelzetemperaturen über dem Querschnitt*. Es ist möglich, nur Bauteilbereiche anzuzeigen, die abhängig von der Kühlzeit eine Temperatur oberhalb der Fließgrenztemperatur haben. Insbesondere bei Bauteilen mit Wanddickenunterschieden kann es passieren, dass diese noch wärmeren Bereiche abgeschnitten werden von der Schmelzezufuhr über den Anschnitt. Die Folge ist dann ein nicht mehr möglicher Nachdruck und somit die Gefahr von Einfallstellen.
- Ebenfalls interessant ist das Ergebnis *„lokale Fließfronttemperatur"*. Die Schmelze kann während des Einströmens Wärme verlieren und dann werden zusammenströmende Fließfronten nicht mehr gut verschweißen können. Die Simulation schafft die Möglichkeit, solche Temperaturen zu zeigen, die messtechnisch nicht zugänglich sind. Mit diesem Wissen kann der Kunststoffexperte verstehen, wieso möglicherweise ein Bereich mit einer Bindenaht eine mechanische Schwachstelle ist.

4.1.2 Vorhersage des Verzugs

Verzug hat als Ursache innere Spannungen

Die Vorhersage des Verzugs eines Bauteils nach dem Entformen ist sehr wichtig. Verzug hat immer mit Spannungen im Bauteil zu tun, die bei nicht ausreichender Bauteilsteifigkeit das Bauteil verformen. Für eine sichere Vorhersage müssen die Spannungen und die Bauteilsteifigkeit bekannt sein. Die Steifigkeit eines Kunststoffbauteils ist abhängig vom E-Modul, der während des Abkühlens stetig größer wird. Eine Vorhersage des Verzugs in Abhängigkeit von den Entformungstemperaturen ist mit einem konstanten E-Modul nicht möglich, hierfür muss das Simulationsprogramm die temperaturabhängige E-Modul-Funktion enthalten.

Lokal unterschiedliche Schwindung

Die Spannungen haben unterschiedliche Ursachen, besonders wichtig sind hier lokal unterschiedliche Schwindungen, die erst nach der Berechnung der Nachdruckphase bekannt sind. Die Verzugsanalyse benötigt daher neben der einfachen Füllanalyse auch eine Berechnung der Nachdruckphase.

Steifigkeit durch Faserorientierung

Die Steifigkeit ist bei faserverstärkten Kunststoffen von der Strömungsrichtung der Schmelze abhängig. Grob gesagt richten die Fasern sich in Strömungsrichtung aus, womit in dieser Richtung die Steifigkeit des Bauteils größer wird. Für eine Vorhersage des Verzugs ist eine Berechnung der Faserausrichtung notwendig.

Verzugssimulation basiert auf sehr vielen Modellannahmen

Der Konstrukteur sollte mit den Berechnungsergebnissen vorsichtig umgehen, denn die Zuverlässigkeit ist aufgrund der vielfältigen Modellannahmen zwangsläufig geringer als bei der Füllanalyse. Jedes Modell ist nicht vollständig bzw. bezieht sich nur auf einen Teil der Wirklichkeit. Je genauer man einen Vorgang simulieren will, desto präziser müsste man alle möglichen Einflussgrößen in das Modell einbeziehen. Schließlich würde eine Berechnung mit einem sehr präzisen Modell sehr viele Eingangsdaten benötigen und vermutlich sehr lange Rechenzeiten benötigen.

Berechnung nur mit exakten Materialdaten

Für eine Simulation sollten auf jeden Fall die Eingabewerte möglichst genau zur Verfügung stehen. Wenn z. B. die speziellen Materialdaten für den speziellen Anwendungsfall nicht zur Verfügung stehen, reicht es nicht, einfach Materialdaten eines vermutlich ähnlichen Materials zu nehmen. Wenn schon der Anfang nicht stimmt, kann das Ergebnis unter Garantie nicht richtig sein.

Konsequenz der Verzugsanalyse

Der Nutzen der Ergebnisse für den Konstruktionsvorgang kann sein:

- Eine *Änderung der Bauteilgestalt* sollte mit einer nachfolgenden weiteren Simulation ein Bauteil mit geringerem Verzug ergeben. Der Konstrukteur kann die Steifigkeit des Bauteils beeinflussen durch:
  - lokale Korrektur der Wanddicken,
  - Änderung der Strömungsrichtung durch Verlegen des Anspritzpunkts,
  - Änderung der Faserausrichtung (falls Fasern vorhanden sind) durch lokale Fließbremsen,

- zusätzliche Verrippung oder Versteifung durch z.B. Bombierung von ebenen Oberflächen.

- Grundsätzlich kann der Konstrukteur das *Bauteil vorbombieren*, indem er die Ergebnisse der Simulation mit negativem Vorzeichen auf die Bauteilgestaltung überträgt. Im Prinzip wird der Verzug das Bauteil im Prozess gerade ziehen. Diese Vorgehensweise erfordert sehr viel Erfahrung in der Interpretation der Simulationsergebnisse und Mut, denn die Vorgaben müssen vom Formenbauer umgesetzt werden. Damit geht die Verantwortung für das Gelingen bzw. die Maßhaltigkeit direkt auf den Konstrukteur über.

Verzugssimulation auch ohne Berücksichtigung der Werkzeugtemperatur

Grundsätzlich hat die Werkzeugtemperatur einen Einfluss auf den Verzug eines Spritzgussteils. Die Einflüsse der Bauteilgestaltung sind jedoch größer, sodass eine Berücksichtigung der tatsächlichen Werkzeugtemperatur nicht wesentliche Vorteile bringt. Außerdem muss berücksichtigt werden, dass die Angaben in der Simulation häufig nicht mit den Bedingungen in der Produktion übereinstimmen.

Für die Simulation ist es daher eher sinnvoll, eine konstante Werkzeugtemperatur anzunehmen und für den Formenbau Maßnahmen zu überlegen, wie diese Idealbedingungen möglichst gut erreicht werden. Ein berechneter Verzug ist unter dieser Annahme allein von der Bauteilform und der Strömung aufgrund einer gewählten Angusslage abhängig. Alle konstruktiven Maßnahmen, die einen geringeren berechneten Verzug ergeben, führen mit hoher Wahrscheinlichkeit auch zu einem geringeren tatsächlichen Verzug am realen Bauteil.

4.1.3 Wärmeflussanalyse

Kühlzeitabschätzung

Im Prinzip sind die Abkühlberechnungen im Rahmen der rheologischen Simulation ein Randergebnis. Hier beeinflusst die Temperatur des Kunststoffs speziell im Schmelzebereich die Fließfähigkeit und damit auch die Wirkung des Nachdrucks. Die Berechnung der Bauteiltemperaturen während der Abkühlung hat für den Konstrukteur keine Bedeutung. Allenfalls kann man versuchen, damit die mögliche Abkühlzeit abzuschätzen, was aber nicht sehr zuverlässig gelingt, wenn nicht zusätzlich die Steifigkeit des Bauteils in Abhängigkeit von der Temperatur bekannt ist.

Einfluss der Werkzeuggestaltung auf die Kühlzeit

Wichtig ist für den Konstrukteur die Information, welche Auswirkung die Struktur des Bauteils auf die Form des Werkzeugs hat. Das betrifft die Wärmeströme innerhalb des Spritzgießwerkzeugs. Das Werkzeug soll an der Kavitätoberfläche überall die gleiche Temperatur haben. Wenn heiße Schmelze auf die Kavitätwand trifft, muss die Wärme der Schmelze abgeleitet werden, damit die Kavitättemperatur nicht steigt. Wärme fließt nur, wenn Temperaturunterschiede vorliegen, wobei hier der Blick auf den Temperaturunterschieden im Inneren des Werkzeugs, zwischen dem Temperiersystem und der Kavitätoberfläche, liegt.

Teile des Werkzeugs, besonders hohe und schlanke Kerne, können sich im zyklischen Betrieb sehr erwärmen, sodass die Abkühlzeit länger wird. Wenn ein schlanker Kern über einen längeren Bereich heiß wird, kann hier keine Wärme mehr abgeleitet werden, wenn die Temperaturdifferenzen bei einem insgesamt heißen Werkzeugbereich zu gering sind. Es geht also um die Frage, wie gezielt Wärmeströme gesteuert werden können bzw. wie gezielt Temperaturdifferenzen im Werkzeug erzeugt werden, ohne die Kavitättemperatur wesentlich zu verändern.

Temperaturberechnungen des Werkzeugs erfordern zyklische Berechnungen

Eine Vorhersage der Temperaturverteilung im Spritzgießwerkzeug erfordert eine Berechnung mehrerer aufeinanderfolgender Zyklen, man spricht hier auch von transienter Berechnung, bei der zeitliche Veränderungen der Temperatur beachtet werden. Aufgrund der begrenzten Wärmeleitfähigkeit von Werkzeugstahl heizt sich ein Werkzeug während der ersten ca. 20 Zyklen auf und kommt dann üblicherweise in einen quasistationären Bereich, in dem der Temperaturverlauf vom Schmelzekontakt bis zum nächsten Zyklus immer gleich ist.

Zyklische Berechnungen auch ohne Strömungssimulation zuverlässig

Wegen der erheblich höheren Wärmeleitfähigkeit von Stahl im Vergleich mit Kunststoff sind die zeitlichen Temperaturänderungen im Werkzeug schneller, und weil der Einspritzvorgang im Verhältnis zur Gesamtzykluszeit sehr gering ist, kann man den Einspritzvorgang vereinfacht mit einer spontanen Beladung mit der entsprechenden Schmelzemenge mit einer einheitlichen Schmelzetemperatur vorgeben. Diese Form der Simulation ist dann unabhängig von der Strömungssimulation und kann auch mit Nicht-Rheologie-Softwareprogrammen erfolgen, z. B. mit Multiphysik-Programmen.

4.1.4 Berechnung der mechanischen Belastbarkeit (Strukturmechanik)

Strukturmechanik betrifft die mechanische Belastbarkeit

Die Berechnung von Verformungen unter Belastung erfordert FEM-Programme. Als Materialkennwert ist hier der E-Modul notwendig.

- Grundsätzlich sollte nicht unbedingt der E-Modul aus dem genormten Zugversuch bei Raumtemperatur gewählt werden. Notwendig ist der E-Modul bei Einsatztemperatur, der aus der E-Modul-Temperatur-Kurve aus dem DMA-Versuch ermittelt wird (siehe Kapitel 5.2.5).

E-Modul bei Faserverstärkungen ist unterschiedlich in x- und y-Richtung

- Wenn Fasern eingesetzt werden, ergeben sich je nach Ausrichtung der Fasern sehr unterschiedliche E-Modul-Werte in den unterschiedlichen Bauteilrichtungen. Die Werte für die lokalen Faserausrichtungen können mit einer Füllanalyse abgeschätzt und in das FEM-Programm übertragen werden.

„Mappen“ von E-Modul-Werten

- Für die strukturmechanische Berechnung müssen zwei Softwareprogramme genutzt werden. Mit einem Rheologieprogramm erhält man als Ergebnis richtungsabhängige E-Module für alle Bereiche des Bauteils. Diese Daten werden an ein entsprechendes FEM-Programm übergeben, man spricht hier von „mappen“, denn die Oberfläche wird als Landkarte gesehen, auf die man die E-Modul-Werte überträgt. Die beiden Softwareprogramme arbeiten grundsätzlich mit derselben Bauteiloberfläche, wobei die Vernetzung des Bauteils für jedes Programm anders ist.

4.2 Modellgrundlagen für die rheologische Simulation

Ergebnis von Simulation beruht auf Modellen

Ein Berechnungsergebnis ist immer nur so gut wie das zugrundeliegende Modell. Die Simulation des Spritzgießvorgangs ist eine rheologische Strömungssimulation, wobei der Hinweis rheologisch auf die Besonderheiten von Kunststoffen hindeutet. Grundsätzlich braucht eine Simulation unterschiedliche Modelle zur Beschreibung der Bauteilform, des Materialverhaltens und der physikalischen Zusammenhänge (Berechnungsmodell). Die nachfolgenden Angaben sollen dem Anwender einen Teil der Hintergründe der Berechnungsprogramme vermitteln.

4.2.1 Gestaltmodelle

CAD-Modelle legen die Bauteilgestalt fest

In der Konstruktion werden üblicherweise Bauteile dreidimensional entworfen. Hierbei werden mit CAD-Programmen die einzelnen Arbeitsschritte in Strukturbäumen abgelegt, sodass immer wieder einzelne Arbeitsschritte verändert werden können. Nachfolgende Arbeitsschritte können z. B. einen veränderten Durchmesser berücksichtigen und das Bauteil verändert und neu aufbauen. Dieser Hinweis ist wesentlich, denn in der Kombination CAD und Rheologieberechnung wird der Konstrukteur auf der Grundlage von z. B. einer Verzugsanalyse Änderungen an der Gestaltung vornehmen.

Vernetzung von CAD-Daten

Problematisch ist, dass die Strömungssimulation die CAD-Daten nicht direkt nutzen kann. Notwendig ist ein Netz aus Flächenelementen bzw. ein Raumgitter aus Volumenelementen, bei dem in vielen Einzelschritten von Element zu Element ein Füllvorgang schrittweise berechnet wird. Ergebnisse der Simulation lassen sich nicht direkt in ein CAD-Programm zurück übertragen.

Feine Strukturangaben führen zu sehr großen Netzen

Die Vernetzung der CAD-Daten erfolgt automatisch und erfordert zunächst wenig spezielle Kenntnisse. Der Konstrukteur sollte sich aber bewusstmachen, dass eine sehr detaillierte Struktur mit mehr Elementen dargestellt wird im Vergleich zu einer einfachen Struktur. Das betrifft speziell Radien, Schriftzüge und ggf. auch Oberflächenstrukturen. Diese feinen Strukturen haben auf das Ergebnis des Spritzgießvorgangs und auch für die Simulation keine große Bedeutung. Nach Möglichkeit sollte daher eine CAD-Darstellung des Bauteils für die Simulation diesbezüglich einfach gehalten werden.

Übergabeformate zwischen CAD und Rheologieprogramm

Wichtig ist, dass die CAD-Daten in einem für das Simulationsprogramm verständlichen Format übergeben werden. Unter den diversen Austauschformaten sollte der Konstrukteur nach Möglichkeit das STEP-Format wählen. Das CAD-Programm übergibt in diesem Format überwiegend Volumendaten.

Andere Schnittstellenformate übertragen nur die Oberfläche, wobei dann die Fehleranfälligkeit größer ist. Bei einem Übertragungsfehler entsteht z. B. zwischen zwei eigentlich zusammenhängenden Flächen ein kaum sichtbarer Spalt, der bei der Berechnung ein „Überströmen der Schmelze" von Element zu Element verhindert. Bei Volumendaten wird die Vernetzung sozusagen über das Volumen gelegt, wobei Fehler am Volumen selbst sozusagen übersehen werden.

Die Netze sind je nach Art der Berechnung verschieden:

- 1-dimensional zur Darstellung von z. B. Kühlkanälen oder Kaltkanälen
- 2-dimensional für zügige Füllsimulationen
- 3-dimensional für Verzugssimulationen

1D-Vernetzung für Heiß- und Kühlkanäle

Diese sehr kurze Darstellung ist nicht vollständig und soll nur einen schnellen Überblick geben. **1-dimensional** ist eine Linie zwischen zwei Punkten. Solchen Linien lassen sich Eigenschaften zuweisen, z. B. die Querschnittsform rund, womit dann ein Zylinder gemeint ist. Weiterhin kann man die Eigenschaft Kühlkanal zuweisen und für diesen Kühlkanal weiterhin festlegen, dass darin Wasser strömt und ein Wärmeübergang zum benachbarten Werkzeug möglich ist.

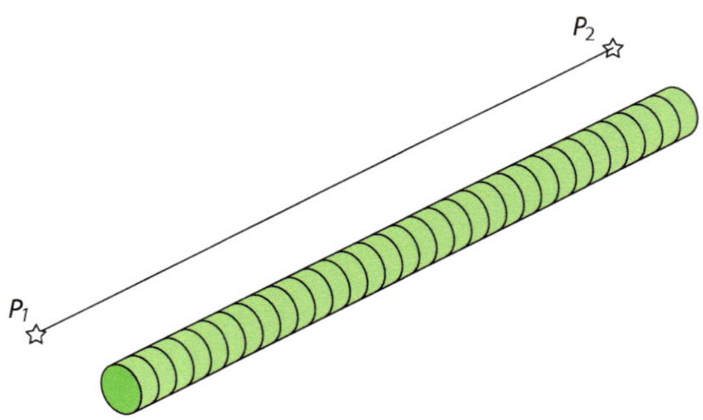

Bild 4.5
1D-Simulationsmodell mit zugewiesenem Querschnitt „Zylinder"

Ein Kühlkanal wird dreidimensional durch ein Werkzeug geführt, die Darstellung für die Berechnung kann jedoch 1-dimensional ausreichen, für die Strömung des Kühlmediums ist eine Richtungsänderung ohne Bedeutung. Für die Modellierung entsteht ein Kühlkanal als Linie, die in viele Elemente unterteilt wird. Bei einer zu geringen Elementezahl können größere Berechnungsfehler auftreten.

Diese Modellform wird auch für Kaltkanäle genutzt, wenn z. B. zwei Kavitäten mit einem gemeinsamen Anguss verbunden werden sollen. Die Informationen der Berechnung sind nicht so aussagekräftig im Vergleich mit den nachfolgenden aufwendigeren Modellformen, das Interesse bezieht sich jedoch auf das Bauteil, womit eine Vereinfachung beim Angusskanal einen oft verschmerzbaren Fehler bedeutet.

Je nach Software können 1D-Modelle mit 2D-Modellen kombiniert genutzt werden.

2D-Vernetzung (Mittenflächen-, Oberflächen-Netz)

2-dimensionale Netze setzen sich häufig aus miteinander verbundenen Dreiecksflächen zusammen. Den einzelnen Flächen oder auch Gruppen von Flächen werden Eigenschaften zugewiesen:

- *Materialeigenschaften*: u. a. Fließgrenztemperatur, Wärmekapazität, Wärmleitfähigkeit
- *Randbedingungen*: z. B. Wärmeübergangskoeffizient, Materialeigenschaft der Umgebung (i. d. R. Stahl mit Wärmekapazität und -leitfähigkeit, Temperatur etc.)
- *Bauteildicke*: Gruppen von Elementen können dieselbe Dicke zugewiesen bekommen. So lassen sich ohne den Umweg über die CAD-Datenänderung Szenarien mit unterschiedlichen Wanddicken berechnen.

Bei diesen Netzen unterscheidet man:

- *Mittenflächennetze (auch Mittelflächennetz)* stellen die Bauteile als Flächen ohne Dicke dar, ihnen wird zusätzlich die Eigenschaft Dicke zugewiesen. Eine Platte wird nur noch über die Mittenfläche dargestellt, die in der Mitte der Bauteildicke liegt (Bild 4.6). Genau genommen spielt es aber keine Rolle, ob die Fläche genau die Bauteilmitte darstellt, denn an Querschnittsänderungen liegen die Mittenflächen im Modell direkt nebeneinander. Ein Vorteil der Mittenflächennetze ist die Veränderung der Wanddicke, indem einfach der zugewiesene Wert für die Wanddicke mit einer neuen Information überschrieben wird.

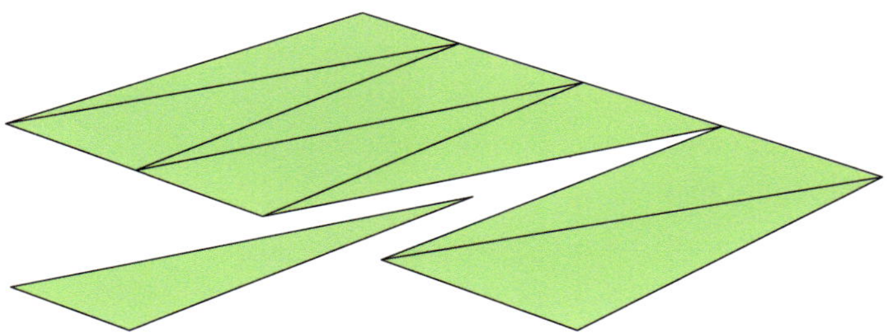

Bild 4.6 2D-Simulationsmodell „Mittenfläche" (noch nicht zugewiesene Dicke)

- *Oberflächennetze*, bei ihnen ergibt sich die Dicke des Bauteils zunächst aus dem Abstand weitgehend parallel zueinander liegender Flächen. Man kann diese automatisch erzeugte Information überschreiben und auf diese Weise das Modell unabhängig von der optischen Erscheinung auf dem Bildschirm dicker oder dünner machen.

Bild 4.7 2D-Simulationsmodell „Oberflächennetz“

Oberflächennetze sind einfacher verfügbar, benötigen höheren Rechenaufwand

Für Mittenflächennetze müsste das Bauteil zunächst aus Flächen aufgebaut werden. Es gibt zwar automatisierte Umwandlungen von 3D-CAD-Daten in ein Mittenflächenmodell, hierbei ist aber eine gewisse Fehleranfälligkeit nicht ausgeschlossen. Wegen der CAD-Ausgangsdaten in 3D-Form werden überwiegend Oberflächennetze genutzt.

Ein Nachteil der Oberflächennetze im Vergleich zu den Mittelflächenmodellen ist die längere Rechenzeit, auch wenn die Rechenleistung moderner Computer diesen Nachteil zunehmend verkleinert. Der Fortschritt des Füllvorgangs eines Bauteils wird von Element zu Element berechnet. Bei einem Oberflächennetz werden zwangsläufig zwei Füllvorgänge gleichzeitig berechnet, weil ein Bauteilbereich aus jeweils einer Ober- und einer Unterseite besteht. Die beiden berechneten Fließfronten müssen in einem weiteren Berechnungsschritt synchronisiert werden, denn die Schmelze kann in einem Bauteilbereich nicht auf der Oberseite schneller als auf der gegenüberliegenden Seite fließen.

Analog zu den 1-dimensionalen Netzen hat jedes Element zunächst einen Ergebniswert, der angibt, ob das Element mit Schmelze gefüllt ist und welche Temperatur die Schmelze hat. Weitere Angaben über die Temperaturverteilung über den Querschnitt ergeben sich aus der Art der Berechnungsmodelle, siehe Kapitel 4.2.2.

3D-Netz besteht aus Volumenelementen

3-dimensionale Netze bestehen aus Volumenelementen, entweder Tetraeder (viereckiges Element aus vier zusammengesetzten Dreiecken) oder aus Quaderelementen. Bei diesen Modellen kann die Berechnung auch Vorgänge im Querschnittsinneren eines Bauteils berechnen, das ist besonders vorteilhaft bei dickwandigen oder knubbeligen Bauteilen. Konkret können auch Quellvorgänge berechnet werden. Der Vorteil von Berechnungen mit dieser Modellart ist erfahrungsgemäß die höhere Zuverlässigkeit der Ergebnisse von Verzugssimulationen.

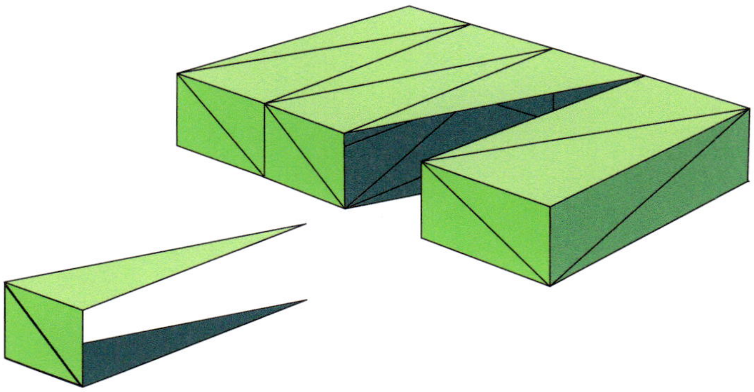

Bild 4.8 3D-Simulationsmodell aus Tetraederelementen

Grundsätzlich gilt auch für diese Netzform, dass jedes Element nur einen einzigen Ergebniswert haben wird. Wenn man nun Informationen über dem Querschnitt eines Bauteils mit hoher Präzision benötigt, müssten im Prinzip ca. 10 Elemente den Querschnitt darstellen, um z. B. erstarrte Randschichten abzubilden. Damit werden diese Modelle sehr groß in der Zahl der zu berechnenden Elemente, womit die Rechenzeit länger wird. Computer mit einem sehr großen Arbeitsspeicher sind dann sehr sinnvoll.

4.2.2 Berechnungsmodelle

Verständnis für mögliche Berechnungsfehler

Die nachfolgenden Überlegungen verfolgen nicht das Ziel, den Anwender zu verschrecken, sondern sollen ein gewisses Verständnis für die Komplexität der Berechnung vermitteln. Das Ziel ist hier, eine gesunde Skepsis gegenüber den Berechnungsergebnissen zu erzeugen.

Eine rheologische Berechnung basiert auf drei physikalischen Grundgleichungen:

- *Impulserhaltung*, das beinhaltet im Wesentlichen die Wirkung von Kräften
- *Energiegleichung* für die Berechnung von Wärmeströmen mit dem Ergebnis konkreter Temperaturangaben
- *Kontinuitätsgleichung*, wonach Masse nicht verloren gehen kann

Dilemma der genauen Viskositätsangabe

Impulserhaltung bedeutet auch Kräftegleichgewicht. Hierbei wird der notwendige Druck berechnet, damit die Schmelze mit einer bestimmten Geschwindigkeit strömt.

Die Gegenkraft ist der Schmelzewiderstand, der von der Viskosität der Schmelze abhängt. Die Viskosität ist abhängig von der Temperatur und der Schergeschwindigkeit, sodass bei der Berechnung ein Dilemma vorliegt. Einerseits muss für einen Berechnungsschritt zunächst eine Temperatur angenommen werden und damit die Viskosität bekannt sein. Andererseits weiß man nach der Berechnung erst, wie groß die Scherkräfte sind und somit wie viel Wärme über Reibung zugeführt wird. Eine Wärmebilanz der so zugeführten Wärme und der über das Werkzeug abgeführten Wärme liefert die Temperatur.

Füllsimulation erfordert zwei miteinander verknüpfte Berechnungsschritte

Für Berechnungen mit 2-dimensionalen Netzen lösen zwei miteinander gekoppelte Berechnungsschritte dieses Dilemma. Im ersten Schritt wird mit einer angenommenen Temperatur der Füllfortschritt berechnet. Der nachfolgende zweite Schritt berechnet für die ruhende Schmelze die Temperaturen, wobei die dem Element zugewiesene Dicke in virtuelle Schichten (Layer) geteilt wird (Bild 4.9).

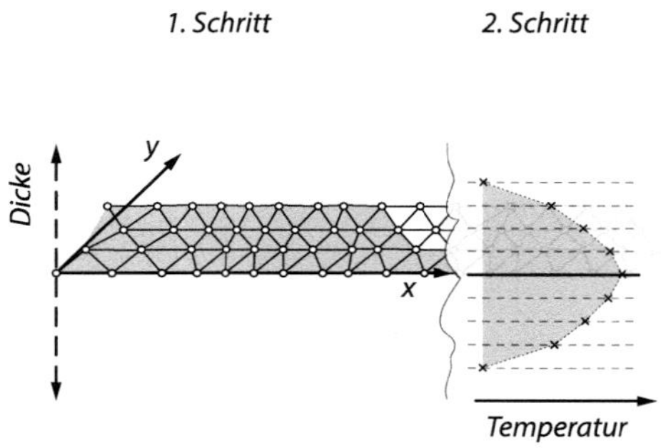

Bild 4.9
Füll- und Temperaturberechnung erfolgen in zwei aufeinanderfolgenden Schritten

Wiederholte Rechenschritte, bis Fehler (Abweichung) akzeptabel ist

Für den ersten Berechnungsschritt wird für jedes bereits gefüllte Element mit einer zunächst angenommenen Temperatur der Strömungsfortschritt bzw. der Druck und die Strömungsgeschwindigkeit berechnet. Nach und nach werden die angrenzenden noch leeren Elemente gefüllt, also in die Berechnung mit aufgenommen. Wenn dieser Berechnungsschritt für alle Elemente erfolgt ist, wird in einem nachfolgenden Schritt die Temperatur des Elements berechnet. Bei einer zu großen Abweichung von angenommener und berechneter Temperatur wird der Füllvorgang für diesen Zeitschritt so lange wiederholt, bis der Fehler klein genug ist.

Feinere Netze zeigen Ergebnisunterschiede mit höherer Auflösung

Der Anwender hat einen Einfluss auf die Vernetzung. Bei einem sehr groben Netz ergibt sich ein großer relativer Fehler (Bild 4.10). Wenn z. B. ein Temperaturunterschied von 5 °C über einem Fließweg mit 100 mm Länge mit nur einem Element abgebildet würde, läge über die gesamte Länge nur eine einheitliche Temperatur vor, denn ein Berechnungsergebnis gilt immer jeweils für ein Element. Eine feinere Vernetzung ergibt zwangsläufig mehr Berechnungsergebnisse und eine bessere Übereinstimmung mit der Realität, führt aber zu einem höheren Berechnungsaufwand mit längeren Berechnungszeiten. Der Fehler wird mit sehr feinen

Netzen nur noch unwesentlich kleiner, man kann also nicht sagen, dass die Ergebnisse mit sehr feinen Netzen genauer sind. Die Ergebnisse zeigen zunächst nur eine höhere Auflösung. Eine konkrete Angabe über die Feinheit des Netzes lässt sich pauschal nicht machen.

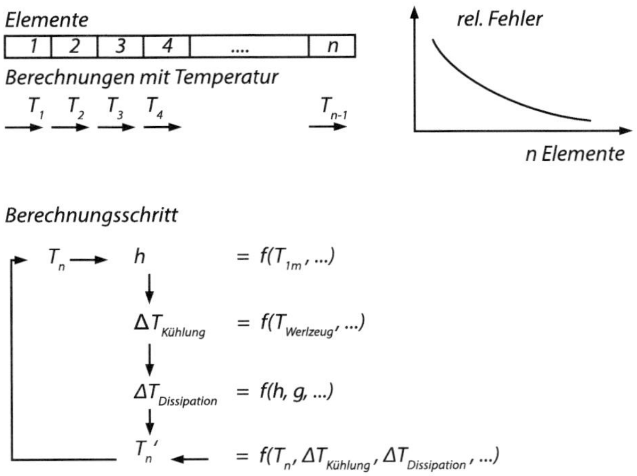

Bild 4.10 Berechnung mit vermuteten Temperaturen

Die Temperaturberechnung nutzt bei den 1- und 2-dimensionalen Netzen ein schnelles FDM-Berechnungsverfahren, bei dem die zugewiesene Bauteildicke in virtuelle Schichten oberhalb und unterhalb der Mittelfläche zerlegt wird. Im Prinzip ist bei diesen Netztypen die Wanddicke nur als Zahlenwert vorhanden. Bei einer Wanddicke von 2 mm vervielfältigt das Simulationsprogramm die jeweilige Fläche und berechnet auf den entstandenen Flächen die Temperatur. So kann das Programm Temperaturen in der Querschnittsmitte oder dicht unterhalb der Oberfläche angeben. Der Anwender hat bei vielen Programmen Einfluss auf die Zahl der Schichten.

Temperaturberechnung über virtuelle Schichten (Layer)

4.2.3 Materialmodelle

Für Simulationsberechnungen sind Materialangaben notwendig. Bei Kunststoffen sind die Materialangaben meistens nicht konstant, sondern zumindest von der Temperatur abhängig. Die mathematische Beschreibung des Materialverhaltens als Formel ist schließlich ein Modell.

Materialmodelle beschreiben die Eigenschaften als Funktion

Die Viskosität wird beeinflusst von der Temperatur und der Schergeschwindigkeit. Diese Abhängigkeiten können mit Messinstrumenten erfasst werden. Die Messergebnisse werden aufbereitet und schließlich als Funktion dargestellt, sodass das

Berechnungsprogramm für jede Temperatur und Schergeschwindigkeit einen konkreten Zahlenwert erhält.

Materialmodelle entscheiden über die Genauigkeit der Simulationsergebnisse

Der Anwender sollte sich bei der Wahl des Materials für eine Berechnung im Klaren sein, dass schlechte Materialmodelle nicht zu guten Berechnungsergebnissen führen können.

- Wenn eine bestimmte Materialbezeichnung bzw. ein konkretes Material nicht in der Datenbank des Programms zu finden ist, wird ein ähnliches Material mit hoher Wahrscheinlichkeit allenfalls ein ähnliches Materialverhalten haben.
- Die Materialdaten liegen überwiegend nur für das nicht eingefärbte Material vor. Pigmente und Farbstoffe beeinflussen das Fließverhalten, sodass auch hier mit Berechnungsfehlern gerechnet werden muss.
- Bei der Wahl des Materials sollte ein Blick auf die Tabellenangaben aus der Datenbank des Programms nicht fehlen. Wenn die Materialangaben nicht als Funktion, sondern nur als konstanter Zahlenwert vorliegen, sind Abweichungen zwischen Simulationsergebnis und realem Verhalten sehr wahrscheinlich.

Wichtige Materialangaben für die Simulation

Die wichtigen Materialdaten für eine Füll- und Nachdrucksimulation sind:

- Wärmekapazität und Wärmeleitfähigkeit i. d. R. als Konstanten (1-Punkt-Werte)
- Fließgrenztemperatur (engl.: no-flow temperature), unterhalb dieser Temperatur ist kein Fließen mehr möglich, also kein Nachdruck mehr wirksam
- Viskosität als Funktion von Temperatur und Schergeschwindigkeit
- pvT-Verhalten, Abhängigkeit des spezifischen Volumens von Druck und Temperatur

pvT-Verhalten zur Angabe des Schwindungsvolumens

Das pvT-Verhalten beschreibt das spezifische Volumen (Kehrwert der Dichte) in Abhängigkeit von dem herrschenden Druck und der Temperatur. Es ist für die Berechnung des Schwindungsvolumens sehr wichtig. Für teilkristalline Materialien liegt hier ein hohes Fehlerrisiko vor, das der Anwender kaum erkennen oder beurteilen kann. Die Abkühlgeschwindigkeit beeinflusst die Kristallisationskinetik, das ist die Geschwindigkeit des Kristallisationsvorgangs. Bei einer hohen Abkühlgeschwindigkeit ist der Kristallisationsgrad geringer. Aktuell gibt es keine geeigneten Modelle, die die Kristallisationskinetik beschreiben. Wenn solche Modelle vorlägen, bestünde die nächste Herausforderung darin, Messmittel zu haben und die notwendigen Materialdaten zu erzeugen.

4.3 Beispiele und Berechnungsergebnisse

Es gibt diverse Softwareprogramme zur rheologischen Simulation, wobei einige Programme ausschließlich 3D-Berechnungen ermöglichen und leistungsfähige Computer erfordern.

Anbieter für Füllsimulationsprogramme

- Cadmould (Simcon, D)
- 3D Timon (Toray, J)
- Moldex3D (CoreTech System, Taiwan)
- Moldflow (Autodesk, USA)
- Sigmasoft (Sigma Engineering, D)
- Rem 3D (Transvalor, F)

Die Programme sind überwiegend modular aufgebaut, d.h. der Käufer kann je nach Anforderung Pakete hinzukaufen.

Modulare Programmpakete

Tabelle 4.1 Programmpakete

Flow	Füllphase, Berechnung des Füllverhaltens, Erkennen von Bindenähten und Lufteinschlüssen
Pack	Nachdruck, Berechnung lokaler Schwindung, Erkennen von Einfallstellen
Fiber	Faserausrichtung, Berechnung der lokalen Ausrichtung von Fasern beim Einsatz faserverstärkter Materialien
Shrink/Warp	Schwindung/Verzug, Berechnung des Verzugs
Cool	Kühlphase, Berechnung lokaler Temperaturen an der Kavitätoberfläche auf Grundlage weiterer Modellangaben zum Werkzeugaufbau und speziell der Lage von Temperierkanälen
Stress	Spannungen, Steifigkeitsberechnung, auch Knicken und Beulen

4.3.1 Füllverhalten

Die Füllanalyse liefert das Füllbild, mit dem für gewählte Anschnittpositionen Bindenähte und Lufteinschlüsse erkannt werden können. Der Konstrukteur kann dann entscheiden, den Anschnitt zu verlegen oder das Füllverhalten über Wanddickenveränderungen (Fließbremsen, Fließhilfen) zu beeinflussen. Wenn die Schmelze zusammenfließt und noch ungefüllte Bereiche einschließt, kann hier die Luft nicht mehr über die Trennebene entweichen und es wird zu einer lokalen Verbrennung kommen (Dieseleffekt). Als Lösungen kommen infrage:

Füllsimulation zur Wahl des geeigneten Anspritzpunkts

- Werkzeugentlüftung über einen Auswerferstift an dieser Stelle

- Wanddickenverringerung seitlich und parallel zur entstehenden Bindenaht, damit die Fließfront hier langsamer voranschreitet
- Wanddickenvergrößerung auf der Fläche vor dem Lufteinschluss, damit die Schmelze diesen Bereich eher erreicht und füllt, bevor die Bindenaht entsteht

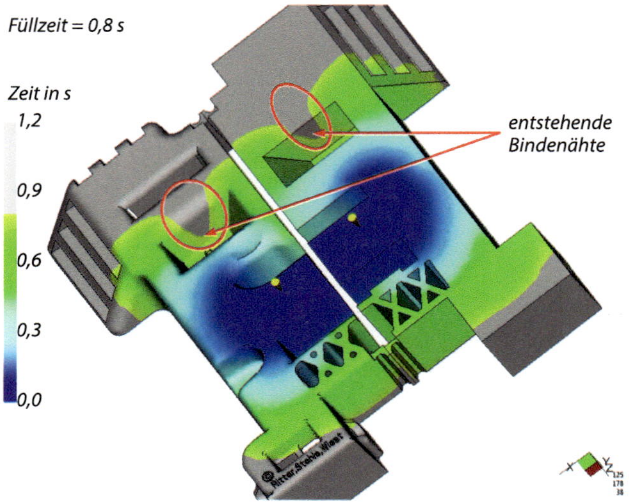

Bild 4.11 Bindenaht und möglicher Lufteinschluss zum Ende des Füllvorgangs

Geschwindigkeitsvektoren zeigen Ursache für unterschiedliche Schererwärmung

Interessant ist die Darstellung der Geschwindigkeitsvektoren. Jedes Element hat zu jedem Zeitpunkt einen Wert für die Strömungsgeschwindigkeit. Ein Blick auf diese Geschwindigkeiten zeigt, wo die Schmelze langsamer strömt. Das liefert wichtige Informationen, weil speziell eine langsamer strömende Schmelze weniger Schererwärmung erfährt und damit schneller auskühlt und somit zäher wird. Das hat Auswirkungen auf den Füllverlauf und das Bindenahtverhalten. In Bild 4.12 wird deutlich, dass zum Füllzeitpunkt 1,1 s die Schmelze im unteren Bereich bereits nahezu zum Stillstand gekommen ist und in welchen Bereichen die Schmelze von den beiden Angusspunkten noch mit einer höheren Geschwindigkeit strömen kann.

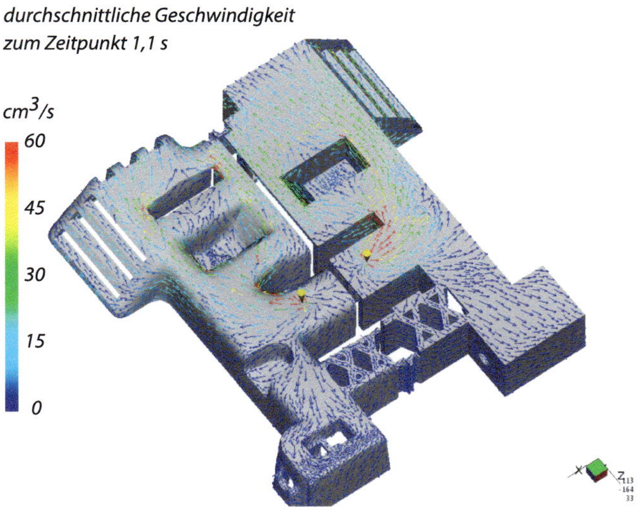

Bild 4.12 Simulationsergebnis durchschnittliche Geschwindigkeit der Schmelze zu einer bestimmten Füllzeit

Das Berechnungsergebnis „Fließfronttemperatur" zeigt die Temperatur der Schmelze zum Zeitpunkt, an dem diese jeweils an der Fließfront an die Oberfläche kommt. In Bild 4.13 erkennt man, dass die Schmelze am Fließwegende ca. 4 °C kälter geworden ist. Auffällig ist auch ein Temperaturunterschied auf der linken Bauteilseite, wo sich eine Bindenaht bildet. Wenn im Bereich von Bindenähten nur noch geringe Temperaturen herrschen, wird die Festigkeit der Bindenaht schlecht sein und sie wird sich auch aller Voraussicht nach stärker abzeichnen.

Fließfronttemperatur zur Beurteilung möglicher Bindenahtschwächen

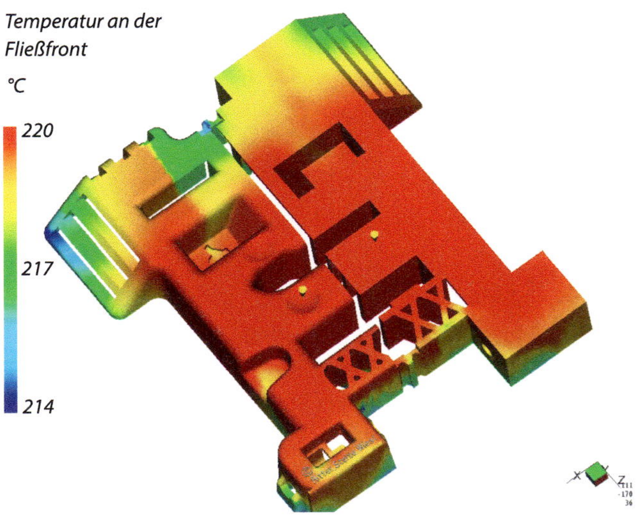

Bild 4.13 Berechnungsergebnis Fließfronttemperatur

4.3.2 Nachdruckphase

Berechnung der Nachdruckphase für Angabe des Schwindungsvolumens

Die Simulation der Nachdruckphase liefert Ergebnisse zur zeitlichen Änderung der Schmelzetemperatur nach dem Einspritzen und damit das lokale Schwindungsvolumen. Der Nachdruck ist im Bauteil unterschiedlich hoch, am Fließwegende wird der Nachdruck wegen der zunehmenden Zähigkeit der Schmelze irgendwann nicht mehr wirken. Damit kann hier keine weitere Schmelze hin gefördert werden und die weitere Schwindung kompensieren.

Darstellung noch aktiver Nachdruckbereiche nur mit 3D-Berechnung

Mit einer 3D-Simulation erhält man die Möglichkeit, Elemente sichtbar zu machen, deren Temperatur zu einem bestimmten Zeitpunkt in einem gewählten Temperaturbereich liegen. In Bild 4.14 sind alle Elemente ausgeblendet, die nach 7,3 s kälter als die Fließgrenztemperatur des Materials (hier 130 °C) sind. Man kann deutlich erkennen, dass im oberen Bildbereich größere Volumenbereiche noch fließfähig sind, die Bereiche hinter dem Anguss aber bereits abgefroren sind. Hier kann daher kein Nachdruck mehr für Schwindungskompensation sorgen. Man wird hier mit Einfallstellen rechnen müssen.

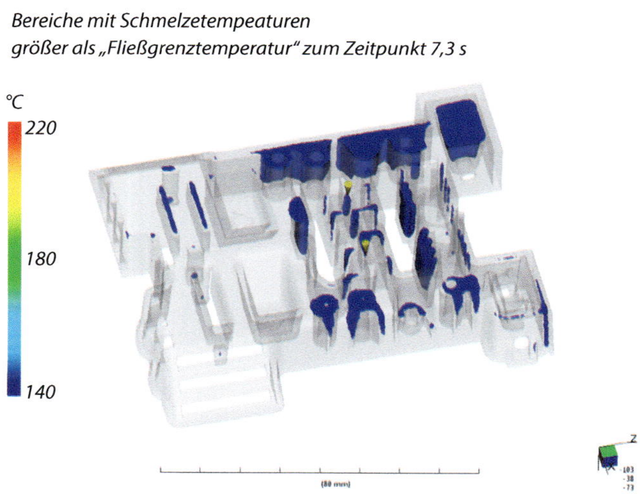

Bild 4.14 Simulationsergebnis „noch nicht eingefrorene Bereiche"

Angabe über Ausmaß von Einfallstellen wird von der Software interpretiert

Bild 4.15 zeigt eine Prognose der möglichen Einfallstellen. Grundsätzlich muss man sich klarmachen, dass solche Prognosen zu Einfallstellen und Bindenähten nicht zwangsläufig auch zutreffen. Ob eine Einfallstelle auftritt, hängt nicht nur vom möglichen Schwindungspotential, sondern auch von der Steifigkeit der Bauteiloberfläche ab. Bei einer steifen Oberfläche kann das Schwindungspotential statt einer Einfallstelle auch einen Lunker unterhalb der Oberfläche bewirken. Das Berechnungsergebnis hängt ab von Annahmen und mathematischen Berechnungen.

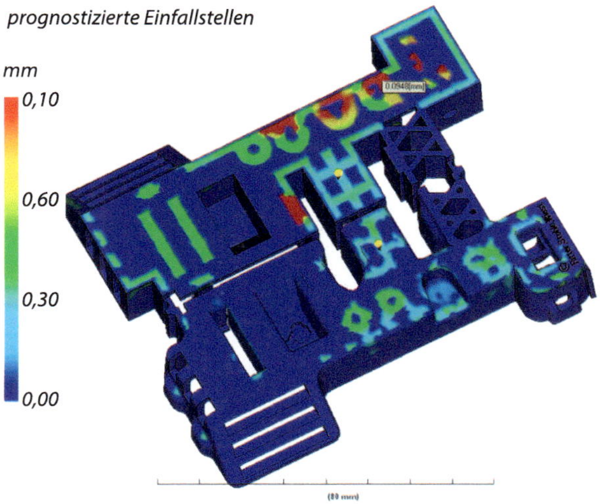

Bild 4.15 Simulationsergebnis „prognostizierte Einfallstellen“

Gleiches gilt für das Berechnungsergebnis „Bindenähte“. Die Sichtbarkeit einer Bindenaht hängt ab von der lokalen Temperatur der Fließfront und dem Winkel, in dem zwei Schmelzen zusammentreffen. Das Berechnungsergebnis in Bild 4.16 zeigt die berechneten möglichen Bindenähte und jeweils den Winkel des Zusammenflusses. In diesem Fall bedeutet ein Winkel 0°, dass zwei Fließfronten frontal zusammentreffen. Bei flacheren Winkeln als 135 °C gibt das Programm keine Bindenähte aus.

Bindenähte je nach Zusammenströmwinkel und Temperatur

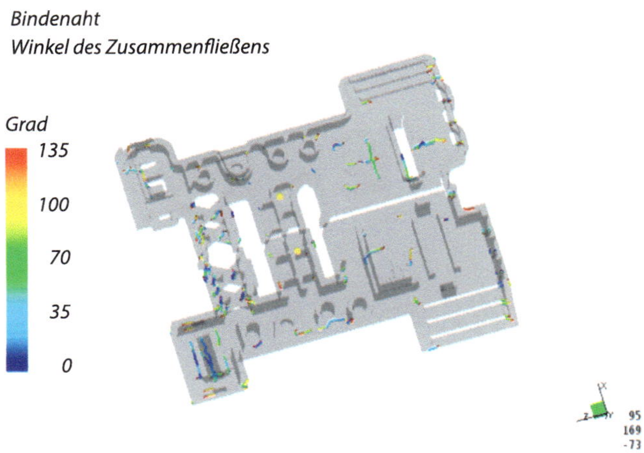

Bild 4.16 Berechnungsergebnis „Bindenaht“

Automatische Angaben sollten hinterfragt werden

Der Konstrukteur sollte sich weniger auf die Darstellung von Bindenähten und Einfallstellen verlassen und vielmehr sorgfältig den Füllverlauf über die Einspritzzeit verfolgen und zusätzlich die Informationen über die berechneten Temperaturen beachten.

4.3.3 Verzug

Verzugsergebnis ist Resultat von Füllsimulation und nachfolgender Nachdrucksimulation

Die Berechnung des Verzugs wertet die rechnerischen Spannungen nach dem Ende der Nachdruckphase aus. Der Konstrukteur sollte sich bewusst machen, dass jedes Modell die Wirklichkeit nur zum Teil abbilden kann. Wenn mehrere Modelle miteinander verknüpft werden und eine Berechnung mit den Ergebniswerten aus einer ersten Berechnung startet, sollte man die Resultate mit Vorsicht nutzen. Als Ergebnis erhält man eine grafische Darstellung des Verzugs in die drei Raumrichtungen oder den Gesamtverzug. Es ist möglich, die Darstellung zu skalieren, damit ist gemeint, dass der Verzug optisch um einen definierten Faktor verstärkt wird. Auf diese Weise lässt sich schnell erfassen, in welche Richtung Maßabweichungen zur gewünschten Bauteilgestalt zu erwarten sind.

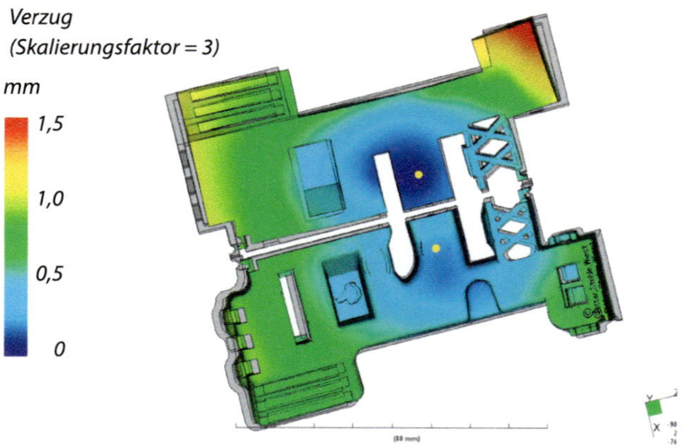

Bild 4.17 Simulationsergebnis Verzug

Wenn man ausgewählte Bauteilpunkte als Anker festlegt, wird der Verzug relativ zu diesen Punkten dargestellt. Das hat Vorteile, weil ein Bauteil einer Baugruppe an den Schnittstellen zu benachbarten Bauteilen ebenfalls verankert ist und Maßabweichungen an entfernten Bauteilpunkten deutlicher zu erfassen sind.

5 Materialauswahl

Die Wahl eines geeigneten Kunststoffs erfolgt nach unterschiedlichen Gesichtspunkten:

Fragestellungen für die Wahl des richtigen Kunststoffs

- Technische Gründe: Transparenz, Temperatureinsatz, Steifigkeit etc.
- Erfahrung: „Das haben wir immer schon so gemacht!"
- Gesetzliche Vorschriften:
  - Zulassungsvorschrift nach langwierigen Freigaben, in z.B. Luftfahrt oder Medizintechnik
  - Zulassungsanforderungen z.B. bei Kontakt mit Trinkwasser und Lebensmitteln

Im Folgenden wird eine Systematik gezeigt, die eine Materialwahlauswahl erleichtert. Die angesprochenen Kennwerte unterscheiden sich wesentlich von denen der Metalle. Sie werden daher ausführlich im Anschluss an die Systematik erläutert.

Nicht jede Entwicklung erfordert eine umfangreiche Werkstoffauswahl. Beim Trinkwasser- und Lebensmitteleinsatz sowie in den Bereichen Medizin und Pharma spielen Zulassungen von Kunststoffen eine kostenintensive Rolle, sodass man in diesen Branchen den Werkstoff nur wechselt, wenn signifikanter Nutzen aktivierbar ist. Der gleiche Zusammenhang gilt für Werkstoffe, mit denen man sehr gute Erfahrungen gemacht hat, wie z.B. Polyamide im Motorraum.

5.1 Übliches Vorgehen bei der Materialauswahl

Die Wahl eines Kunststoffs erfolgt nach einem Filterprinzip (Bild 5.1). Die Reihenfolge der Siebeinsätze ist willkürlich. Die hier dargestellte Reihenfolge orientiert sich an der jeweiligen Anzahl der verfügbaren Materialien. Nur sehr wenige Kunststoffe können eine sehr spezielle Anforderung erfüllen, z.B. Transparenz bei gleichzeitig hohem Temperatureinsatzbereich. Relativ viele Kunststoffe sind geeignet für eine Einsatztemperatur im Bereich bis 60 °C.

Das konventionelle Vorgehen bei der Materialauswahl ist ein Filterprinzip

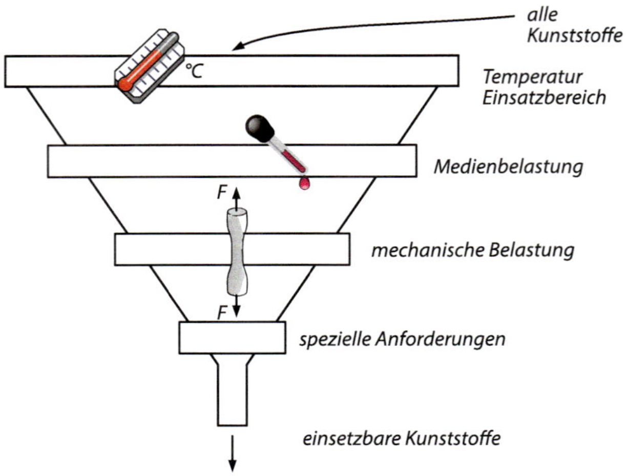

Bild 5.1 Auswahlfilter bei der Wahl eines geeigneten Kunststoffs

Für jede Stufe des Filtervorgangs sind die für den Anwendungsfall wesentlichen Anforderungen zu benennen. Für einen Anwendungsfall kommen nur solche Kunststoffe infrage, die die gestellten Anforderungen erfüllen.

5.1.1 Auswahlkriterium Temperatur

Die Wärmeformbeständigkeit und die Dauergebrauchstemperatur sind wichtige Filterkriterien

Für die Temperatur als Auswahlfilter gilt immer die obere Grenze. Mit zunehmender Temperatur verringern sich die mechanischen Eigenschaften und es kann zu thermischer Schädigung kommen. Eine untere Temperaturgrenze gibt es nicht. Bei tiefen Temperaturen wird das Material zwar spröde, diese Eigenschaft wird aber nachfolgend bei den mechanischen Eigenschaften abgefragt.

Für die Einsatztemperatur ist die Frage nach der Einwirkdauer zu beantworten.

- **Kurzfristig:** für nicht lang anhaltend hohe Temperaturen ist die Wärmeformbeständigkeit bzw. genauer genommen die Wärmeformbeständigkeitstemperatur HDT (engl.: heat deflection temperature) zu verwenden. Das ist die Temperatur, bei der ein genormter Prüfköper eine zulässige Verformung unter Last nicht überschreitet. Mit steigender Temperatur wird der E-Modul und somit die Steifigkeit eines Bauteils geringer. Sollte es bei der gewünschten Anforderung keine wesentlichen Lastanforderungen geben, kann diese Temperaturgrenze auch übergangen werden.
- **Langfristig:** Für lang anhaltende hohe Temperaturen ist die Dauergebrauchstemperatur zu verwenden. Diese Temperatur zeigt an, dass sich eine Eigenschaft nach einer Einwirkzeit von 20.000 Stunden um 50 % vermindert hat.

Kunststoffe sind organisch, d. h. sie bestehen aus Kohlenstoffverbindungen. Bei erhöhten Temperaturen und in sauerstoffhaltiger Atmosphäre kann die Molekülstruktur geschädigt werden, man spricht dann von thermischem Abbau. Ein Abbau des Materials ist zeit- und temperaturabhängig. Während der Produktion ist der Kunststoff schmelzeflüssig und hat eine sehr hohe Temperatur, damit kann das Material hier schnell geschädigt werden. In der Anwendung sind die Temperaturen eher niedrig, der Abbau daher eher langsam. Klare Anzeichen von Abbau sind entweder farbliche Veränderungen (Vergilben, milchig werden) oder Versprödung bei dynamischer Belastung.

Bei ungünstiger Wahl des Kunststoffs kann es zu thermischem Abbau und im schlimmsten Fall zum Versagen des Bauteils kommen

5.1.2 Auswahlkriterium Medienbelastung

Kunststoffe sind molekular aufgebaut. Zwischen den einzelnen Molekülen ist viel Platz für andere, kleinere Moleküle, z. B. „chemisch ähnliche" Flüssigkeiten. Bekannt ist z. B. das Eindringen von Farbstoffen in z. B. PP-Behälter. Die eindringenden Moleküle bewirken ggf. ein Aufquellen des Kunststoffs, das bedeutet eine Vergrößerung der Abstände der Molekülketten. Dadurch sinken die mechanischen Eigenschaften und es kann bei Belastung zu Rissen kommen.

Die durch den Anwender aufgebrachte Medienbelastung ist bei der Materialauswahl im Vorhinein zu berücksichtigen

Die Belastung ist vielfach schon im Material in Form innerer Spannungen vorhanden. Diese Spannungen lassen sich im Herstellprozess nicht vollständig vermeiden. Daher kann der Kontakt eines Bauteils mit einer Flüssigkeit zu einem plötzlichen Bauteilversagen führen.

Für die Materialauswahl ist genau zu überprüfen, welche Substanzen mit dem Bauteil in Kontakt kommen können. Das betrifft auch Reinigungsmittel, die der Anwender später verwenden möchte. Eindeutig ist es, wenn das Bauteil mit Säuren in Berührung kommt (z. B. Autobatterie) oder mit Öl. Über Datenbanken lässt sich schnell filtern, welche Kunststoffe in Kombination mit speziellen Medien zu verwenden sind.

5.1.3 Auswahlkriterium mechanische Belastung

Das Kriterium der mechanischen Belastbarkeit ist umfangreich und beinhaltet mehrere Fragen:

- Bei welcher Temperatur findet die Belastung statt?
  - Die **Belastungstemperatur** ist zwingend zu benennen. Der E-Modul der Kunststoffe hängt sehr stark von der Temperatur ab und bei einigen Kunststoffen noch zusätzlich von der Umgebungsfeuchtigkeit. Bei Polyamid (PA) kann der E-Modul im Winter und bei trockener Luft bei 3000 N/mm^2 liegen und im schwülen Hochsommer bei 1000 N/mm^2.

Kriterien der mechanischen Belastbarkeit umfassen:

- Belastungstemperatur
- E-Modul
- Belastungsart und -dauer

Einsatztemperatur

- Vielfach wird für die Belastungsrechnung der E-Modul aus dem Kurzzeitzugversuch verwendet. Dieser genormte Versuch findet im Normklima bei Raumtemperatur statt. Für Anwendungen bei 60 °C wird dieser gemessene Wert je nach Kunststoff zu hoch liegen.
- Für die Materialwahl ist folglich ein Material zu wählen, das bei einer entsprechenden Temperatur den geforderten E-Modul hat. Hierfür gibt es E-Modul-Temperatur-Kurven, die mit der dynamisch-mechanischen Analyse (DMA) ermittelt werden. Sollten diese Messwerte nicht vorliegen, kann man den Wert des Kurzzeitzugversuchs über Abschätzfaktoren vermindern und ersatzweise nutzen.

Statische oder dynamische Belastung

- Ist die Belastung plötzlich und dynamisch, also eine Schlagbelastung?
  - Je höher die Temperatur ist, desto eher ist ein Kunststoff zäh bis weich. Daher sind plötzliche Schlagbelastungen eher für den Einsatz bei niedrigen Temperaturen kritisch. Die Schlagzähigkeit wird in der Regel bei 23 °C ermittelt. Je nach Anwendungsfall sind Werte für niedrigere Temperaturen notwendig und müssen entsprechend ermittelt werden.
  - Für einen Anwendungsfall sollte überlegt werden, unter welchen Bedingungen ein Versagen auftreten kann. Rasthaken werden überwiegend nur einmalig während der Montage belastet und dann ggf. schlagartig. Anwendungen im Automobilinnenbereich (z. B. Armaturentafel) können im Fall eines Crashs bei unterschiedlichen Temperaturen belastet werden.

Belastungsdauer

- Ist die Belastung eher kurzzeitig oder langanhaltend und konstant?
  - Die überwiegende Zahl der Kunststoffbauteile ist eher wenig belastet. Das betrifft z. B. Gehäuse und Verkleidungen. Bei einer stärkeren Belastung wird das Bauteil mechanisch an seine Grenze kommen und ggf. versagen. Man muss klar unterscheiden zwischen kurz- und langzeitiger Belastung.
  - Kurzzeitige Belastungen sind alle Belastungen, die weniger als eine Stunde andauern und immer wiederholt werden können, z. B. bei Schnappverbindungen während des Verbindens.
  - Langzeitige Belastungen dauern eher Tage und länger. Wenn solche Lastfälle zu erwarten sind, muss zusätzlich auf jeden Fall noch die möglichst oberste wahrscheinliche Belastungstemperatur festgelegt werden. Bei solchen Belastungen kann der Kunststoff nämlich kriechen.

Kriechen ist ein Phänomen, das explizit bei teilkristallinen Kunststoffen zu beachten ist

  - Bei einer permanenten Belastung kann ein Kunststoff kriechen, das kann entweder eine stetige Verlängerung oder eine Stauchung sein. Je höher die Temperatur der Belastung ist, desto größer ist diese Verformung.
  - Das Kriechen findet überwiegend bei Temperaturen oberhalb der Glastemperatur T_g statt. Daher sind die amorphen Kunststoffe, die immer unterhalb T_g eingesetzt werden, vorteilhaft. Für amorphe Kunststoffe gilt als weiterer Grenz-

wert die zulässige kritische Dehnung von 0,5 %. Dieser Wert ist kein Kennwert im eigentlichen Sinn, sondern ein erprobter Praxiswert. Amorphe Kunststoffe, die dauerhaft eine Dehnung von mehr als 0,5 % ertragen, bilden Crazes. Hierbei handelt es sich in erster Linie um optisch als feine Haarrisse erscheinende Fehlstellen. Die mechanischen Eigenschaften werden beim Auftreten von Crazes nicht wesentlich reduziert.

- Ist die Belastung zyklisch wiederkehrend bzw. permanent schwankend?
  - Für zyklische Belastungen gibt es anders als bei den Metallen **keine Dauerfestigkeit**. Bei Metallen kommt es bei Lastwechseln unterhalb der Dehn- bzw. Streckgrenze ($R_{po,2}$, R_e) zu lokalen Verfestigungen und nachfolgend zum Dauerbruch. Kunststoffe sind molekular aufgebaut und haben daher keine Gleitebenen. Ein vergleichbarer Verfestigungsmechanismus ist daher nicht bekannt.
  - Bei zyklischen Belastungen kann es jedoch insbesondere bei Temperaturen oberhalb der Glastemperatur T_g und bei höheren Frequenzen zu einer Eigenerwärmung kommen. Dadurch reduziert sich der E-Modul. Das betrifft die teilkristallinen Kunststoffe, die auch oberhalb von T_g eingesetzt werden.
  - Bei faserverstärkten Kunststoffen kann es durch wiederholte Lastwechsel zu einer Schädigung der Anbindung von Fasern und Kunststoff kommen. Auf Dauer führt das zu einem Bauteilschaden. Diese Vorgänge sind jedoch noch weitgehend unerforscht. Messungen und Kennwerte liegen hier nicht vor.

Für Kunststoffe unter zyklischen Belastungen gibt es keine Dauerfestigkeit

5.1.4 Auswahlkriterium spezielle Anforderung

Die speziellen Anforderungen können vielfältig sein. Eine Auflistung kann an dieser Stelle nicht vollständig sein. Beispielhaft werden einige Anforderungen erklärt.

Einige Kunststoffe haben besondere Fähigkeiten

- *Einfärbbarkeit:* Grundsätzlich können alle Thermoplaste eingefärbt werden. Der polymere Rohstoff ist fast immer bei den teilkristallinen Kunststoffen milchig opak und bei den amorphen Kunststoffen weitgehend transparent. Die Farbwirkung der Farbstoffe oder Pigmente hängt von der Grundfärbung des Rohstoffs ab. Je transparenter der Kunststoff ist, desto mehr ist auch die Farbe des Inneren sichtbar.
- *Dimensionsstabilität:* Die Dimensionsstabilität ist ein wichtiges Kriterium für den Herstellungsprozess. Da die Kunststoffe eine ausgeprägte Wärmedehnung haben, schwinden sie beim Abkühlen. Dadurch kann es zu unerwünschten Formänderungen kommen. Durch Füllstoffe kann dieses Schwindungsverhalten gemindert werden. Bekannt sind hier Glasfasern, die je nach Lage und Anordnung im Bauteil unterschiedliche Eigenschaften in Längs- und Querrichtung bewir-

ken. Glaskugeln in der Größe von wenigen 1/100 mm sind an dieser Stelle vorzuziehen, weil sie weitgehend isotrope Eigenschaften (in alle Raumrichtungen gleich) bewirken.

- *Oberflächenbeschaffenheit:* Die Kratzfestigkeit ist eine sehr wichtige Oberflächenbeschaffenheit. Einige Kunststoffe (PS, PMMA) sind an der Oberfläche hinreichend hart. Ggf. kann diese Anforderung auch nachträglich über einen UV-aushärtenden Lack erzeugt werden.
- *UV-Beständigkeit/Witterungsbeständigkeit:* Besonders UV-Strahlung kann langfristig einen Kunststoff schädigen. Die Wirkung ist ein molekularer Abbau, der je nach Farbe des Kunststoffs mit einer Vergilbung oder Vergrauung einhergeht. Über Additive kann dieser Schädigungsmechanismus verzögert werden.
- *Beschichtbarkeit der Oberfläche und Klebbarkeit:* Nachträglich zur Bauteilherstellung zählen Lackierungen oder Beschichtungen zu den Veredlungsverfahren. Die Lackierbarkeit ist für einige Kunststoffe sehr schwierig, weil die Farbe nicht auf der Oberfläche haftet. Die Haftung von Lack oder Klebstoffen hängt auch ab von der Oberflächenspannung, die für die unterschiedlichen Kunststoffe verschieden ist. Man kann die Lackier- bzw. die Klebbarkeit über Nachfolgeprozesse verbessern. Grundsätzlich erhöhen Nachfolgeprozesse aber die Herstellkosten, sodass die Wahl eines unmittelbar geeigneten Kunststoffs vorteilhaft ist.
- *Verarbeitungstechnische Eigenschaften:* Eine sehr wichtige Eigenschaft ist die Fließfähigkeit der Schmelze. Auch hier gilt, dass diese Eigenschaft über Zusatzstoffe in weiten Bereichen beeinflusst werden kann. Bei artverwandten Kunststoffen gibt es auch Sorten mit verschiedenem Molekulargewicht. Je höher das Molekulargewicht ist, desto schlechter ist die Fließfähigkeit und desto höher ist die Schmelzefestigkeit. Die Schmelzefestigkeit ist für Extrusions- und Blasformprozesse wichtig, für Spritzgussanwendungen hat sie keine Bedeutung.

5.1.5 Datenbanken

Datenbanken bieten dem Konstrukteur viele Informationen

Eine Umfrage bei Konstrukteuren zeigt, dass die Informationen über die zu wählenden Kunststoffe zu jeweils ca. 30 % bereits im eigenen Unternehmen als Erfahrungswissen vorliegen, über die Rohstoffhersteller bezogen werden und aus Datenbanken stammen. Die unmittelbare Abfrage bei den Rohstoffherstellern ist besonders geeignet, weil für spezielle Anwendungen mit sehr spezifischen Anforderungen ggf. spezielle Mischungen von Rohstoffen und geeigneten Additiven entwickelt wurden.

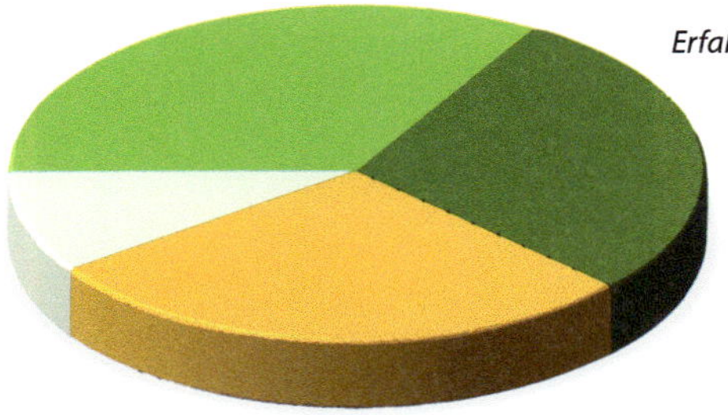

Bild 5.2 Informationsquellen zu Kunststoffkennwerten und Materialauswahl

Es gibt mehrere kommerzielle und frei im Internet verfügbare, nicht kommerzielle Datenbanken:

- Kommerziell
  - M-Base
  - CES-Selector (Granta Design)
  - POLYMAT
- Frei verfügbar
  - Campus
  - IDES Prospector
  - Die Campus-Datenbank (Computer Aided Material Preselection by Uniform Standards) ist die meistverbreitete Werkstoffdatenbank der Welt. Sie ist online über einige Hersteller von Rohstoffen verfügbar. Die Datenstrukturen sind einheitlich für eine genormte Probekörpergeometrie, Werkzeuge, Verarbeitungs- und Prüfkonditionen. Die Werkstoffeigenschaften entsprechen exakt den internationalen Normen.
  - Die IDES Prospector-Datenbank umfasst Datenblätter von ca. 87.000 Kunststoffen und 1200 Additiven. Sie enthält Daten nahezu aller wichtigen Polymere von weltweit ca. 900 Rohstoffherstellern.

Die frei verfügbaren Datenbanken Campus und IDES Prospector zählen zu den meistverbreiteten

Singlepoint-Daten und Kennwertfunktionen

Die hier verfügbaren Daten sind Singlepoint-Daten (ISO 10350) und Multipoint-Daten (ISO 11403). Singlepoint bedeutet, dass nur ein einzelner Kennwert vorliegt, während Multipoint eine Kennwertfunktion bedeutet. Der E-Modul ist z. B. ein einzelner Kennwert.

Der verantwortliche Konstrukteur benötigt den E-Modul bei ausgewählten Temperaturen und wird nach Möglichkeit Multipoint-Daten suchen.

Für den Konstrukteur sind viele Kennwerte nur von begrenzter Bedeutung

Ein Blick in die Datenbanken zeigt viele Kennwerte, die für den Konstrukteur nur von begrenzter Bedeutung sind. Im folgenden Abschnitt wird zunächst die Anwendung für diese Werte erklärt und zu den für die Konstruktion wichtigen Werten hilfreiche Hintergrundinformation gegeben.

In der Campus-Datenbank werden die Informationen zu den Materialdaten in Gruppen sortiert:

Singlepoint-Daten dienen einer schnellen Übersicht und Auswahl

Singlepoint-Daten

- Rheologische Werte

MVR bzw. MFI zeigen die Fließfähigkeit der Schmelze

  - Der MVR (engl.: melt volume rate) beschreibt das Fließverhalten der Kunststoffschmelze. Gemessen wird, wie viel Schmelzevolumen bei einer bestimmten Temperatur durch einen definierten Düsenquerschnitt bei einem festgelegten Druck fließt. Analog kann man auch das Gewicht der austretenden Schmelze messen, dann spricht man vom MFI (engl.: melt flow index). Große Werte zeigen ein leichtes Fließen an. Für die Konstruktion sind diese Angaben ohne Bedeutung, auch wenn hierüber die maximale Fließweglänge begrenzt wird. Eine direkte Berechnung ist jedoch mit diesem Wert nicht möglich, in Zweifelsfällen sollte das Füllverhalten eines Werkzeugs mittels Simulation überprüft werden.

Schwindung

  - Für das Schwindungsverhalten werden zwei prozentuale Werte angegeben, für die Längs- und die Querschwindung. Insbesondere faserverstärkte Materialien zeigen je nach Ausrichtung der Fasern zur Fließrichtung unterschiedliche Werte. Die Schwindungswerte sind keine Materialkonstanten, sie gelten nur für festgelegte Versuchsbedingungen. Mit veränderten Prozesseinstellungen (speziell Nachdruckhöhe) lässt sich die Schwindung beeinflussen.
  - Für den Konstrukteur ist es kaum möglich, diese Werte sinnvoll anzuwenden. Der Werkzeugbauer wird auf Basis dieser Angaben den Werkzeughohlraum dimensionieren und hierfür ggf. eine Simulationsrechnung nutzen.

E-Modul und Kriechmodul

- Mechanische Kennwerte
  - Der Zugversuch liefert den E-Modul (weitere Bezeichnungen: Young's modulus, tensile modulus) sowie die Belastungsgrenzen unter kontrollierten Bedingungen.
  - Der Kriechmodul (engl.: tensile creep modulus) wird im Langzeitversuch gemessen, liegt aber nur für wenige Materialien vor.

Bruchverhalten

  - Die Schlagzähigkeit wird mit dem Kerbschlagversuch nach Charpy mit gekerbten und ungekerbten Prüfkörpern für Werte bei 23 °C und −30 °C angegeben. Dieser Wert macht Angaben über das Bruchverhalten nach einer schlagartigen Belastung, also ob das Material eher spröde bricht oder sich während des Brechens noch zäh verformt. Bei sprödem Bruchverhalten sind scharfe Bruchkanten sehr wahrscheinlich.

- Thermische Angaben

  Glastemperatur und Schmelztemperatur

  - Für einige Kunststoffe wird die Glastemperatur angegeben. Sie kennzeichnet den Übergang zwischen sprödem und zähem Verhalten. Für amorphe Materialien ist sie die maximale obere Einsatztemperatur.
  - Die Schmelztemperatur ist für den Konstrukteur ohne Bedeutung. Die Schmelztemperatur gibt es nur für teilkristalline Kunststoffe, bei denen die Kristallite schmelzen können.

  Wärmeformbeständigkeit

  - Die Wärmeformbeständigkeit liefert sehr wichtige Angaben über die obere Einsatztemperatur (Messmethode siehe Bild 5.4), sofern höhere Belastungen auf das Bauteil wirken.

  Längenausdehnungskoeffizient (längs, quer)

  - Die Wärmedehnung wird angegeben für Temperaturänderungen von 23 °C auf 55 °C bzw. −40 °C auf 100 °C. Für faserverstärkte Materialien liegen Angaben für längs- und querorientierte Fasern vor.
- Angaben zum Brandverhalten

  Brennbarkeit

  - Kunststoffe bis auf PTFE und Silikon brennen überwiegend gut, sie bestehen zu einem überwiegenden Teil aus Kohlenstoff. Über Zusatzstoffe (Additive) kann das Brennverhalten beeinflusst werden, sodass das Zündverhalten verzögert wird, sie insgesamt langsamer brennen oder eigenständig wieder verlöschen.
- Elektrische Angaben
  - Angaben zur Durchschlagfestigkeit bei Überspannungen und zur Dielektrizität
- Weitere Angaben

  Feuchtigkeitsaufnahme

  - Das Wasseraufnahmevermögen zeigt, wie viel Feuchtigkeit ein Kunststoff aufnehmen kann. Diese Angabe ist sehr wichtig, weil die Feuchtigkeitsaufnahme die Eigenschaften der Kunststoffe entscheidend verändert. Vielfach werden zu den oben genannten Angaben sowohl Angaben in konditioniertem und in trockenem Zustand gemacht. Konditioniert bedeutet, dass der Kunststoff die Feuchtigkeit der normalen Umgebung angenommen hat. Die mechanischen Werte sind dann geringer als die eines getrockneten Prüfkörpers.

Multipoint-Daten

Multipoint-Daten fassen mehrere Kennwerte in Kennwertfunktionen zusammen

Viskosität bei unterschiedlichen Temperaturen und Schergeschwindigkeiten

- *Rheologische Werte:* Die Viskosität bezeichnet die Fließfähigkeit einer Kunststoffschmelze. Sie wird beeinflusst durch die Temperatur und die Schergeschwindigkeit. Dieses Verhalten ist für den Konstrukteur unwesentlich, der Nutzen dieser Daten ist ausschließlich für die Simulation.
- *Mechanische Kennwerte:*

  E-Modul und Kriechmodul als Temperaturfunktion

  - Der E-Modul wird stark durch die Einsatztemperatur beeinflusst. Mithilfe einer speziellen Messtechnik (DMA, siehe Kapitel 5.2.4) kann der E-Modul als Funktion der Temperatur dargestellt werden. Mit dieser Messtechnik wird je nach

Aufbau auch der Schubmodul G gemessen. Grundsätzlich stehen beide Module in einem direkten Verhältnis, man kann abschätzend formulieren: $E = 3\ G$. Für den Konstrukteur ist dieser von der Temperatur abhängige Wert von sehr großer Bedeutung.

- Der Kriechmodul wird als Funktion der Zeit aufgetragen. Nach Möglichkeit sollten sogar Werte für verschieden hohe Temperaturen vorliegen. Über den Kriechmodul kann abgeschätzt werden, wie stark sich ein Bauteil unter einer statischen Belastung nach bestimmten Zeiten bleibend verformen wird.

pvT-Daten

- Die pvT-Daten zeigen das spezifische Volumen v in Abhängigkeit von Druck und Temperatur. Das spezifische Volumen wird in cm^3/g angegeben und ist der Kehrwert der Dichte (g/cm^3), Änderungen dieses Werts zeigen somit die Kompressibilität im Wesentlichen für Kunststoffschmelzen an. Diese Werte sind nur für die Simulation von Bedeutung.

Leider sind aufwendige Multipoint-Daten eher weniger vertreten

Bei einer genauen Analyse der zahlreichen verfügbaren Informationen stellt man fest, dass von fast 40.000 untersuchten Datenbankeinträgen ca. 20.000 Angaben zum E-Modul vorhanden sind. Bei der sehr wichtigen Angabe zum zeitabhängigen Verhalten liegt die Trefferquote nur noch bei ca. 11 %. Der Grund liegt in der Einfachheit des Kurzzeitzugversuchs im Vergleich zu den im Langzeitversuch ermittelten Daten.

Tabelle 5.1 Vorhandene Informationen aus Datenbanken [nach: Kunz, J., Bauteilauslegung mit Augenmaß, Kunststoffe 12/2013, S. 56ff]

Eigenschaften	Anzahl Werkstoffe	Anteil in Prozent
Total Werkstoffe	39.551	100,0
Zug-E-Modul	18.188	46,0
Streckspannung	15.948	40,3
Bruchspannung	12.355	31,2
Zug-Kriechmodul 1 h	567	1,4
Zug-Kriechmodul 1000 h	651	1,6
Isochrones Spannungs-Dehnungs-Diagramm	502	1,3
Diagramm Kriechmodul-Zeit	446	1,1
Kriechkurven	454	1,1

5.2 Wichtige Kennwerte

5.2.1 Charakteristische Temperaturen

Die unterschiedlichen Kunststoffe haben charakteristische Temperaturen. Unabhängig von Füllstoffen kann man über diese Temperaturen die Kunststoffe untereinander unterscheiden und identifizieren.

Der Einsatzbereich ist bei den amorphen Kunststoffen auf Temperaturen unterhalb der Glastemperatur beschränkt. Teilkristalline Kunststoffe können bis in den Bereich der Schmelztemperatur eingesetzt werden, unterhalb der Glastemperatur sind sie eher spröde. Während die Glas- und Schmelztemperatur nur jeweils einen groben Anhaltswert zum Verhalten geben, gibt es für die Konstruktion zwei klare Temperaturgrenzen.

5.2.1.1 Glastemperatur

Alle Kunststoffe haben eine für sie charakteristische Glastemperatur T_g (engl.: glas temperature) bzw. einen Bereich von einigen °C, in denen sich das Verhalten von elastisch nach viskos bzw. viskoelastisch ändert. Mit viskos wird eine zeitabhängige plastische Verformung bezeichnet. Kunststoffe sind wegen der langen verknäuelten Molekülketten viskos. Vielfach bezeichnet man das Schmelzeverhalten als plastisch, obwohl auch hier ein zeitabhängiges Verhalten vorliegt.

Die Glastemperatur beschreibt die Temperatur, in der sich das Verhalten des Kunststoffs von elastisch nach viskos verändert

Elastische Eigenschaft heißt nicht unmittelbar gummielastisch, also stark dehnbar. Im elastischen Zustand sind die Kunststoffe überwiegend spröde bis hart.

5.2.1.2 Schmelztemperatur

Kristalle schmelzen oberhalb der Schmelztemperatur T_m (engl.: melt temperature), weshalb nur teilkristalline Kunststoffe diese charakteristische Temperatur haben. Weil große Kristalle bei höheren Temperaturen schmelzen und ein Kunststoff über eine Bandbreite unterschiedlich großer Kristallite verfügt, ist mit der Schmelztemperatur immer ein Bereich über mehrere °C gemeint.

Schmelztemperatur betrifft nur das Schmelzen kristalliner Bereiche

Teilkristalline Thermoplaste sind oberhalb der Glastemperatur viskoelastisch. Im Prinzip liegen im Temperaturbereich zwischen der Glastemperatur und der Schmelztemperatur der Kristallite zwei Phasen vor, die kristalline und die erweichte Phase. Dadurch sind diese Kunststoffe in diesem Temperaturbereich sehr zäh und dehnbar. In diesem Bereich ist das zeitabhängige Verhalten besonders, d. h. bei Belastung findet mit zunehmender Zeit eine bleibende Verformung statt.

Amorphe Thermoplaste haben keine Schmelztemperatur, da keine schmelzbaren Kristallite vorliegen. Diese Kunststoffe werden oberhalb der Glastemperatur zunehmend weich und schließlich fließfähig.

Unterschied Schmelztemperatur und Schmelzetemperatur

Wichtig ist hier die Unterscheidung zwischen Schmelztemperatur und Schmelzetemperatur. Bei hohen Temperaturen werden die Thermoplaste flüssig, man spricht dann allgemein von Schmelze, wobei die amorphen Kunststoffe diesen Zustand über eine kontinuierliche Erweichung oberhalb der Glastemperatur erreichen.

5.2.1.3 Zersetzungstemperatur

Zersetzungstemperatur – nicht definierte Temperaturobergrenze

Als obere Temperatur gilt die Zersetzungstemperatur T_d (engl.: degradation temperature), selbst ohne Sauerstoff sind die sehr langen Moleküle hier nicht mehr beständig und zerfallen in kleinere Moleküle. Der Kunststoff zersetzt sich und verliert seine Eigenschaften. Die Zersetzungstemperatur ist nicht charakteristisch für einen Kunststoff, denn der thermische Abbau ist stark abhängig von der Temperatur, der Zeit und dem Luftsauerstoff. Geeigneter zur Abschätzung der oberen Belastungstemperatur ist die Dauergebrauchstemperatur (siehe Kapitel 5.2.3).

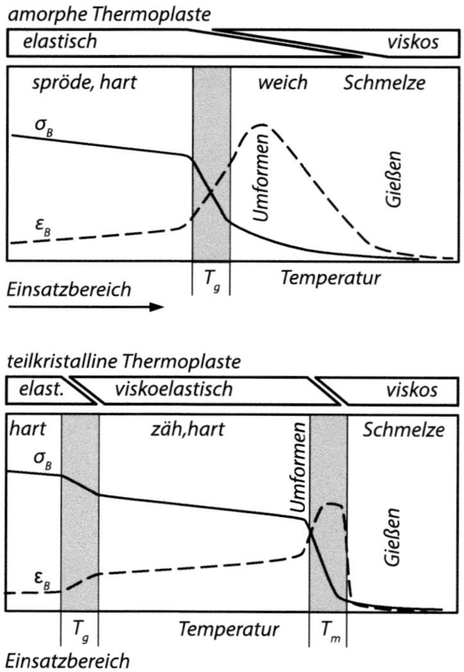

Bild 5.3
Verhalten thermoplastischer Kunststoffe bei unterschiedlichen Temperaturen

5.2.2 Wärmeformbeständigkeitstemperatur

Wärmeformbeständigkeitstemperatur ist Grenze mechanischer Belastbarkeit

Die Wärmeformbeständigkeitstemperatur wird auch verkürzt als Wärmeformbeständigkeit bezeichnet. Sie kennzeichnet die Temperaturgrenze der mechanischen Belastbarkeit. Als Belastbarkeit gilt hier eine noch ausreichende Steifigkeit. Der

E-Modul wird bei höheren Temperaturen zunehmend geringer und damit auch die Bauteilsteifigkeit.

Es gibt zwei verschiedene Messmethoden:

HDT (engl.: heat distortion temperature)

Messmethode für die Wärmeformbeständigkeitstemperatur

Die Messung erfolgt im Dreipunkt-Biegeversuch in einem Flüssigkeitsbad mit einem rechteckigen Prüfkörper, der flachkant auf zwei Auflagern liegt und mittig belastet wird. Die Versuchsanordnung wird über die Flüssigkeit geregelt aufgewärmt (Bild 5.4). Man geht davon aus, dass der Prüfkörper bei der geringen Aufheizgeschwindigkeit immer die gleiche Temperatur wie das Bad hat. Die Belastung erfolgt entweder mit 1,8 MPa (HDT-A) oder 0,45 MPa (HDT-B). Die Belastung σ ergibt sich aus:

$$\sigma = \frac{F3L}{2bh^2} \tag{5.1}$$

Hierin ist F die Last, L der Abstand der Auflager, b die Breite des Prüfkörpers und h dessen Höhe.

Der Ergebniswert ist die Temperatur, bei der der Prüfkörper aufgrund der Durchbiegung Δs im Randbereich um 0,2 % gedehnt wird. Diese Durchbiegung errechnet sich aus:

$$\Delta s = \frac{L^2 \Delta\varepsilon}{600\,h} \tag{5.2}$$

bzw. für eine nach Norm vorgegebene Randfaserdrehung von 0,2 %:

$$\Delta s = \frac{L^2}{3.000\,h} \tag{5.3}$$

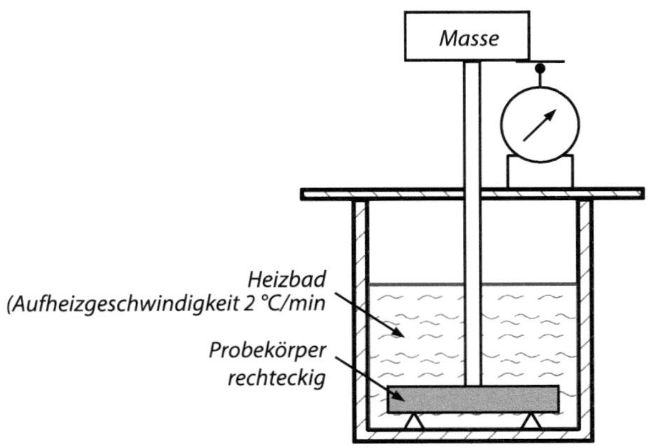

Bild 5.4 Messung der Wärmeformbeständigkeitstemperatur

Wärmeformbeständigkeit und Dauergebrauchstemperatur

Die Wärmeformbeständigkeitstemperatur gibt an, bis zu welcher Temperatur die mechanischen Kennwerte noch ausreichend sind. Bild 5.5 zeigt für Materialgruppen die Werte für die Wärmeformbeständigkeit im Vergleich mit der Dauergebrauchstemperatur (siehe Kapitel 5.2.3). Einige Kunststoffe können bei einer höheren Temperatur durchaus noch mechanisch geeignet sein. Das gilt aber nur für einen begrenzten Zeitraum. Andere Kunststoffe können langfristig höheren Temperaturen standhalten, sollten aber nicht mechanisch belastet werden.

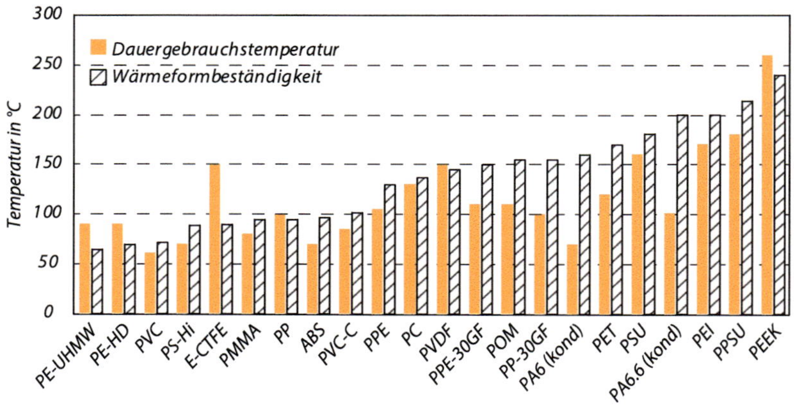

Bild 5.5 Dauergebrauchs- und Wärmeformbeständigkeitstemperatur gebräuchlicher Kunststoffe

Erweichungstemperatur

Vicat-Erweichungstemperatur

Die Vicat-Erweichungstemperatur (VST, engl.: Vicat softening temperature) wird nach DIN EN ISO 306 mit einer Nadel (mit kreisrunder Fläche von 1 mm^2) gemessen. Diese wird mit einer Prüfkraft von 10 N (Prüfkraft A) oder 50 N (Prüfkraft B) belastet. Der Probekörper mit einer zulässigen Dicke von 3 bis 6,4 mm wird mit einer definierten Heizrate von 50 bzw. 120 K/h aufgewärmt. Die VST ist erreicht, wenn der Eindringkörper eine Eindringtiefe von 1 mm erreicht. Die Prüfung ist nach Norm nur bei Thermoplasten anzuwenden und gibt einen Aufschluss über die praktische Dauereinsatzgrenze, welche circa 15 K unter der Vicattemperatur liegt.

5.2.3 Dauergebrauchstemperatur

Die Dauergebrauchstemperatur ist die obere Temperaturgrenze, die Kunststoffbauteile über eine lange Zeit ohne einen merklichen thermischen Abbau aushalten. Der Abbau ist eine chemische Reaktion und wird mit steigender Temperatur schneller. Die Geschwindigkeitszunahme ist exponentiell, also bei niedrigen Temperaturen sehr langsam. Bei höheren Temperaturen beschleunigt sich der Abbau.

$$Reaktionsgeschwindigkeit = Ae^{\frac{B}{T}} \tag{5.4}$$

Hier sind die Werte A und B Konstanten. Wenn man die Formel für die Reaktionsgeschwindigkeit logarithmiert, kann man die Abbaugeschwindigkeit linear über der Temperatur ($1/T$) auftragen.

$$\ln(Reaktionsgeschw.) = A + B\left(\frac{1}{T}\right) \tag{5.5}$$

Messung der Dauergebrauchstemperatur

Wenn man davon ausgeht, dass der Abbau eine chemische Reaktion ist, und wenn man diesen Abbau als Gerade darstellen kann, ist eine Extrapolation zu höheren Temperaturen möglich. Für die Bestimmung der Dauergebrauchstemperatur werden Prüfkörper bei unterschiedlich hohen Temperaturen für lange Zeit gelagert. In festgelegten Zeitabständen werden die Eigenschaften gemessen. Wenn die Eigenschaft nur noch 50 % des ursprünglichen Werts beträgt, wird die Lagerungszeit für diesen Wert E notiert. Diese Werte E liegen für unterschiedliche Temperaturen auf einer Geraden, wenn man als Achse $1/T$ wählt (Bild 5.6). Auf diese Weise kann man für eine Zeit von 20.000 h die Temperatur extrapolieren, die für eine Verringerung der Eigenschaften um 50 % sorgt.

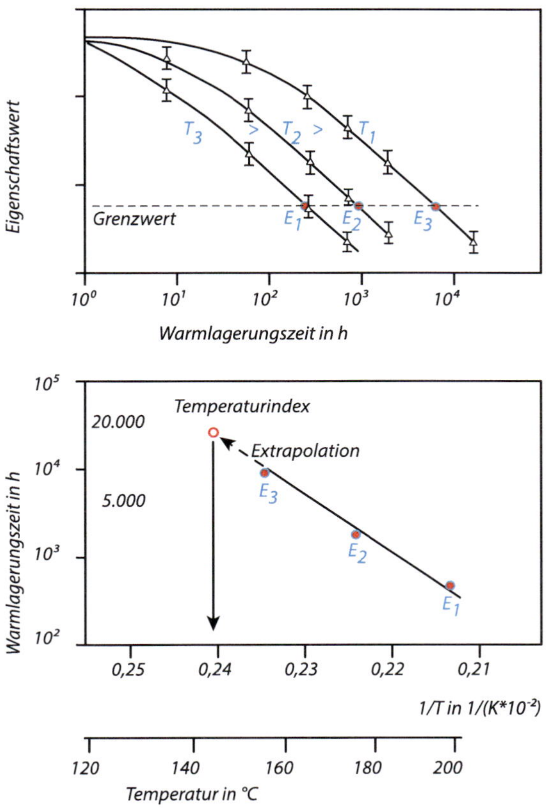

Bild 5.6
Ermittlung der Dauergebrauchstemperatur

5.2.4 E-Modul und Kriechmodul

Der E-Modul bzw. der Sekantenmodul

Für Kunststoffe wird der E-Modul aus der Anfangssteigung der Spannungs-Dehnungs-Kurve errechnet. Vielfach ist diese Kurve bereits bei geringen Spannungen nicht linear. Deshalb wird hier der Anfangsbereich über zwei Stützstellen bei 0,05 % und 0,25 % Dehnung als linear definiert und somit der E-Modul aus der Steigung zwischen diesen beiden Punkten ermittelt. Daher wird dieser Wert oft auch als Sekantenmodul bezeichnet.

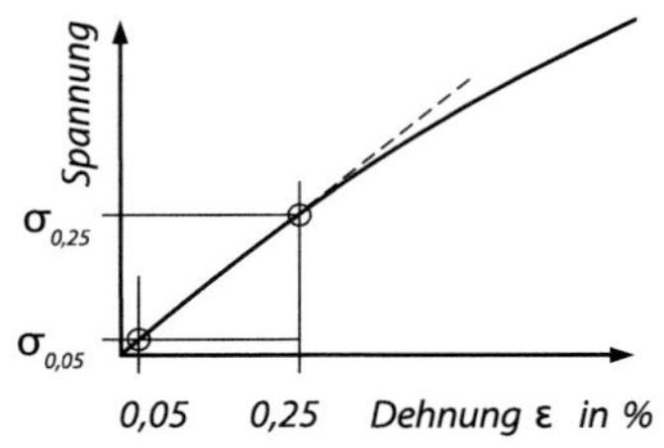

E-Modul *(Sekantenmodul)*

$$E_0 = \frac{\sigma_{0,25} - \sigma_{0,05}}{\varepsilon_{0,25} - \varepsilon_{0,05}}$$

Bild 5.7
Kennwerte des Zugversuchs

E-Modul sinkt bei höheren Temperaturen sowie höheren Belastungsgeschwindigkeiten

Das mechanische Verhalten der Kunststoffe ist sehr verschieden von dem der Metalle. Bei Temperaturen unterhalb der Glastemperatur sind sie weitgehend elastisch. Bei zunehmend hohen Temperaturen werden sie viskos. Damit wird die Ergebniskurve des Zugversuchs immer flacher, d. h. der E-Modul wird kleiner. Bei geringer Belastungsgeschwindigkeit ist der E-Modul auch kleiner.

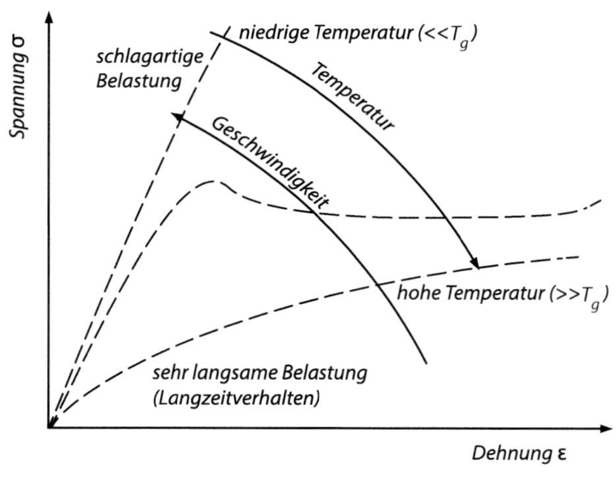

Bild 5.8
Einfluss von Temperatur und Belastungsgeschwindigkeit auf den E-Modul

Feuchtigkeitsaufnahme führt zu einer Verringerung des E-Moduls

Einige Kunststoffe können Feuchtigkeit aus der Umgebung aufnehmen. Auch dies führt zu einer merklichen Verringerung des E-Moduls. Das betrifft besonders einige Polyamidtypen. Die eingedrungene Feuchtigkeit lässt den Kunststoff etwas quellen. Auch wenn das kaum messbar ist, weitet sich das Molekülknäuel, wobei die Anziehungskräfte zwischen den einzelnen Molekülketten verringert werden. Dadurch sinkt der E-Modul stark.

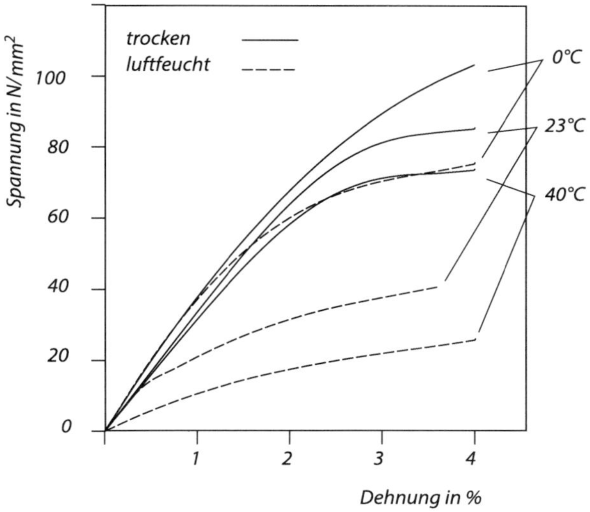

Bild 5.9
Einfluss der Feuchtigkeit auf den E-Modul

Bei einer stoßartigen Belastung wird ein Kunststoff im getrockneten Zustand erheblich spröder sein als im feuchten Zustand. Die Glastemperatur wird also durch Feuchtigkeitsaufnahme reduziert, wenn also ein insgesamt sprödes Material bei Raumtemperatur Feuchtigkeit aufnimmt, verliert es seine Sprödigkeit bzw. es ist dann erst bei tieferen Temperaturen wieder spröde.

Feuchtigkeit senkt die Glastemperatur

Speziell für Polyamide ist der Einfluss der Feuchtigkeit groß. Spritzfrische Bauteile sind immer trocken, weil das Material vor der Verarbeitung getrocknet werden muss. Nach der Fertigung nimmt das Bauteil je nach Umgebungsbedingung Feuchtigkeit wieder auf, man spricht hier von Konditionieren.

E-Modul-Werte aus Kurzzeit-Zugversuchen sollten mit Vorsicht angewendet werden, denn sie geben eine nur scheinbare Sicherheit. Die Prüfkörper für diese Zugversuche werden spritzgegossen und haben nach der Norm eine Dicke von 4 mm, was nicht einer üblichen Wanddicke gewöhnlicher Kunststoffbauteile entspricht. Es ist bekannt, dass speziell bei teilkristallinen Kunststoffen der E-Modul mit abnehmender Wanddicke größer wird. Weiterhin sollte bedacht werden, dass Spritzgussteile vielfach Bindenähte haben, wenn Fließfronten zusammenkommen, dazu muss nicht immer eine Öffnung in der Bauteilfläche umflossen werden. Die Festigkeit von Bindenähten ist eine große Unbekannte, denn der exakte Einfluss der Fließfronttemperatur für die Festigkeit der Bindenaht ist noch unerforscht. Schließlich sollte berücksichtigt werden, dass die Zugversuche zunächst bei 23 °C gemacht werden und die Anwendung, für die ein E-Modul Wert benötigt wurde, mit hoher Sicherheit bei anderen Temperaturen belastet wird. Geeigneter als der E-Modul

E-Modul aus dem Zugversuch nur mit Vorsicht anwenden

aus dem Zugversuch sind daher die E-Module-Werte aus der dynamisch-mechanischen-Analyse (DMA, siehe Kapitel 5.2.5)

Kriechen ist für Kunststoffe schon bei Raumtemperatur ein bedeutender Faktor

Metalle verformen sich unter Last erst bei höheren Temperaturen (ca. 0,3 T_m) bleibend, man nennt diesen sehr langsamen Vorgang Kriechen. Besonders bei den teilkristallinen Kunststoffen ist das Kriechen schon für normale Einsatztemperaturen auch bei Raumtemperatur nicht unbedeutend. Amorphe Kunststoffe kriechen erheblich schwächer, weshalb diese für langzeitbelastete Anwendungen besser geeignet sind. Das Kriechen wird mit dem Zeitstandversuch vermessen. Die Ergebnisdaten zeigen dem Konstrukteur die Spannungen, unter denen sich der Prüfkörper nach einer Zeit t_x um das Maß ε_x bleibend verformt haben wird.

Isochrone Spannungs-Dehnungs-Diagramme

Prüfkörper werden über einen sehr langen Zeitraum mit einer konstanten Spannung belastet. Die stetige Verlängerung wird notiert und in einem Diagramm aufgetragen. Auf diese Weise entstehen Ergebnis-Wertepaare für jeweils eine Dehnung nach einer Zeit und bei einer Spannung. Diese Wertepaare lassen sich in ein weiteres Diagramm übertragen. Hierbei werden zu jeweils gleichen Zeiten die zugehörigen Spannungen und Dehnungen aufgetragen (Iso-Chronen). Diese Diagramme heißen isochrone Spannungs-Dehnungs-Diagramme.

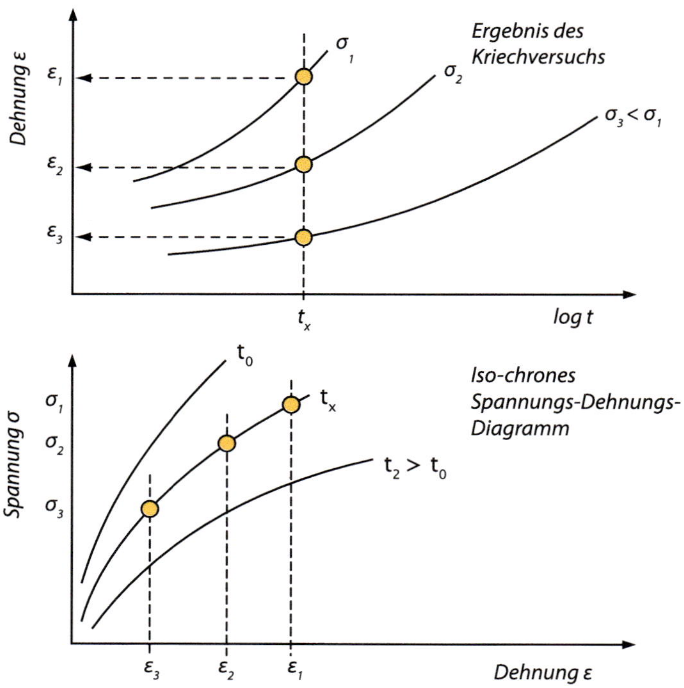

Bild 5.10 Entwicklung eines isochronen Spannungs-Dehnungs-Diagramms aus den Ergebnisdaten des Zugversuchs

Die Anwendung der isochronen Spannungs-Dehnungs-Diagramme ist für langfristig belastete Bauteile sehr wichtig. Für eine erwartete Dauerbelastung kann abgelesen werden, nach welcher Zeit sich ein Bauteil wie stark bleibend verformt haben wird.

Kriechmodul als Ergebnis isochroner Spannungs-Dehnungs-Diagramme

Aus den Ergebnisdaten des Kriechversuchs bzw. aus dem isochronen Spannungs-Dehnungs-Diagramm wird der Kriechmodul E_t ermittelt.

$$E_t = \frac{\sigma}{\varepsilon(t)} = \frac{F}{A}\frac{L_0}{\Delta L(t)} \tag{5.6}$$

Hierbei handelt es sich nicht um die Angabe der Anfangssteigung. Der Kriechmodul wird durch die Sekante aus dem Nullpunkt und einem Spannungswert bei einer entsprechenden zeitlichen Verformung $\varepsilon(t)$ gebildet. Wenn man den Kriechmodul wiederum auf einer Zeitachse aufträgt, erkennt man, dass er mit zunehmender Zeit immer kleiner wird.

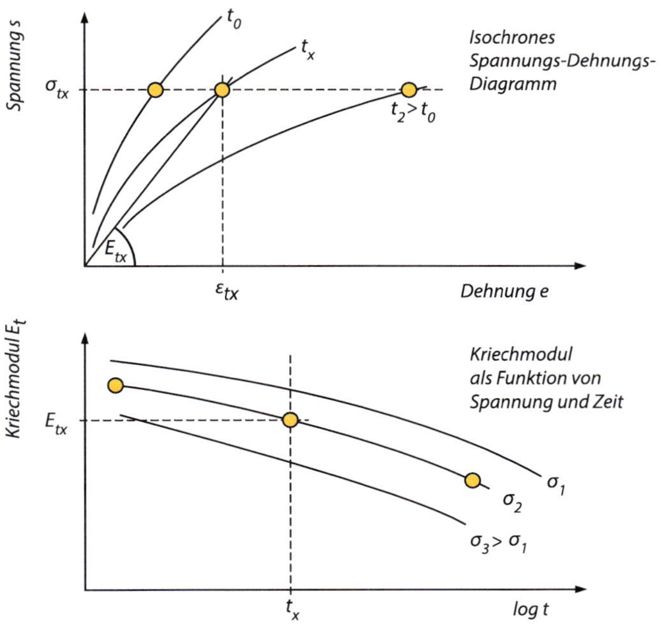

Bild 5.11 Ermittlung des Kriechmoduls aus dem isochronen Spannungs-Dehnungs-Diagramm

Kriechmodul zur Dimensionierung dauerbelasteter Bauteile

Für eine Dimensionierung ist in der technischen Mechanik der E-Modul wesentlich. Mit diesem Wert kann die Steifigkeit eines Bauteils berechnet werden bzw. wie stark es sich unter Last vorformen wird. Die Anwendung des Kriechmoduls ist analog, man muss aber berücksichtigen, dass der Kriechmodul keine Materialkonstante ist. Man muss sich sehr bewusst sein, welche Belastungszeit gewählt werden soll.

Kriechmodul ist ein überflüssiger Pseudo-Modul

Der Kriechmodul stiftet mehr Verwirrung als tatsächlichen Nutzen! Man bedenke, dass man mit dem E-Modul und der Kenntnis der technischen Mechanik einen Bauteilquerschnitt so dimensionieren kann, dass eine erwartete Belastung nicht zu einer übermäßigen Verformung des Bauteils führt. Für Langzeitanwendungen benötigt man für dieselbe Berechnung einen Modul-Wert, der das Spannungs-Dehnungsverhalten für längere Zeiträume abbildet. Die Grundlage für die Berechnung ist ein isochrones Spannungs-Dehnungsdiagramm. Wenn dieses Diagramm vorhanden ist, kann unmittelbar für beliebige Dehnungen zu einer Langzeitbelastung die Spannung abgelesen werden. Die vorherige Angabe eines Kriechmoduls, der eine Funktion von Spannung, Dehnung und Belastungsdauer ist, ist faktisch ein unnötiger Umweg.

Problematik fehlender Zeitstands-Versuchsdaten

Wegen des hohen Aufwands für die Bestimmung des Kriechmoduls liegen für die meisten Kunststoffe keine isochronen Spannungsdiagramme vor, somit sind auch keine Kriechmodule verfügbar. In dem Fall kann man über Abminderungsfaktoren den Kriechmodul mit dem Kurzzeit-Zugversuchswert abschätzen. Nach *Oberbach* (1975) halbiert man die max. zulässige Spannung, die man im Kurzzeitzugversuch ermittelt hat, wenn man eine Belastungsdauer von zwei Jahren annimmt. Genau ist diese Methode bei weitem nicht, eine bessere Methode ist aber immer noch nicht entwickelt worden.

Diese Methode ist auf jeden Fall zweckmäßig, denn das Kriechverhalten ist natürlich auch temperaturabhängig. Damit müssten die angesprochenen Zeitstandversuche bei unterschiedlichen Temperaturen gemacht werden.

5.2.5 Temperaturfunktion des E-Moduls

Dynamisch-mechanische Analyse (DMA) gibt Aufschluss über das temperaturabhängige Verhalten eines Kunststoffs

Das mechanische Verhalten der Kunststoffe ist stark temperaturabhängig. Von besonderer Bedeutung ist hier die Abhängigkeit des E-Moduls von der Temperatur. Die Messung des E-Moduls über einen Zugversuch gibt nur einen einzigen Wert bei einer Temperatur und ist somit nicht ausreichend. Abhilfe schafft die dynamisch-mechanische Analyse (DMA).

Bei der DMA wird ein Probekörper zyklisch belastet und gleichzeitig wird die Temperatur stetig angehoben. Die Belastung führt zu einer Verformung. Als Belastung werden oft Verdrehungen (Torsionen) vorgenommen, in dem Fall wäre die Verformung eine Scherung (Schubbelastung). Hier wird zum besseren Verständnis eine zyklische Zugbelastung verwendet (Bild 5.12).

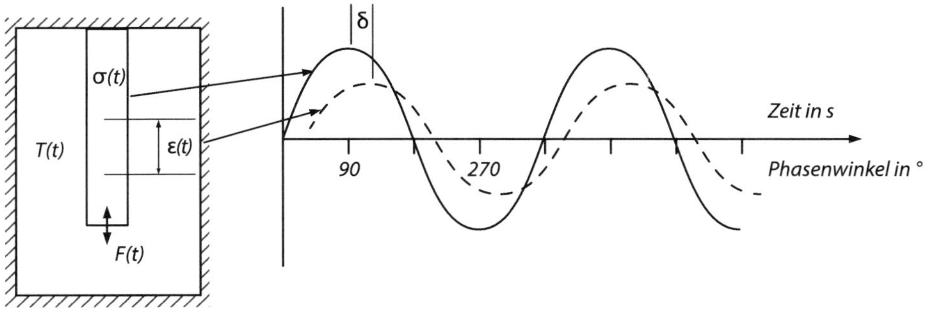

Bild 5.12 Prinzip einer dynamisch-mechanischen Analyse (DMA)

Im Vergleich zu Metallen bei Kunststoffen zeitverzögerte Verformung

Bei einem elastischen Werkstoff, z. B. bei einem Metall, erfolgt die Verformung ohne Verzögerung. Bei einem Kunststoff kann die Verformung zeitverzögert erfolgen, insbesondere bei Temperaturen oberhalb der Glastemperatur. Dann ist der Werkstoff viskoelastisch, d. h. einzelne Molekülgruppen können aneinander vorbeigleiten.

Analog zu elektrischen Strömen, bei denen man in Abhängigkeit vom Phasenwinkel von Scheinleistung und Blindleistung spricht, unterscheidet man bei einer um einen Phasenwinkel δ verschobenen Schwingung der „Antwort Verformung ε" zwischen einem Speichermodul E' und einem Verlustmodul E''. Der Speichermodul ist direkt vergleichbar mit dem E-Modul. Beide Module stehen über den Verlustfaktor „tan δ" in einer Beziehung:

$$\tan\delta = \frac{E''}{E'} \tag{5.7}$$

Als Ergebnis der Schwingungen bei steigenden Temperaturen wird der Speichermodul stetig kleiner. Ab der Glastemperatur können die Moleküle immer besser abgleiten, weshalb hier der Verlustmodul steigt (Bild 5.13). Mit weiterer Temperatur kann der Werkstoff nur noch sehr wenig Energie aufnehmen, weil die Ketten direkt abgleiten, daher sinkt der Verlustmodul wieder. Der Verlustfaktor tan δ ist bei Werkstoffen mit hohem nichtelastischen Verformungsanteil hoch.

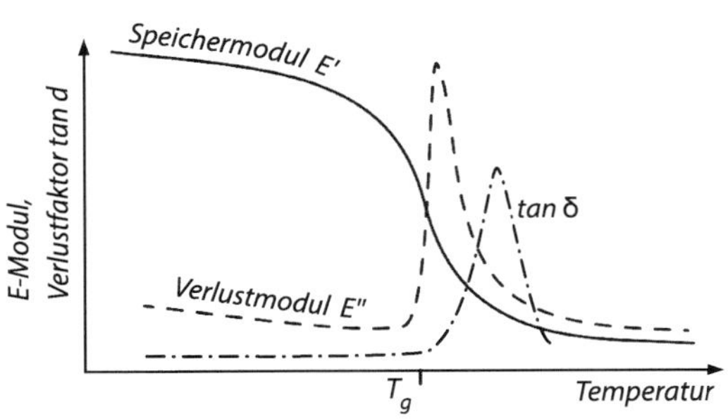

Bild 5.13
Auswertung einer DMA, der Speichermodul E' ist weitgehend der E-Modul, wie er im Zugversuch gemessen wird. Der Verlustmodul E'' kennzeichnet die aufgenommene Energie, tan δ ist das Verhältnis aus E'/E''

Der Verlustmodul kennzeichnet Phasenübergänge eines Werkstoffs

Für den Anwender ist der Verlustmodul uninteressant. Eine Darstellung des Verlustmoduls gibt aber wichtige Hinweise über den Werkstoff. Einige Kunststoffe haben unterhalb der Glastemperatur ein weiteres Maximum, man spricht hier von Nebenerweichung (Bild 5.14). Kleinere Molekülgruppen, z. B. Moleküle seitlich der Kette, werden beweglich.

Die Nebenerweichung ist besonders bei Polycarbonat (PC) wichtig. Obwohl PC als amorpher Werkstoff mit einer Glastemperatur von 145 °C eigentlich bei Raumtemperatur spröde sein sollte, ist er wegen der Nebenerweichung bei −100 °C sehr zäh.

Speichermodul für die Dimensionierung

Der Speichermodul kann mit dieser Versuchsanordnung als Funktion der Temperatur berechnet werden. Er ist direkt vergleichbar mit dem im Kurzzeitzugversuch gemessenen E-Modul. Wenn der E-Modul für eine Dimensionierung benötigt wird, sollte entweder der Zugversuch bei den für den Anwendungsfall relevanten Temperaturen gemacht werden, oder man nutzt direkt die Ergebnisdaten aus der DMA.

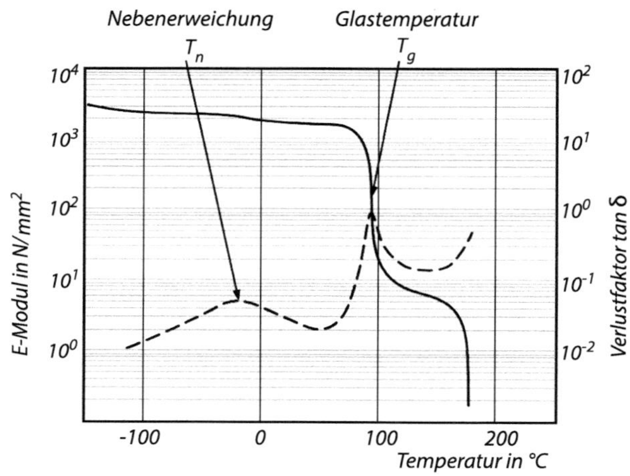

Bild 5.14 E-Modul als Funktion der Temperatur von PVC

Auf jeden Fall ist die Temperaturfunktion des E-Moduls für den Konstrukteur sehr wichtig. Hier zeigt sich, in welchen Temperaturbereichen eine starke Änderung des mechanischen Verhaltens zu erwarten ist. Mögliche Versagensfälle können besser abgeschätzt werden, z. B. wenn ein Rasthaken bei niedrigen Temperaturen betätigt werden soll. Wird er einen großen Widerstand leisten und ggf. brechen oder ist er immer noch ausreichend zäh-elastisch?

5.3 Bemessungsgrenzen für die mechanische Auslegung

Für die Dimensionierung müssen die Belastungsgrenzen bekannt sein. Bei Metallen ist dies üblicherweise die Dehngrenze $R_{p0,2}$ bzw. die Streckgrenze R_e. Bei höheren Belastungen wird es zu bleibenden Verformungen kommen.

Bemessungsgrenzen für die Dimensionierung von Kunststoffbauteilen: Belastungsart, Temperatur, Zeitdauer der Belastung

Für Kunststoffe sind zunächst die Fragen nach der Zeitdauer der Belastung und der Temperatur zu klären.

5.3.1 Kurzzeitbelastungen

Für Kurzzeitbelastungen bietet der Zugversuch Aufschluss

Der Zugversuch liefert drei mögliche Szenarien:

- *Sprödes Verhalten*: der Kunststoff bricht bei der Last σ_B (Bruchspannung) ohne Einschnürung plötzlich.
- *Zähes Verhalten*: der Kunststoff schnürt sich ab einer Last σ_Y (Streckspannung, Y steht für yield) ein. Die nachfolgende Dehnung kann beträchtlich sein.
- *Weiches Verhalten*: der Kunststoff verformt sich bereits bei geringen Spannungen sehr stark und die Ergebniskurve ist nicht linear.

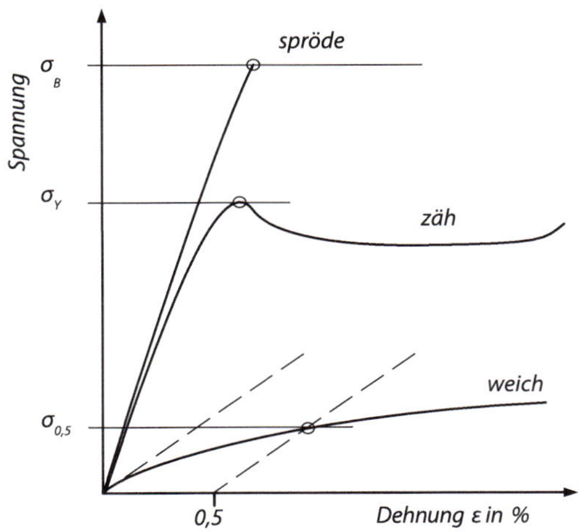

Bild 5.15
Bemessungsgrenzen aus dem Zugversuch

Die gezeigten Verhaltensweisen können je nach Temperatureinsatz bei einem Kunststoff auftreten. Das betrifft besonders die teilkristallinen Kunststoffe oberhalb der Glastemperatur.

Bemessungsgrenzen für kurzzeitig belastete Bauteile

Als Bemessungsgrenzen sind entsprechend die Bruchspannung σ_B, die Streckspannung σ_Y bzw. die prozentuale Spannung $\sigma_{0,5}$ zu wählen. Natürlich kann die 0,5 %-Grenze auch nach oben verschoben werden.

5.3.2 Langzeitbelastung

Langzeitbelastungen sind mittels der Kriechversuche abschätzbar

Für Langzeitbelastungen sind zunächst die Ergebnisdaten der Kriechversuche zu verwenden. Analog zu den Metallen im Hochtemperatureinsatz werden zulässige Verformungen festgelegt. Mit diesen Werten können zulässige Spannungen ermittelt werden, deren Überschreiten eine unzulässige Verformung hervorrufen würde.

Crazes sind kleine, sichtbare innere Risse

Für amorphe Kunststoffe ist das Kriechverhalten nicht so ausgeprägt. Hier sollte als Grenzverformung ein Wert von $\varepsilon_{F\infty} < 0{,}8\,\%$ nicht überschritten werden. Besonders bei transparenten Bauteilen kann eine dauernde statische Last zu Crazes führen.

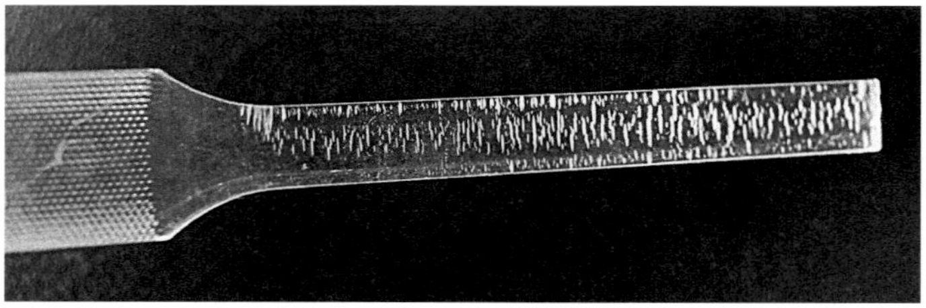

Bild 5.16 Crazes an einem Zugprüfstab aus PS

Crazes erscheinen als kleine Mikrorisse. Tatsächlich liegt kein Riss vor, denn es überbrücken bei mikroskopischer Betrachtung noch sehr viele Molekülbündel den Craze. Bei hoher Belastung erkennt man nach kürzerer Zeit viele kleine Crazes (Bild 5.17). Mit abnehmender Belastung entstehen die Crazes später und sind größer. Ab einer Grenzspannung $\varepsilon_{F\infty}$ treten auch nach sehr langer Zeit keine Crazes mehr auf. Die Dehnung liegt dann bei ca. 0,8 %.

Crazes besonders bei amorphen, transparenten Kunststoffen

Es ist nun speziell für transparente Bauteile zweckmäßig, eine maximale Dehnung von 0,8 % nicht zu überschreiten. Dann werden keine sichtbaren Schädigungen in Form von Crazes auftreten.

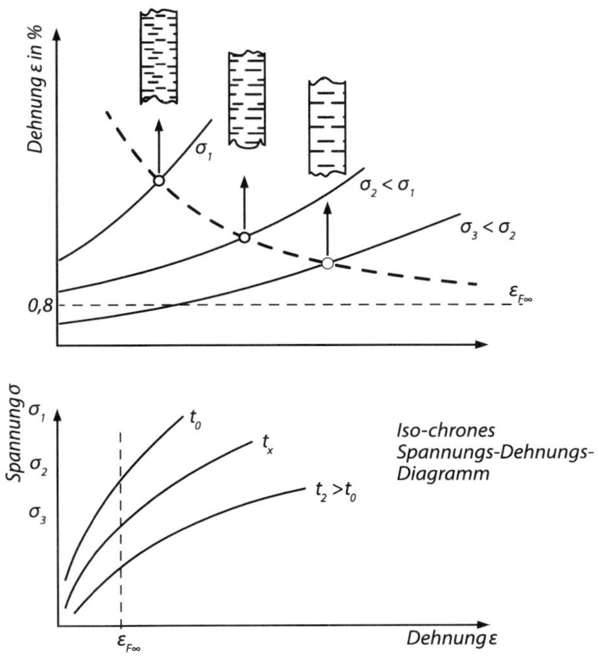

Bild 5.17 Kritische Dehnung für amorphe Thermoplaste durch Crazebildung

5.3.3 Abschätzung von Bemessungsgrenzen mit Abminderungsfaktoren

Abschätzung von Belastungsgrenzen

Vielfach liegen keine von der Zeit und der Temperatur abhängigen Daten vor. In dem Fall muss man die gewünschten Grenzwerte auf der Basis der verfügbaren Daten des Kurzzeitzugversuchs abschätzen. Hierbei gilt:

$$\sigma_{zul} < \frac{\sigma_{Kurzzeit-Zugversuch}}{A_{Zeit}\, A_{Temperatur}\, S} \tag{5.8}$$

hierin ist S der Sicherheitsfaktor und A ein Abminderungsfaktor. *Oberbach* empfiehlt speziell für Temperaturbelastung und Zeitdauer Abminderungsfaktoren:

- A_{Zeit} – wenige Stunden: 1,4 – Wochen: 1,7 – Monate: 1,8 – Jahre: 2

$$A_{Temperatur} = \frac{1}{1-k(T-20)} \tag{5.9}$$

$$\frac{1}{1-k(T-20)} \tag{5.10}$$

worin T die geforderte Temperatur in °C ist und für k je nach Kunststoff folgende Werte verwendet werden können:

- ABS: 0,0117
- PA6: 0,0125
- PA66: 0,0112
- PA-GF: 0,0071
- PBT: 0,0095
- PC: 0,0095
- POM: 0,0082
- PP: 0,0116
- PE-HD: 0,0113

Man sollte bei diesen Abschätzungen bedenken, dass diese Angaben auf die Arbeit des Karl Oberbach aus dem Jahr 1975 zurückgehen. Aktuellere Arbeiten hierzu sind nicht verfügbar bzw. veröffentlicht.

Index